食品安全治理
现代化实证研究丛书

迈向省域
食品安全治理现代化：
浙江之路

浙江省市场监督管理局
北京东方君和管理顾问有限公司

联合课题组／组织编写

韩阳　张晓／著

知识产权出版社
全国百佳图书出版单位
——北 京——

图书在版编目（CIP）数据

迈向省域食品安全治理现代化：浙江之路/韩阳，张晓著；浙江省市场监督管理局，北京东方君和管理顾问有限公司联合课题组组织编写. —北京：知识产权出版社，2024.4

ISBN 978 – 7 – 5130 – 9345 – 3

Ⅰ.①迈… Ⅱ.①韩… ②张… ③浙… ④北… Ⅲ.①食品安全—安全管理—现代化管理—研究—浙江 Ⅳ.①TS201.6

中国国家版本馆 CIP 数据核字（2024）第 078602 号

内容提要

立足浙江实际、面向全国实践、接轨国际规则，通过实证研究，探索四个问题：一是在推进国家治理能力现代化的背景下，解决地方政府在食品安全领域迈向治理现代化的理念、路径、方法、技术手段等问题；二是在党的十八大以来中国从社会管理向社会治理转变的背景下，解决食品安全社会共治的制度化、机制化、法律化问题；三是在深入贯彻落实食品安全工作"四个最严"要求的背景下，解决建立健全风险预防导向的食品安全科学监管模式问题；四是在我国大力推进数字化转型的背景下，解决食品安全数字化监管的方法路径。

责任编辑：王玉茂　丛　琳	**责任校对**：潘凤越
封面设计：杨杨工作室·张冀	**责任印制**：刘译文

迈向省域食品安全治理现代化：浙江之路

浙江省市场监督管理局
北京东方君和管理顾问有限公司　　联合课题组　组织编写
韩　阳　张　晓　著

出版发行：知识产权出版社 有限责任公司	网　　址：http://www.ipph.cn
社　　址：北京市海淀区气象路 50 号院	邮　　编：100081
责编电话：010 – 82000860 转 8541	责编邮箱：wangyumao@cnipr.com
发行电话：010 – 82000860 转 8101/8102	发行传真：010 – 82000893/82005070/82000270
印　　刷：三河市国英印务有限公司	经　　销：新华书店、各大网上书店及相关专业书店
开　　本：787mm×1092mm　1/16	印　　张：16.5
版　　次：2024 年 4 月第 1 版	印　　次：2024 年 4 月第 1 次印刷
字　　数：288 千字	定　　价：86.00 元

ISBN 978 – 7 – 5130 – 9345 – 3

本书编委会

主　任：卢永福

副主任：张　晓

编　委：祝永飞　潘　欣　程　浩　沈一青

　　　　韩　阳　黄奥博

序　言

食品安全领域治理体系和治理能力现代化，是国家治理体系和治理能力现代化的重要组成部分。推进食品安全治理现代化，是深入学习贯彻习近平总书记关于食品安全工作重要论述和党中央、国务院重大决策部署的实践要求，是食品安全监管不断适应经济社会发展的系统改革，也是推进中国式现代化的题中之义。

近年来，浙江省市场监督管理局按照《中共中央　国务院关于深化改革加强食品安全工作的意见》要求，不断建立健全食品安全现代化治理体系，提高从农田到餐桌全过程监管能力，提升食品全链条质量安全保障水平，切实增强广大人民群众的获得感、幸福感、安全感。在实践中，浙江省市场监督管理局按照"多跨度大场景、小切口大牵引、分步走大跃迁"的总体思路，遵循回应重大关切、立足原创首创、监管服务并重、坚持闭环管理四个原则，聚焦食品安全监管领域的重点难点，积极谋划和建设了一批食品安全数字化监管多跨场景，成为深化改革、加强监管、促进发展、保障民生的有益探索。

2024年新年伊始，浙江省市场监督管理局牵头组织的"浙江省域食品安全治理现代化创新实践"课题组送来《迈向省域食品安全治理现代化：浙江之路》书稿，通读之后觉得，这是一部不错的实证研究报告。全书通过省域食品安全治理现代化、食品抽检制度改革、农产品批发市场智慧追溯体系建设、校园食品安全整体智治、餐饮食品安全治理数字化转型、食安金融联手信用工程、食品安全责任保险共保体模式、"肥药两制"数字化改革、数字化改革重组执法流程等9个篇章，系统反映了浙江省实施食品安全"一条链"、监管"一件事"的创新经验，翔实记录了浙江省以数字化改革推进食品安全治理体系与治理能力现代化的生动实践。

　　当前，食品安全智慧化建设取得了显著的成就，但在实践中仍然存在"建得多、用得少""硬件多、软件少""数据多、价值少"等突出问题，食品安全监管数字化建设的重点正在从"建系统"转向"谋场景"，从"技术驱动"转向"场景牵引"，从"重视建设规模"转向"注重场景效果"。本书的案例和观点对有效推动食品安全智治体系的整体性优化和系统性重塑，具有较强的借鉴价值和推广意义，也在食品安全治理现代化研究方面具有一定的理论价值。

张苏军

中国法学会党组成员、副会长

前　言

本书的缘起主要有两个方面的原因。2021 年 4 月，浙江省市场监督管理局牵头组织开展"浙江省域食品安全治理现代化创新实践"课题研究，作为食品安全议题长期忠实的实践者和观察者，北京东方君和管理顾问有限公司有幸作为联合课题组成员参与其中。2021—2023 年，联合课题组对浙江省构建食品安全智慧监管体系、推进食品安全治理数字化转型的理念、政策、措施、行动、效果及影响进行了为期 3 年的跟踪调研、分析讨论和实证研究，从而为我们提供了一个从省域角度透视地方食品安全治理范式现代化转型的宝贵机会。

如往常一样，我们带着压力同时秉承自己喜欢的工作方式投入"浙江省域食品安全治理现代化创新实践"课题组的工作之中，寻找关键问题、探求解题方法、揭示因果关系。在浙江省 11 个设区的市自主提报的 27 个专题中，联合课题组经过研读资料、现场调研、专家讨论等环节，最终遴选了 9 个专题，并形成了 9 个实证研究成果。北京东方君和管理顾问有限公司得到联合课题组的同意，将课题研究成果结集出版。2023 年是北京东方君和管理顾问有限公司在食品安全治理领域深耕第三方绩效评估、管理咨询、课题研究、标准化与示范项目管理的第十个年头。这十年，我们在这一领域践行了长期主义，对我们自己而言，这是一个里程碑。站在这个角度，我愿意借用治理理论学者罗德·罗兹（Rod Rhodes）教授的一个句式来表达我们的光荣与梦想——"东方君和献给东方君和"（Provalue's homage to Provalue）。感谢本书的出版面世，我们得以给自己这十年知行一个妥当的交代，从而让我们的下一个十年拥有非凡的新起点。

在长期的行业研究和咨询实践中，我们的基本观点是，实证研究的议题选择

1

要以解决问题为要旨，任何一项实证研究议题必须是有价值的。"浙江省域食品安全治理现代化创新实践"课题的9个专题涉及当前食品安全治理体系和治理能力现代化建设中的重点和难点问题，包括食品安全监管模式数字化转型、网络餐饮食品安全治理、校园食品安全治理、农产品批发市场转型升级、农产品质量安全源头治理、食品领域行政执法模式创新、食品安全抽检制度改革、食品安全责任保险机制、食品安全信用监管体系等。这些专题的选择注重了切入的视角，使得课题组成员能够结合各自的研究背景和领域专长，更专业地探讨研究问题的解决途径，并把专题置于时代命题和发展宏图之中，确保每一个专题的研究都体现出明确的"问题意识"和清晰的"历史渊源"。这与我们最初构想的实证研究所应呈现的效果是匹配的，说明课题具有值得研究的价值。具体而言，本书共9章，不仅蕴含了食品安全治理领域理论的、实践的和逻辑的内在价值，而且展现了食品安全治理实践的功能性价值，对于推进我国食品安全治理现代化的理论创新和实践创新有所裨益。

本书每章的研究成果都凝聚了许多人的贡献和帮助。我要感谢中共中央党校（国家行政学院）时和兴教授，在15年的时间里，他教授给我"治理"的方法论，打开我的新视角，并一路带领我从学术视角、实证视角、战略视角、文化视角等多纬度理解"治理现代化"的时代意涵、价值遵循与实践范式。

从实地调研到文献研读、撰写报告、修改完善，我和北京第二外国语学院法学教研室主任、涉外法治及旅游法治研究中心研究员韩阳教授共同分析资料、编制写作大纲、确定论证进路，一起度过了争辩、共识、再争辩、再共识的多个轮回。我们配合默契、井井有条，我负责第3章至第6章的初稿撰写，韩阳教授负责第1章和第7章至第9章的初稿撰写。初稿完成后，我们相互交换文稿，对初稿提出批评和建议，反复修改，直至定稿。

本书第2章的原稿是一篇水准较高的会议主旨发言文稿，主旨发言人是课题组负责人、浙江省市场监督管理局原一级巡视员卢永福，我要感谢他同意我们在本书中转载这篇文稿，并在原稿的基础上进行了修改。本书第1章关于浙江省食品安全数字化改革的很多实践内容，来自浙江省市场监督管理局食品流通安全监督管理处处长潘欣的贡献，感谢他帮助我厘清了浙江省食品安全监管数字化应用场景的概念、逻辑、技术特点、功能价值和关键成功要素。

本书成稿用了三年时间，时间跨度较长，在这三年中，文中的内容、数据都经历了大量更新，我要感谢浙江省市场监督管理局食品安全协调处处长程浩，他对浙江省"打造'浙里食安'建设食品安全治理现代化先行省"的目标体系、工作体系、评价体系的解析，确保了本书内容的连续性、时序性和时代性。另外，我时常打扰9个专题涉及的省、市、县（区）三级市场监管、农业农村、商务、公安、海关等部门的负责人，他们耐心地解答我的疑问，帮助我收集、更新数据，感谢每一位负责人给予的帮助。

在本书的政策和法规分析方面，我要特别感谢韩阳教授的贡献，作为中国社会科学院法学所博士后、美国俄勒冈大学法学院客座教授、法国波尔多第四大学访问学者，她在法学领域的深厚学术积淀和宽阔的国际比较研究视野，给全书带来了法治化、国际化、专业化的独特价值。

知识产权出版社为本书的出版付出了大量心血，责任编辑王玉茂、丛琳对全部初稿提出了修改建议，对所有数据、年份、政策文件等关键信息进行了仔细核对，保证了文稿的严谨性、准确性、规范性。

本书的顺利完成离不开联合课题组全体的努力，他们在整个课题研究过程中提供了诸多建设性意见。我的同事、公司副总裁黄奥博是本书每章的首位读者，他从数字应用与业务场景的角度提出了一些反思，促使我认真复盘和思考，在书稿的修改完善中保持了良好的客观性。

2023年的秋末冬初，我回到家乡云南昆明进行最后的统稿工作，每天会到坐落在昆明华罗庚旧居的云鎏金咖啡文化庭院，读稿、修改、翻阅资料，和咖啡师大萱、小葛谈到对食品安全监管与合规的看法。作为新一代食品从业人员，两位年轻人对于行业自律和食品安全文化的积极态度预示着食品安全的未来，这给了我很大的动力，让我高效地完成了7篇访谈录文稿的最终修改。

感谢所有人的智慧和努力、帮助和奉献。

福启新岁，众行致远。一起向未来！

张晓

北京东方君和管理顾问有限公司董事长

2024年1月

目 录
CONTENTS

1

浙江省域食品安全治理现代化

——数字化转型的创新战略选择

随着数字生产力日益成为推动经济社会发展的关键力量，数字化转型成为我国政府积极顺应时代潮流、把握发展机遇、主动应对挑战的重大战略举措。当前，大数据、物联网、云计算、区块链、人工智能、量子信息等新一代信息技术加速推动新一轮科技革命和产业变革，运用数字技术构建数字化、智慧化新型食品安全监管模式，既是推动食品安全治理体系和治理能力现代化的内在要求，也是新兴技术融入国家治理的必然选择。

在高质量发展的时代要求下，数字化转型能否成为食品安全治理体系和治理能力现代化发展的新动能，是当前亟待研究的议题。浙江省是数字化改革先发省份，通过在经济、政治、文化、社会、生态文明"五位一体"建设中统筹运用数字化技术、数字化思维，对省域治理的体制机制、组织架构、方式流程、手段工具进行重塑和重构，在整体推动省域经济社会发展和治理能力的质量变革、效率变革、动力变革方面进行了系统性创新和集成式应用。数字赋能食品安全整体智治是浙江省数字化改革"大场景、小切口"的优秀范例，按照中共浙江省委全面深化改革委员会印发的《浙江省数字化改革总体方案》，浙江省食品药品安全委员会、浙江省市场监督管理局坚持从群众的高频需求和改革的关键问题入手，打造一系列实用的食品安全数字化应用场景，推进与数字化转型相适应的业务应用、应用支撑、政策制度、标准规范、数据资源、基础设施等体系建设。以食品安全治理为实证，从省域层面上研究数字化改革的内容、进程及其对食品安全治理效能和监管水平的影响，对于探索我国食品安全治理数字化转型的典型模式和推进路径具有重要的现实意义。

一、数字化转型与新时代治理

（一）治理现代化的必然选择：数字化转型

当今世界，信息革命时代潮流加速融入政治、经济、社会、文化等领域，数字化、网络化、智能化不断演进，新技术、新应用层出不穷，成为推动经济发展和社会进步的重要动力。党的二十大报告系统论述了中国式现代化的重大理论和实践问题，提出加快建设网络强国、数字中国。2023 年 2 月，中共中央、国务院印发的《数字中国建设整体布局规划》（以下简称《规划》）指出，建设数字中国是数字时代推进中国式现代化的重要引擎，是构筑国家竞争新优势的有力支撑。

将数字技术广泛运用于宏观经济调控、政府管理和服务、市场监管、社会治理等领域，驱动产业创新和全产业链升级，提升管理效能和服务质量，提高决策科学化和民主化水平。清华大学社会科学学院教授戎珂认为，数字中国建设将有力推进和拓展中国式现代化。一方面，通过提升生产效率和改变生产模式，数字经济极大地促进了我国经济发展，从而更好地推动中国式现代化的实现。另一方面，数字经济也为社会治理提供了新的可能性。以物联网、人工智能等为代表的数字技术为实现更精细化、智能化的社会管理提供了强大的工具，极大地提升了公共服务的效率和质量，同时也为国家政策制定提供着更为科学、全面、细致的依据，成为新发展阶段社会主义现代化治理体系构建和治理能力提升的新法宝。❶

---

❶ 戎珂. 中国式现代化视阈下的数字中国建设［EB/OL］.（2023 - 09 - 14）［2023 - 10 - 10］. http://www.rmlt.com.cn/2023/0914/682851.shtml.

数字政府、数字经济、数字社会是数字中国建设的"三驾马车",数字政府则是其中的核心枢纽,发挥着关键的引领和驱动作用。自 20 世纪 90 年代以来,经过以机关内部办公自动化为代表的"信息化起步"、以部门政务电子化为代表的"政务行业数字化"、以在线政务服务为代表的"数字政务 1.0"三个发展阶段,我国政府信息化发展已迈入以业务与技术融合重构为代表的"数字政府 2.0"新阶段,初步形成"云、网、数、用"基础支撑体系,建成世界上规模最大的国家电子政务体系,形成政务服务、"互联网 + 监管"、政府信息公开、信用信息、投资项目监管、企业公示等一批成熟定型、实效显著的数字化综合平台。根据《数字中国发展报告(2022 年)》中有关数据显示,国家电子政务外网实现地市、县级全覆盖,乡镇覆盖率达 96.1%,全国一体化政务服务平台实名注册用户超过 10 亿人,实现 1 万多项高频应用的标准化服务,"一网通办""跨省通办"取得积极成效,服务事项网上办已成为政务服务的主要方式,有效解决了群众和企业办事难、办事慢、办事繁的问题。根据《2022 联合国电子政务调查报告》(*2022 United Nations E – Government Survey*),我国电子政务排名在 193 个联合国会员国中从 2012 年的第 78 位上升到了 2022 年的第 43 位,成为全球增幅最高的国家之一。2022 年全球电子政务发展指数(EDGI)平均值为 0.6102,中国的 EDGI 值为 0.8119,为"非常高水平";2022 年中国的在线服务指数(OSI,三个子指数之一)达到 0.8876,高于全球 OSI 平均值 0.5554,为"非常高水平",继续保持全球领先水平。

(二)数字时代的模式变革:从监管到治理

数字化转型是一场由数字技术和数据资源驱动的经济社会系统性变革,是政府、市场、社会的"必答题"。对于政府而言,单纯运用传统监管模式已难以实现复杂的治理目标。从长远看,从监管到治理的思维转变,从线下管制走向线上治理与线下治理相结合,从政府单向监管走向多方合作的协同治理,这是政府职能的根本性转变。从监管到治理的演进过程,反映了现代化发展的内在逻辑,与中国式现代化步伐相重合。

党的十八届三中全会以来,"放管服"、审管分离、县级综合执法等一系列行政管理体制改革在放宽市场准入、缩减负面清单、优化政务服务、改善营商环境等方面取得成效,大大释放了市场活力、社会活力。按照国务院发布的《国务院关于深化"证照分离"改革进一步激发市场主体发展活力的通知》，自 2021 年 7 月 1 日起，在全国范围内实施涉企经营许可事项全覆盖清单管理，按照直接取消审批、审批改为备案、实行告知承诺、优化审批服务等四种方式分类推进审批制度改革。所有这些改革都使市场监管面临新考验、新要求：在监管理念上，应对降低市场准入门槛、优化营商环境的发展要求，市场监管亟待树立"管风险、管过程""促进市场主体合规稳健运行"的现代理念；在监管方式上，应对监管关口前移、加强风险防控、加强事中事后监管的监管要求，市场监管亟待整合监管资源，建立贯穿市场主体全生命周期，衔接事前、事中、事后全监管环节的新型综合监管、协同监管模式；在监管手段上，应对营造公平竞争的市场环境、构建全国统一大市场的目标要求，市场监管亟待推进"互联网＋"与市场监管深度融合，将大数据、云计算、区块链、人工智能等现代信息技术运用于全流程、全链条监管，实现市场监管手段数字化、智慧化。

上述重要的变革揭示了数字时代市场监管领域的一个重要趋势，即数字政府建设极大地推动了透明度和多元参与度的提升，增强了对市场行为及其带来改变的关注度，监管主体、监管手段、监管策略正在从手段单一、路向单向的命令控制型监管向多元化、多样性、差异性的回应型监管模式转型，以行政主导的监管模式步入"政府主导、企业自治、行业自律、社会监督"的现代治理时代。政府作为治理领域的重要利益相关者和领导者，其扮演的角色与传统监管中的角色不同，不单单是要将法律规制设计用于行为控制，更须用于以人民福祉为出发点、以法治为根本保障、协调多个利益相关方的解决方案，更好地适应推进市场监管治理体系和治理能力现代化所要求的主体多元性、手段协商性、策略多样性的价值向度。

食品安全是我国市场监管现代化建设的重要内容，也是国家治理现代化的重要议题。现阶段，面对食品安全问题的复杂性、食品安全治理体系和治理能力现代化的紧迫性，探索有效的食品安全治理模式，是我国行政体制改革和机制创新的重要任务之一。基于中国式现代化治理时代和行政体制改革的宏观视角，如何构建与当前市场监管体制相匹配的食品安全监管模式，如何设计符合国家治理现代化要求的食品安全监管改革进路，如何推进与数字中国发展相适应的食品安全整体智治，是现在和未来适应时代变革需要的创新实践，也是一个值得长期探索的课题。

（三）强化数字化发展的政策和法律框架

1. 政策

自 2015 年我国首次提出实施国家大数据战略和网络强国战略以来，数字经济成为深刻影响和改变人类经济社会发展模式的新的重要经济形态，连续 7 年被写入政府工作报告。2017 年，国家提出推动"互联网＋"深入发展、促进数字经济加快成长；2018 年，首次提出数字中国建设，提出深入开展"互联网＋"行动，实行包容审慎监管，推动大数据、云计算、物联网广泛应用，新兴产业蓬勃发展，传统产业深刻重塑；2019 年，提出促进深化大数据、人工智能等研发应用，培育新一代信息技术、高端装备、生物医药、新能源汽车、新材料等新兴产业集群，壮大数字经济；2020 年，提出全面推进"互联网＋"，打造数字经济新优势；2021 年，提出推动产业数字化智能化改造，协同推进数字产业化和产业数字化，加快数字化发展，建设数字中国；2022 年，提出加强数字中国建设整体布局，建设数字信息基础设施，推进 5G 规模化应用，促进产业数字化转型；2023 年，提出大力发展数字经济，加快传统产业和中小企业数字化转型，着力提升高端化、智能化、绿色化水平，提升常态化监管水平，支持平台经济发展。

多年来，从"互联网＋"到数字经济发展和全面数字化转型，我国有序推进数字中国建设的顶层战略规划，在国家层面出台了一系列数字化转型的配套政策。

在数字经济领域，相继出台了《国家信息化发展战略纲要》《国家数字经济创新发展试验区实施方案》《关于推进"上云用数赋智"行动培育新经济发展实施方案》《中共中央 国务院关于构建更加完善的要素市场化配置体制机制的意见》《"十四五"大数据产业发展规划》《新型数据中心发展三年行动计划（2021—2023 年）》《"十四五"数字经济发展规划》《中小企业数字化转型指南》《数字中国建设整体布局规划》等涉及数字经济的发展战略的政策文件。

在数字政府领域，相继出台了《国务院关于加快推进"互联网＋政务服务"工作的指导意见》《进一步深化"互联网＋政务服务"推进政务服务"一网、一门、一次"改革实施方案的通知》《国务院关于加快推进全国一体化在线政务服务平台建设的指导意见》《"十四五"国家信息化规划》《国务院关于加快推进政务服务标准化规范化便利化的指导意见》《国务院关于加强数字政府建设的指导意见》等战略规划和规范性文件。

党的二十大报告指出，未来五年要继续深入推进国家治理体系和治理能力现代化。运用新一代数字技术、实施数字化转型将有效推进政府管理和社会治理模式创新，实现政府决策科学化、社会治理精准化、公共服务高效化，为推进国家治理体系和治理能力现代化提供重要支撑。针对目前数字化转型过程中存在的理解认知不足、数字基础设施不足、应用场景不足、人力与财政资源不足等制约因素，2023 年 2 月，中共中央、国务院印发《数字中国建设整体布局规划》，明确提出数字中国建设"2522"整体框架布局和实施保障，全面赋能经济社会发展。

2. 法规

2022 年第 2 期《求是》杂志刊发了习近平总书记 2021 年 10 月 18 日在中央政治局第三十四次集体学习时的重要讲话。讲话强调推动数字经济健康发展，要坚持促进发展和监管规范两手抓、两手都要硬，在发展中规范、在规范中发展；完善数字经济治理体系，要健全法律法规和政策制度，完善体制机制，提高我国数字经济治理体系和治理能力现代化水平，体现了坚持数字中国与数字法治同步推进，以法治保障数字经济、数字社会、数字政府一体建设的重要思想，为不断做强做优做大我国数字经济进一步指明了方向。

数字化发展催生了新型的经济关系和社会关系，虚实同构的双层空间、人机交互的智慧场景、算法驱动的数字生态，这些重大而深刻的技术变革、社会变革，给现行法律制度和司法体系带来极大冲击和"破窗性"挑战。在民商法领域，数据资源日益成为重要生产要素和社会财富，但数据和信息的性质、分类、权属、使用规则、法律责任等，却难以在现有民商法理论和规则中获得有效说明。2022 年 11 月 22 日，国家市场监督管理总局发布的《中华人民共和国反不正当竞争法（修订草案征求意见稿）》制定了"数据专条"，但仍是采取行为保护（不正当竞争）或法益保护（商业秘密）而非数据财产（权利）保护的司法进路。在行政法领域，平台经济的崛起造就了全新的市场主体——平台企业，面对分散的用户、多元的电商、技术性强的平台、庞大的数据，国家出台《全国人民代表大会常务委员会关于加强网络信息保护的决定》《电信和互联网用户个人信息保护规定》《计算机信息网络国际联网安全保护管理办法》等法规和政策文件；政府部门出台《国家发展改革委等部门关于推动平台经济规范健康持续发展的若干意见》《国务院反垄断委员会关于平台经济领域的反垄断指南》等规章，赋予平台企业制定平台规则、处罚入驻电商违规行为、解决平台交易纠纷等准公权力，政府—平台—电商的新架构不同于政府干预与市场调节的传统关系架构，给行政法原有的规制方式带来挑战。在刑事法领域，面对一些类型新、技术含量高的互联网案件，既有理论和规则逻辑的解释力不足，又难以对刷单炒信、窃取数据信息、互联网侵权等行为实施入刑惩处。在司法领域，既有司法解纷机制出现失灵，又在传统上按行政区划实施的级别管辖和地域管辖不再完全适用，网络空间的法律效力问题被提上议事日程。❶

在此背景下，加强数字领域的立法、执法、司法，并建立相应的保障机制，既是我国当前法治建设的重要任务和重点工作，也是数字中国建设的必然要求和应有之义。目前，我国已经形成了《网络安全法》《数据安全法》《个人信息保护法》❷为主体的数据安全法律体系，为数字中国建设和数字法治提供了重要法治保障。❸尤其是 2021 年 9 月 1 日正式施行的《数据安全法》，将数据主权纳入国家主权范畴，并进一步将数据要素的发展与安全相关联，为数字经济、数字政府、数字社会提供法治保障。此外，自 2022 年 2 月 15 日正式施行的《网络安全审查办法》（2021 年修订），对关键信息基础设施、核心数据、重要数据等进行重点保护，进一步提升了全社会对网络安全、数据安全的重视程度。

二、浙江省域食品安全智治：一个独特的地方治理先行实践

（一）浙江省数字化改革及其在食品安全领域的实践价值

浙江省下辖 11 个设区市（其中杭州和宁波为副省级城市）、90 个县（市、区），据浙江省人民政府官网数据，2022 年年末全省常住人口 6577 万人，城镇

---

❶ 马卡山. 马卡山：智能互联网时代的法律变革［EB/OL］.（2021 – 10 – 21）［2023 – 10 – 10］. http：//www. chinaweekly. cn/html/sxzhuanjia/37770. html.

❷ 为便于阅读，本书中我国相关法律标题中的"中华人民共和国"字样予以省略。——编辑注

❸ 王其江. 坚持数字中国与数字法治同步推进数字经济、数字社会、数字政府一体建设［EB/OL］.（2022 – 02 – 16）［2023 – 10 – 10］. http：//www. mzyfz. com/html/1873/2022 – 02 – 16/content – 1554871. html.

化率73.4%；全省陆域面积10.55万平方公里，其中山地占74.6%，水面占5.1%，平坦地占20.3%，素有"七山一水两分田"之称，是我国面积较小、但"小而强"的省份之一。浙江省的经济总量、民富水平和影响力在全国均占据重要地位，其与江苏省、安徽省、上海市共同构成的长江三角洲城市群已跻身全球六大世界级城市群之列。2022年，浙江省地区生产总值（GDP）达到77715亿元，连续29年居全国第四位；2023年前三季度，全省实现地区生产总值59182亿元，仍居全国第四位，与广东省、江苏省、山东省、河南省、四川省成为"三季报"前六甲，这六省的经济总量合计约占全国经济的44.7%，在稳定经济增长中发挥着"压舱石"作用。2022年，浙江省全体居民人均可支配收入为60302元，城乡居民收入倍差1.90，连续10年缩小，低于全国的2.69；2023年前三季度，全省人均可支配收入达到49821元，位列全国第三。

近年来，浙江省一以贯之实施"八八战略"，以数字经济创新提质的"一号发展工程"、营商环境优化提升的"一号改革工程"、地瓜经济（指市场、资源"两头在外"的增长模式）提升能级的"一号开放工程"为抓手，深入推进中国特色社会主义共同富裕先行和省域现代化先行，努力打造"新时代全面展示中国特色社会主义制度优越性的重要窗口"。按照习近平总书记在浙江省工作时作出的建设"数字浙江"的重大决策部署，浙江省于2014年建设电子政务云，形成"四张清单一张网"，开创全国之先例；2016年率先推进"最多跑一次"改革，让数据多跑路、群众少跑腿。在深化"最多跑一次"改革、推进政府部门核心业务数字化转型的基础上，浙江省于2021年全面启动数字化改革，围绕重大改革事项和群众所急所需所盼，通过数字化改革重塑制度和流程，驱动省域经济社会发展重点领域的系统性变革与转型，例如迭代升级浙里办、浙政钉，打造中央巡视、中央环保督察、审计、国务院大督查、安全生产、网络舆情、群众信访等"七张问题清单"重大应用场景，用数字化改革驱动党政机关整体智治；以"产业大脑＋未来工厂"为突破口重塑制造业创新发展，实施数字生活新服务行动，用数字化改革驱动经济高质量发展；持续打造浙系列、邻系列、享系列三大服务品牌，上线一批以浙里民生、关键小事智能速办为代表的多跨场景应用，用数字化改革驱动高品质公共服务。

"跨部门场景化多业务协同应用"（以下简称"多跨场景"）是数字化改革牵一发动全身的重要抓手，2021年以来，浙江省委、省政府坚持聚焦重点领域，

"谋划和建设一批多跨场景,加快形成重大标志性成果"。❶ 作为深化改革、促进发展、保障民生的重要内容,食品安全无疑是数字化改革的典型多跨应用场景之一。2019 年 5 月印发的《中共中央 国务院关于深化改革加强食品安全工作的意见》提到,要"建立食品安全现代化治理体系,提高从农田到餐桌全过程监管能力,提升食品全链条质量安全保障水平,增强广大人民群众的获得感、幸福感、安全感"。

针对提升食品安全监管效能和食品安全保障水平面临的难点堵点问题,浙江省在数字化改革过程中加强省市县协同、试点带动、典型示范,在政策供给、制度设计、流程规范、技术规则、成果应用等层面先行先试,出台食品安全数字化追溯领域全国首部省级地方性法规,首创以"五色疫情图 + 三色健康码 + 精密智控指数"为抓手的精密智控机制,率先开发应用浙冷链、浙食链、浙江外卖在线、浙江公平在线、全球二维码数字平台 GM2D 在线等数字化系统平台,加速推进食品安全从单一行政监管走向多元协同治理的变革和转型,积极探索中国式现代化的省域食品安全治理范式。

(二) 规制创新:食品安全数字化治理的制度化与范式选择

自 2003 年习近平总书记在浙江工作时提出建设"数字浙江"以来,浙江省持之以恒地推进"最多跑一次"和"一件事"集成改革。经过多年的实践探索,在制度设计、重点项目、数据平台、数字化应用等方面取得了一批标志性成果,形成了政府数字化转型的先发优势。针对重点领域、重点环节的改革试点,及时总结经验,把改革成果固化为制度和法规,为全面实施数字化改革奠定了扎实的基础。

1.《浙江省数字化改革总体方案》

2021 年 2 月,中共浙江省委全面深化改革委员会印发《浙江省数字化改革总体方案》。该方案提出构建"1 + 5 + 2"工作体系,搭建数字化改革"四梁八柱"。"1"指建设 1 个一体化智能化公共数据平台;"5"指运行党政机关整体智治、数字政府、数字经济、数字社会、数字法治综合应用;"2"指构建理论和

---

❶ 袁家军. 以多跨应用场景为重要抓手 推动数字化改革走深走实 [EB/OL]. (2021 - 12 - 13) [2023 - 10 - 10]. https://www.zj.gov.cn/art/2021/12/13/art_1229603977_59175681.html.

制度 2 套体系，推动改革实践上升为理论成果、固化为制度成果。

该方案实现了三个主要功能：一是在价值层面，坚持以人民为中心的治理理念；二是在技术层面，实现"三难"变"三通"，即从互联互通难、资源共享难、业务协同难，转变为网络通、数据通、业务通；三是在运行层面，按照数字化改革的要求，推进业务重组、流程再造、系统整合。

2.《浙江省数字经济促进条例》

2020 年 12 月，浙江省通过全国第一部促进数字经济发展的地方性法规《浙江省数字经济促进条例》，于 2021 年 3 月 1 日起正式施行。该条例共九章 62 条，其首次在法律层面对数字经济作出明确界定，对"数字基础设施、数据资源"两大支撑，"数字产业化、产业数字化、治理数字化"三大重点，以及激励保障措施、法律责任等作出了相关规定。对数字基础设施、数据资源、数字产业化、产业数字化、治理数字化进行了清晰定义。

针对数字素养水平不均问题，该条例还规定浙江省的县级以上人民政府及其有关部门应当加强数字经济法律、法规、规章以及技术、知识的宣传、教育、培训，提升全民数字素养和数字技能。

3.《浙江省公共数据条例》

2022 年 1 月，浙江省通过《浙江省公共数据条例》，于 2022 年 3 月 1 日起正式施行。这是全国首部以公共数据为主题的地方性法规，旨在破解部门间信息孤岛、提升数据质量、赋能基层、保障安全等共性难题。该条例共八章 51 条，从明确公共数据定义范围、平台建设规范、收集归集规则、共享开放机制、授权运营制度、安全管理规范等方面对公共数据发展和管理作出具体规定。

该条例将公共数据范围从行政机关扩大到国家机关，并将供水、供电、供气、公共交通等公共服务运营单位依法履职或者提供公共服务过程中收集、产生的数据，以及税务、海关、金融监督管理等国家有关部门派驻浙江管理机构根据本省应用需求提供的数据，统一纳入公共数据管理范围。

4.《浙江省电子商务条例》

2021 年 9 月，《浙江省电子商务条例》发布，自 2022 年 3 月 1 日起正式施行。该条例着力破解浙江省电子商务发展中新业态监管、"大数据杀熟"规制、公平竞争秩序维护、网络餐饮数字治理、直播电商规范、新就业形态劳动者权益保护等方面的新矛盾、新问题，为平台经济规范健康持续发展进一步健全了法规制度保障。

该条例第 16 条规定，"提供网络餐饮服务的平台内经营者以及通过自建网站、其他网络服务提供网络餐饮服务的电子商务经营者，应当在经营者信息页面的显著位置以视频形式实时公开食品加工制作现场，并使用封签对配送的食品予以封口。电子商务平台经营者应当为提供网络餐饮服务的平台内经营者履行前款规定的公开义务提供技术支持。提供网络餐饮服务的平台内经营者以及通过自建网站、其他网络服务提供网络餐饮服务的电子商务经营者未按规定使用封签对配送的食品予以封口或者封签损坏的，网约配送员有权拒绝配送，消费者有权拒绝签收。"该条款为推行"阳光厨房"和"外卖封签"提供了法律依据。

5. 《浙江省食品安全数字化追溯规定》

2023 年 9 月，浙江省公布了《浙江省食品安全数字化追溯规定》，于 2024 年 1 月 1 日起正式施行。该规定共 29 条，对食品安全数字化追溯是什么、追溯什么、追溯效力和要求等作出明确的界定。该规定对食品安全数字化追溯作出了定义：通过全省食品安全追溯系统，运用现代信息技术手段，依法采集、留存、传递生产经营信息，实现食品和食用农产品来源、去向、问题可追溯的活动。此外，规定对追溯类别和具体品种、追溯主体的具体范围、追溯方式等进行了明确。

浙江省市场监督管理局会同该省农业农村部门按照区分风险程度、分步推进实施的原则起草了《浙江省食品安全数字化追溯管理重点品种目录及主体目录（征求意见稿）》，将多个具体品种纳入追溯目录，主要类别包括：果蔬、畜禽肉类、水产品、食用植物油、液体乳、豆制品、婴幼儿谷类辅助食品、婴幼儿罐装辅助食品、其他特殊膳食食品、保健食品、婴幼儿配方乳品、其他（预包装河豚鱼制品）。

（三）应用创新：多跨场景的构建与良好实践

1. "浙食安"："12＋1"应用场景

2020 年 9 月，浙江省政府数字化转型 11 个标志性项目之一食品安全综合治理数字化协同应用（以下简称"协同应用"）正式上线运行。该协同应用围绕"12＋

1"应用场景建设，是全国首个食安综合治理数字化协同应用，其面向社会公众的端口集成在浙里办 App 中，其应用名为浙食安。首批建设的"12＋1"应用场景分别是：①食安之窗。实现食品安全谣言智控线上的流转和处置，形成闭环。②食安之库。实施食品经营许可跨区域全省通办，并开展电子许可证推广应用。③风险评估预警。④问题智治。⑤特殊食品风险智控。⑥食盐风险智控。⑦食用农产品风险智控。⑧食品冷链风险智控。⑨阳光厨房。⑩农村家宴风险智控。⑪校园食品安全智治。⑫网络订餐"以网管网"以及 1 个新技术应用婴幼儿配方乳粉区块链追溯。

该协同应用建设聚焦"风险分析""物联感知""溯源倒查"三个方面，通过多环节、多部门食品安全风险数据建模，形成"一图""一指数""一清单"。"一图"指区域风险五色图，通过绿、蓝、黄、橙、红五色分别呈现五个食品安全风险等级，可以直观体现全省食品安全风险整体情况；"一指数"指食品安全风险指数，主要综合风险来源、风险波及范围等一系列相关数据，直观展示 34 大类食品品种风险信息；"一清单"指重点风险企业清单，相关监管部门可以直观看到省内各地重点风险企业名单，便于确定监管重点，提高监管靶向性，实现精准监管。

通过集成创新，该协同应用对全省食品安全各类许可、抽检、监管信息进行归集，面向社会公众的移动端访问入口以浙食安的形式集成在浙里办 App，所有功能和场景集中在浙里办和浙政钉两个 App 端口输出。通过浙江政务服务网或浙里办 App，企业、群众可以在一个端口办事查询，实现"全程网办""全省通办"，在线快速办理食品生产经营许可、冷库备案、网络食品交易平台备案、农村家宴备案等相关业务，无须提供纸质材料；执法人员使用一个系统监管执法。截至 2022 年，已实现省食品药品安全委员会主要成员单位、长三角地区、各地市等不同层面的数据对接和共享，共归集 1482 张表单、8.7 亿条数据。

此外，该协同应用对全省食品安全各类许可、抽检、监管信息进行归集，统一通过以群众喜闻乐见的方式方便群众查询，并设置互动和辟谣板块，实现食品安全社会共治。浙里办 App 中的浙食安服务具有多项查询功能。在"随手查"中，消费者可以通过点击"随手扫码查询"按键，扫取食品外包装上的条形码查询该产品历年来在各地食品安全监督抽检合格和不合格情况；在"地图查"中，通过手机自动定位周边餐饮地图，详细了解周边餐饮情况，地图中通过绿色、红色进行标记，绿色表示历次抽检合格，红色表示历次抽检中存在不合格，同时在"阳光公示"中还对餐饮单位近期监督检查信息、经营资质、年度评级等情况进行了公示；在"查排行"中，按照品种抽检合格率从高到低，对 34 大类食品进行集中排行展示，排名前三的产品分别是乳制品、食品添加剂和特殊医学用途配方食品；在"查谣言"中，协同应用开发谣言智控功能，通过网上自动抓取、机器识别或专家研判后确定是否为食品安全谣言，对谣言信息进行集中公告，提升群众自我防护意识和能力；在"你点我检"中，群众可以通过此功能提交自己关心的食品安全相关品种品类，甚至可以精确到具体哪家店铺，监管部门根据群众提交情况，进行抽检并反馈公示。

2. 浙冷链："全受控、无遗漏"闭环管理体系

2020 年 6 月 15 日，浙江省提出疫情防控由"人防"向"人物同防"转变的策略部署，由市场监督管理部门牵头、多部门组成冷链食品物防专班，并在全国率先上线浙冷链系统对进口冷链食品进行数字化管控。按照国务院联防联控机制关于加强冷链物防工作的相关要求，浙江省根据形势发展逐步迭代升级，巩固完善数字化管控、集中监管仓、省际检查站、核酸检测站"四道防线"，构筑进口冷链食品"全受控、无遗漏"管理体系。

一是深化数字化管控，夯实精密智控防线。浙冷链系统全量归集公安、交通运输、卫生健康、市场监管、海关等 5 个部门 9 个系统数据和上海口岸入浙车辆数据，纵向打通国家、省、市、县四个层级，构建"一码统管""一键排查""一链存证""链上加仓""省际设卡""一线指挥" 6 个应用场景，实现进口冷链食品精准定位。一旦出现问题货品，可以随时一键查询、实时逆向追溯、即时获得结果、及时核查处置。

二是建设集中监管仓，严把源头管控防线。2020 年 12 月底，浙江省在全国率先全域投用集中监管仓，开展核酸检测和消杀赋码业务，要求进口冷链食品具备"三证一码"（检疫证明、核酸证明、消杀证明、溯源码）方可上市销售，有效实现源头阻控。为防止风险在监管仓聚集发酵甚至外溢，制定全省统一的监管仓操作指南，要求建立健全从业人员档案，实时对接省卫生健康委员会疫苗接种、核酸检测数据，逾期自动预警；在监管仓各关键环节安装人工智能（AI）抓拍装置设备，严格落实工作人员戴口罩等个人防护措施，过程在线监控、异常自动预警、线下整改落实；对来自高风险国家（地区）的货品，每批次抽样时

增加不少于30%的采样比例。

三是设置省际检查站，筑牢车辆查控防线。在省际高速公路通道和省际普通国省道的交界处设置36个冷链运输车辆检查站，省、市、县三级公安、交通运输、市场监管部门对入省冷链运输车辆进行检查。将检查站检查信息、过境车辆信息与省交通运输厅收费站收费数据、省公安厅车牌抓拍数据对接，排查异常入浙车辆、应入未入检查站车辆信息推送省公安厅，由省公安厅对相关车辆进行拦截，对司机进行警示教育，确保全量纳入体系管控。

四是设立核酸检测站，强化二次检控防线。为有效应对外省市核酸检测阴性产品在下游继续检出阳性以及首站经营者赋码数量不准确等问题，在全省建立20个专业核酸检测站，2021年10月1日起要求省外流入浙江产品二次检测并经监管人员清点核实数量后方可赋码上市销售，实现疫情防控"双保险"。

浙江省依托浙冷链系统构筑"四道防线"，对进口冷链食品进行有效管控，在以下五个方面取得突破，实现了"保供应"和"保安全"双重目标。

一是应上尽上。浙冷链系统累计激活企业3.93万家，其中首站经营者3319家、大中型超市2174家、餐饮单位21682家、生产企业976家，个体工商户27736家，日常活跃用户超过1万家。经过与食品经营许可数据库的反复线上比对线下核查，浙江省所有进口冷链食品生产经营主体已经应上尽上浙冷链系统。

二是应扫尽扫。系统累计赋码1730.3万个，累计扫码3317.22万次，赋码率、扫码率达100%，日均赋码数在3万~4万个，日均扫码数保持在7万~8万次。

三是应查尽查。通过"互联网+监管"平台下发专项检查任务，对上链生产经营单位开展拉网式排查，实现对首站经营者等四类已上链的"重点生产经营者"和经营生食水产餐饮店等四类可能应上链未上链的"重点检查对象"的全覆盖检查。累计完成对46.81万家生产经营单位的专项检查，共发现4092个问题，均已整改到位。

四是应检尽检。全省冷链食品及环境核酸检测共完成2079802份，其中外环境677058份、食品524233份、从业人员878511份。全省监管仓已对442名工作人员累计开展核酸检测18375人次，全部为阴性。

五是应处尽处。累计处置阳性冷链食品事件116起，处置阳性涉疫冻品2300余吨；其中监管仓检出阳性事件53起，拦截可能流入市场的问题食品1800

多吨。

3. 浙食链：以码赋能，以链织网

在浙冷链系统的基础上，浙江省市场监督管理局组织开发建设浙江省食品安全追溯闭环管理系统（以下简称"浙食链"）。浙食链是浙江省为推进从农田到餐桌全程监管而实施的食品安全全链条监管"一件事"改革项目，被浙江省政府列为 2021 年十大民生实事之一。该系统归集了从田头（车间）到餐桌生产流通交易数据，整合了原有食品安全综合治理数字化协同应用，构建了覆盖预包装食品和食用农产品的"1266"全链条闭环管理体系，即建立 1 个追溯链条，围绕食品安全"从田头（车间）到餐桌闭环管理、从餐桌到田头（车间）溯源倒查"2 个目标，构建"厂厂（场场）阳光、批批检测、样样赋码、件件扫码、时时追溯、事事倒查"6 个应用场景，实现"一码统管、一库集中、一链存证、一键追溯、一扫查询、一体监管"6 项功能。浙江省通过"四个统一"推进浙食链落地实施。

一是统一规则、采用多种形态，方便企业赋码上链。浙江省立项编制《浙江省食品和食用农产品追溯核心元数据》地方标准，以"商品条形码＋批次＋时间"为原则生成该批次或该件商品全球唯一的二维溯源码，并据此"样样赋码""一码统管"，汇聚产品"厂场阳光"、"批批检测"、供应链流转和企业自定义等数据，形成立体画像。对于地产预包装食品，鼓励生产企业在外包装直接印制溯源码，录入每批产品自检报告，产品方可上链出厂销售；对于地产食用农产品，市场监管和农业农村部门互通"农产品合格证""肉类检验证明"等数据，严格准入准出衔接机制，种养殖环节源头赋码，带码入市；对于省外输入食品，要求市场首站经营者报备产品信息上链，生成产品电子追溯码，在手机端或 PC 端显示，并根据证照及检测数据显示为"红、黄、绿码"，然后分级管控；对于婴幼儿配方乳粉、进口冷链食品等高风险高价值产品，则要求在产品的外包装上印制或张贴溯源码，且要求高精度追溯到每件最小包装。采用前三种赋码方式，企业几乎不增加额外成本。

二是统一接口、畅通多种渠道，引导企业扫码成链。食品在源头完成赋码后，下游进出库扫码即可形成完整的追溯链条。由于食品流通业态复杂、高频量大，统一数据接口、集成功能应用、提高用户体验对于最终实现"件件扫码""一键追溯"至关重要。首先是扫码索证。经营户扫码即可完成法定索证索票义务，方便省事，数据可信。尤其是对于肉类管理，积极争取农业农村部支持，全国率先开展肉类无纸化交易试点，通过浙食链扫码交易即可同步开具肉类检疫电子分销证明，节约大量排队开票等待时间以及票证印刷、打印费用，得到市场管理方和经营户的热烈欢迎。其次是聚合支付。开发带有聚合支付功能的二维码，在扫码进出库时同步完成货款支付，避免经营者一次交易两次扫码，方便企业操作的同时成为一个流量入口。最后是系统对接。对拥有自建货物管理系统的大中型企业，浙食链开发统一标准的数据接口与企业系统实现数据对接，企业利用原有扫码设备和管理系统即可实现无感上链，避免二次录入、重复劳动。

三是统一模板、设计多种方案，督促企业亮码晒链。根据经营业态不同，设计开发全省统一的亮码模板，督促企业展示包装码、柜台码、标签码，方便消费者"一扫查询"和监管人员"一体监管"。①包装码。对于产品外包装上已印制或张贴的二维码，可以直接扫码查询到该产品的"阳光工厂（农场）"实时监控画面、企业自检报告、全国范围监督抽检结果等数据，让消费者买得明白。②柜台码。对于大量无包装的食用农产品，要求农贸市场摊贩、生鲜水果店等中小食品经营者在柜台上亮码经营，消费者可以扫码查询柜台上多个食品的电子溯源码信息。③标签码。对于省外预包装食品，要求大型商超在产品价格标签上加印溯源码，消费者可以扫码获知该产品的产品报备、监督抽检和供应链脱敏信息。在消费者扫码查询页面统一开发"扫码登记"和"举报投诉"按键，对于购买进口冷链食品和进口水果等高风险食品要求消费者扫码登记完成闭环；消费者查询信息有误可以一键举报投诉，督促经营者正确赋码扫码。

四是统一数据、突出多跨协同，开放各方用码增链。以浙食链系统为数据网络中心，连通政府、企业、平台、个人四类应用主体，实现"一库集中"并使用区块链"一链存证"，构建"中心交互，四侧打通"的食品供应链信息生态体系，从而促进行业降本监管增效。具体有三种融通方式：①自成系统。将浙食链与原有食品安全业务管理系统充分融合，优化行政许可、日常监管、监督抽检、风险分级、阳光厨房、校园食品智控等模块，实现"一码查风险"。②互成系统。对接农业农村、自然资源、卫生健康、海关等部门业务系统，实时获取食用农产品合格证、土壤检测、人员健康证、入境检验检疫等数据；同时集成了市场监管部门自身的执法处罚、知识产权、体系认证、企业荣誉等业务数据，实现"一码知全貌"。③共成系统。浙食链数据面向社会进行授权开放，已对接各类社会系统 1172 个，在监测企业数据的同时向企业推送权威监管数据，方便企业进行供应商审核强化信用管理，根除证照、票据和检测报告造假，提升企业自律意识和水平，实现"一码行天下"。

截至 2022 年，浙食链共有注册用户 19.2 万家，日活跃用户数 6.9 万家，系统累计访问量 4237 万人次，日均访问量 12.28 万人次，已实现全省 90 个县（市、区）应用全覆盖，在产食品生产企业全覆盖，所有农批市场全覆盖，所有大型商超全覆盖，进口水果等重点品种追溯全链条覆盖；浙江省近 8400 家生鲜门店中，已激活浙食链的共 6420 家，占生鲜门店总数的 76.4%。整体上，浙食链运行凸显"五化"效果。

一是源头管控"阳光化"。通过在食品生产单位的生产场所关键控制环节安装视频监控，对食品生产单位的生产加工过程和质量安全管理情况进行实时在线监管。目前，已建成阳光工厂 5066 家，接入视频监控 2.2 万个，阳光工厂在所有在产企业中占比达 81.5%。特殊食品、桶装水、乳制品、白酒 4 类生产企业全部实现"阳光化"。

二是风险感知"物联化"。聚焦危害来源识别、关键限值控制、实时偏差纠正、自查数据上传，开展"确定关键控制点"（CCP）行动，推动 1200 余家企业运用 CCP 防控举措加强食品生产安全风险管理，已安装物联感知设备 1.46 万个，推进"CCP 在线智控"，在线监测生产过程关键参数，实现 CCP 风险在线预警、闭环处置。

三是企业自检"责任化"。食品生产企业通过浙食链系统上传出厂检验报告 76.8 万余批次，监管部门通过监督抽检将抽查结果跟企业出厂检验结果进行比对。对发现检测结果不一致的 2046 批次要求企业自查整改，倒逼企业落实出厂检验主体责任，避免出厂检验形式化。

四是索证索票"无纸化"。浙食链上线至今已经累计赋码 1835.2 万批次，扫码流通 4244.7 万次，节约纸张超 200 吨，节约费用超过 160 万元，在实现低碳、环保、经济的同时，彻底改变过往索证索票"一张白条走天下"，追溯数据可读、可信、可存，真正让生产经营者将索证索票、进货查验、销货登记的法定义务落实到位。

五是社会共治"一键化"。浙食链系统充分保障消费者知情权、监督权，扫码消费、扫码举报已经蔚然成风，消费者"用脚投票"倒逼企业上链并落实主体责任，有效形成社会共治良好局面。2021 年，社会各界共计扫码查询 944.4 万次，监管部门查处案件 4.05 万件，同比上升 100.02%。

4. 浙江外卖在线：看得见的阳光后厨

2021 年以来，浙江省以餐饮质量安全提升为主线，推进网络餐饮"一件事"集成改革和农村家宴放心厨房和阳光厨房等民生工程，打造"管理全方位、后厨全阳光、要素全集成、数据全应用、风险全闭环、信息全公示"的高品质餐饮街区，上线运行数字化多跨应用场景浙江外卖在线。浙江外卖在线自 2021 年 7 月 6 日上线试运行的两个月内，已完成 29.3 万家外卖商家的主体信息核验，在美团外卖、饿了么两家外卖平台开辟"阳光专区"，接入商家阳光厨房 8.9 万户，推动 6.4 万商家启用"食安封签"。

2021 年 7 月 22 日，浙江省第十三届人大常委会第三十次会议正式通过关于修改《浙江省食品小作坊小餐饮店小食杂店和食品摊贩管理规定》等地方性法规的决定。修改后的规定指出，从事网络餐饮的小餐饮店，应当逐步实现以视频形式在网络订餐第三方平台实时公开食品加工制作过程，具体办法由省市场监督管理部门规定。网络餐饮阳光厨房 被写入"三小一摊"地方规定，进一步完善了阳光厨房建设的制度支撑体系。截至 2022 年，全省共建成阳光厨房 9.8 万家。

通过阳光厨房建设、强化平台管理、商家管理、厨房管理和配送管理等组合措施，破解网络餐饮线上交易食品安全监管难题，实现线下到线上、从后厨到餐桌、从加工到配送、从商家到骑手全链条闭环管理。

浙江外卖在线数字化平台建设主要推进外卖平台协同治理、"后厨阳光化"、网络餐饮全链条管理、配送管理、消费安全、骑手交通安全管控、骑手权益保障等 7 个方面的体制机制创新。针对新经济、新业态特点，以算法对算法，创造性地推出外卖配送"合理时间"、厨房"AI 巡检"、平台"数据画像"、商家"经营风险感知"等场景。整合市场监管、公安、人力社保、卫生健康等多个部门的职能，该系统贯通了平台、商家、厨房、配送、骑手和办案管理等多个场景。消费者可以实时查验营业执照、食品经营许可证等商家资质信息，通过"明厨亮灶"直播，商家后厨实景，食品清洗、加工、制作等过程也可以一目了然。

浙江外卖在线运行以来，该平台已实现对美团外卖、饿了么两家外卖平台、29.33 万家商家、35.3 万名骑手、日均 400 万份外卖食品的综合治理，并在持续迭代优化中。

5. GM2D 在线：全球数字贸易"二代身份证"

2022 年，浙江省启动全球二维码迁移计划（Global Migration to 2D，GM2D）示范区建设，并将浙江省食品安全闭环管理浙食链系统确定为全球二维码迁移计划的首个推广应用项目。

全球二维码迁移计划是国际物品编码组织（GTS1）于 2020 年年底提出的一项全球性倡议，希望在 2027 年之前，在全球范围内实现从一维条形码向商品二维码的过渡迁移，引领各领域全面实现商品二维码的识读解析等功能，达到各行业之间数据信息互联互通。

2022 年 5 月，浙江省市场监督管理局与国际物品编码组织、中国物品编码中心签署三方联合声明，在浙江省建设全球首个 GM2D 示范区，推动在全球率先完成生产、流通、仓储、消费各环节全面运用二维码进行供应链管理，为 GM2D 全球推广形成一批可复制的标准案例。

浙江省建成的全球二维码数字平台——GM2D 在线，截至 2023 年 6 月，累计为 7.6 万家市场经营主体的 24.8 万种产品发放 2.5 亿张商品"二代身份证"。较示范区建设之初，注册市场经营主体数增长 51.00%，赋码产品种类增长 218.18%，赋码量增长 276.59%，为推动数字贸易发展提供了重要支撑。

2023 年 11 月，在第二届全球数字贸易博览会期间，浙江省 GM2D 在线经过线上初评、现场答辩、大众评选、复审四轮评选，在创新前沿、市场前景、社会影响、概念设计、数智双碳、展示体验等六个维度取得大众及评委的广泛认可，获得先锋奖 DT 奖（Digital Trade）金奖。

GM2D 在线作为我国范围广、数据全的二维码数据库，已上线英语、法语等6 种外语版本，意在为全球商品建立"二代身份证"。在食品行业，依托浙食链建立完善的数字化系统，将阳光工厂、检测报告等内容有效聚合到品类码、批次码或单品码中。该应用不仅能提高政府的数字追溯治理效能，而且能促进企业提升市场竞争力和品牌影响力，实现高质量放心消费。

GM2D 示范区建设已攻克 11 项关键技术工艺，形成 7 项理论成果，并研究制定了 8 项关键标准，深度参与全球数字规则制定，其中 1 项国际标准提案获受理。下一步，浙江省将聚焦打造"全球数字变革高地"目标，持续深化 GM2D 在线推广应用，突出全局性、国际性、引领性导向，推动建成"数据归集、物码关联、应赋尽赋"的二维码赋码应用生态，深入实施物品编码迁移制度集成改革，推进数字规则重塑、产业链供应链升级、国际贸易便利化，打造浙江省市场监管现代化先行的标志性成果。

三、食品安全数字化治理的现实问题与未来进路

（一）现实问题

一是食品安全数字化治理面临着技术更新迅速、数据安全和隐私保护等问题。随着人工智能、大数据、区块链等技术的广泛应用，政府及监管部门需要不断更新技术和应用，以适应快速变化的环境。同时，需要加强数据安全和隐私保护，确保公众的个人信息不被泄露和滥用。

二是食品安全数字化发展面临着从"建"到"用"转变的难题。这意味着政府及监管部门不仅需要建设先进、管用的数字基础设施，而且需要充分利用数据科学和人工智能等技术，对数据进行深度分析和挖掘，从而做出更明智、更科学的决策。

三是食品安全数字化治理面临着提升效能和公众满意度的难题。数字底座与应用步调不一，运行体制机制不健全，数据开放、流通和共享机制不完善，这些问题直接导致数字化系统平台"建得多、用得少""硬件多、软件少""数据多、价值少"等现象，数字化场景应用与公众期待仍存在差距。政府及监管部门需加强多跨场景的统筹协同机制建设，建立场景应用绩效的跟踪评价和持续改进机制，不断提高公众的满意度和信任度。

四是食品安全数字化治理面临着网络安全和数据隐私的挑战。随着数据的不断增加和数据的共享和开放，网络安全和数据隐私成为一个重要的问题。政府需要建立完善的网络安全防护体系，保障数据的安全和隐私。

五是食品安全数字化治理面临着应用能力和人才不足的问题。数字化转型对数字素养和数字领导能力提出了更高的要求，原有的"数字鸿沟"逐渐由接入鸿沟向能力鸿沟转变。政府及监管部门的各级人员需要通过不断学习，在熟悉业务的基础上，掌握一定的数字技能，提升数字素养、数字管理能力和数字领导力。

（二）未来进路

数字化治理与数据安全及隐私保护是数字化时代的一个重要议题，其相关的数字化治理规制，将决定着食品安全监管的法律框架，并将对未来食品安全整体智治的质效起到关键性作用。

在实现数据开放的同时，保护个人和组织的隐私权益至关重要。数据安全保护涉及个人信息和隐私两个既有相同之处又有所区别的法律概念。根据《网络安全法》、《个人信息保护法》、《信息安全技术　个人信息安全规范》（GB/T 35273—2020）（以下简称"新版《个人信息安全规范》"）等相关法律法规、标准的规定：个人信息是指以电子或者其他方式记录的能够单独或者与其他信息结合识别自然人个人身份或反映特定自然人活动情况的各种信息。通常情况下，涉及自然人隐私的信息属于个人敏感信息。根据《民法典》的规定，隐私是自然人不愿为他人知晓的私密空间、私密活动和私密信息等。

《个人信息保护法》于2021年8月20日由第十三届全国人民代表大会常务委员会第三十次会议通过，自2021年11月1日起施行。在此之前，2020年3月6日，历经多次修订和征求意见，新版《个人信息安全规范》出台，自2020年10月1日正式实施。作为《信息安全技术　个人信息安全规范》（GB/T 35273—2017）（以下简称"2017版《个人信息安全规范》"）的代替标准，其在结合国内外机构的意见反馈、个人信息保护治理实践及对接国内最新立法动态的基础上，对第三方接入管理等常见业务实践及App违法违规收集使用个人信息专项治理行动等执法实践中的热点问题都进行了回应。❶

实践中大多数企业会基于惯例将其所运营的产品/服务所配套的个人信息收集使用规则等命名为"隐私政策"，但也有部分企业基于个人信息与隐私概念的不同，采用"个人信息保护政策"（如新浪微博）或"个人信息保护及隐私政策"（如滴滴青桔单车平台）等表述。鉴此，新版《个人信息安全规范》的命名修正会对企业实践中使用更准确的"个人信息保护政策"起到倡导作用。同时，新版《个人信息安全规范》在考虑企业实践及对接相关监管要求的基础上也进

---

❶ 洪延青，葛鑫. 国家标准《信息安全技术　个人信息安全规范》修订解读［J］. 保密科学技术，2019（8）：24 – 28.

一步明确，"组织会习惯性将个人信息保护政策命名为'隐私政策'或其他名称，其内容宜与个人信息保护政策内容保持一致。"❶

因此，根据相关法律法规的要求，未来的执法软件都要求新增个人信息主体在首次打开产品/服务等情形时的个人信息保护政策展示要求，增设多项业务功能的个人信息收集使用告知要求，新增个人信息汇聚融合的告知要求（因为国内外互联网产品和服务实践中，将同一主体的不同产品或不同业务功能间收集的个人信息进行汇聚融合，将会造成个人信息的滥用），新增个人生物识别信息收集使用的授权同意要求。

此外，根据《个人信息保护法》的规定，处理个人信息应当在事先充分告知的前提下取得个人同意，并且个人有权撤回同意；重要事项发生变更的应当重新取得个人同意；不得以个人不同意处理其个人信息或者撤回同意为由拒绝提供产品或者服务。对于敏感个人信息，也作出了更严格的限制，只有在具有特定的目的和充分的必要性的情形下，方可处理敏感个人信息，并且应当取得个人的单独同意或者书面同意。同时，对于个人信息处理者以及提供基础性互联网平台服务、用户数量巨大、业务类型复杂的个人信息处理者，法律规定了更为明确的义务。其中，针对个人信息处理者，要求按照规定制定内部管理制度和操作规程，采取相应的安全技术措施，并指定负责人对其个人信息处理活动进行监督；定期对其个人信息活动进行合规审计；对处理敏感个人信息、向境外提供个人信息等高风险处理活动，事前进行风险评估；履行个人信息泄露通知和补救义务等。对于提供基础性互联网平台服务、用户数量巨大、业务类型复杂的个人信息处理者的义务，则规定为建立健全个人信息保护合规制度体系，成立主要由外部成员组成的独立机构，对个人信息处理活动进行监督；遵循公开、公平、公正的原则，明确处理个人信息的规范和保护个人信息的义务；对严重违反法律、行政法规处理个人信息的平台内的产品或者服务提供者，停止提供服务；定期发布个人信息保护社会责任报告，接受社会监督。

针对隐私保护和个人信息安全保护的条文，乃至网络安全立法的进一步完善对数字化改革重组行政执法流程提出了更高、更为具体的要求，也为未来的数字

---

❶ 全国信息安全标准化技术委员会. 积微致著：简析 2020 版《个人信息安全规范》对企业个人信息保护政策的指导价值［EB/OL］.（2020 - 12 - 02）［2022 - 10 - 22］. https：//www. tc260. org. cn/front/postDetail. html？id = 20201201164725.

化行政发展方向提供了具体的指引。

　　基于浙食链、GM2D 在线等良好实践，进一步做好数字化合规、技术研发和多跨业务场景建设发展，未来，浙江经验将迎来进一步升级和推广的发展空间和适用红利。

2

食品抽检制度改革：
走向科学监管的"浙江路径"

食品安全抽检监测是监管工作中最重要的技术支撑手段，在打击违法犯罪、保障食品安全、客观评价区域食品安全状况、促进产业健康发展等方面发挥着重要作用。长期以来，食品安全抽检工作受专业性强、管理链条长、情况复杂等因素影响，抽检不分离，抽检质量管理不到位，日常监管还存在不少短板。2020年以来，浙江省市场监督管理局坚持问题导向，抓住"改革"和"质量提升"两个关键词，突出"抽""检""处"三个核心环节，将推进食品抽检分离改革、推动质量提升、实施监管数字化转型三者融合起来，优化再造抽检工作流程，打造全程"背靠背"模式，增强食品抽检权威性、公平性、规范性、科学性、系统性，加快提升省域食品安全治理现代化水平。

一、改革的背景

食品抽检是一项纲举目张的工作，是食品安全监管的关键环节，是最重要的技术支撑手段之一，食品各环节监管都应建立在抽检这一基石之上。

（一）国际通行的先进食品安全监管技术

抽样检验又称抽样检查，是从一批产品中随机抽取少量产品（样本）进行检验，据以判断该批产品是否合格的统计方法和理论。相较于全体检验来说，抽样检验具备较强的经济性、科学性以及灵活性，在现代工业生产及社会经济活动中得到广泛应用。

因此，食品抽检是国际上公认的一种科学先进的食品安全监管手段，以食品安全风险监测评估为基础的食品安全风险管理模式也是被世界上发达国家或地区广泛采用的管理模式。例如，中国香港特别行政区政府卫生福利及食物局辖下的食物环境卫生环署（Food and Environmental Hygiene Department，FEHD）专门成立香港食物安全中心，配备食品抽样人员，每年制定食物监测计划，分别在进口、批发、零售环节抽检食品样本，进行理化、微生物、毒理等指标检验，年均检验样本达 6 万余份，人均检测量达到 10 批次/千人。就中国而言，当前我国的食品安全还存在不少风险和问题，食品抽检是发现风险苗头、消除隐患的非常重要且有力的武器之一。

（二）食品安全战略实施的重要顶层设计内容

2019 年 5 月 9 日，《中共中央　国务院关于深化改革加强食品安全工作的意见》发布，这是我国首次以中共中央、国务院名义出台的食品安全工作纲领性文件。该意见遵循"四个最严"要求，明确提出"完善问题导向的抽检监测机制。国家、省、市、县抽检事权四级统筹、各有侧重、不重不漏，统一制定计划、统一组织实施、统一数据报送、统一结果利用，力争抽检样品覆盖所有农产品和食品企业、品种、项目，到 2020 年，农产品和食品抽检量达到 4 批次/千人。逐步将监督抽检、风险监测与评价性抽检分离，提高监管的靶向性。完善抽检监测信息通报机制，依法及时公开抽检信息，加强不合格产品的核查处置，控制产品风险"。这一系列部署安排，为各级市场监管部门开展食品抽检工作提供了目标指向和基本遵循，食品抽检工作重视度得到进一步提高。

（三）食品抽检的三项使命任务

近年来，各级党委政府对食品抽检工作高度重视，每年安排大量财政资金保障抽检工作，并将其纳入工作考核重要内容（国务院食品安全委员会对省政府食品安全考核分值占比17.5%）。国家市场监督管理总局于2020年在浙江省调研时指出，食品安全抽检监测是食品安全监管的关键环节，其根本目的就是更多地发现问题，保障公众食品安全。

在食品安全监管实践中，食品抽检担负着三个维度上的重要使命。

一是发现问题的"千里眼"。食品安全风险隐患靠眼睛看、鼻子闻，或靠每天巡查、靠摄像头时时盯着是发现不了的，必须依靠高质量、高水平的抽检工作来支撑。抽检工作做得好不好，质量高不高，将影响食品安全监管工作全局，影响各级政府和监管部门的公信力。

二是日常监管的"发动机"。食品安全日常监管的主要手段是许可管理、监督检查、执法办案。其中，监督检查、执法办案的主要依据就是抽检中发现的问题。大多数情况下，离开抽检的监督检查是表面的、肤浅的，离开抽检的执法办案是轻微的、无力的，对违法行为的打击就不能到位。只有紧紧围绕抽检发现的风险清单、问题企业，才能更有针对性、更有效率地实施日常监管。

三是推动监管转型的"转换器"。通过风险分析发现食品安全存在的风险，是做好食品安全监管工作的前提和基础，而风险分析最重要的手段就是科学的食品安全抽检监测工作。只有不断加强和改进食品抽检工作，不断提升质量和效益，才能更好地发挥风险分析的指向性作用，推动监管工作朝着风险治理的方向转型。

二、为什么要改革

食品抽检工作流程长、规范多，长期以来，日常质量管理工作尚未建立起科学、有效、成体系的长效机制，制度建设存在短板。主要问题有以下四个方面。

（一）食品抽样公平性、权威性不强

食品抽样任务由承检机构抽样为主，虽然检验机构内部区分抽、检两支队伍，但同一机构又抽又检，有的还是第三方民营机构承担，权威性易受质疑。一是个别机构行为不规范。个别机构执行抽样时被企业监控拍下来有不规范的行为，有少数民营机构借助监督抽检之便与被抽样企业产生其他业务关系等。二是抽样过程不配合。多数机构遇到在执行抽样时被抽样单位不配合甚至严重阻扰的情况。三是存在重复抽样现象。各级对食品生产经营企业、集中交易市场、大型超市等重点单位存在多频次、重复抽检的现象，既造成抽检资源浪费，也带来部分长期被高频率抽检企业的抱怨。据统计，浙江省 2020 年前三季度本省生产经营企业的重复抽检情况，有 445 家食品生产经营企业被抽检超过 25 批次，87 家企业被抽检超过 50 批次，13 家企业被抽检超过 100 批次。

（二）对承检机构管理不到位

尽管有了《食品安全抽样检验管理办法》，也开展了过程质量监督，但承检机构仍然存在抽样要求执行不严格、检验过程不严谨、数据录入不规范等问题，从而导致抽样过程被异议、检验结论被推翻等无效抽检。例如某承检机构出具的不合格报告中被抽样单位名称、营业执照号填写错误（误填成另一批次样品的单位信息），直接导致该企业产品被下架并造成了经济损失；再如有承检机构在检验时没有按照《国家食品安全监督抽检实施细则》规定，使用了高通量初筛的方法来提高检验效率。

（三）"检管结合"不够紧密

不合格食品核查处置尽管实现了闭环管理，但是在产品控制、原因排查、整改落实、行政处罚等方面还不到位，在排除风险、帮扶企业提升产品质量等方面做得还不够。一是为"闭环"而闭环。在督查过程存在个别地区监管人员为了按时完成核查处置闭环工作，在案件未办结时就在系统进行提交。二是处罚不到位。有的地区是案件实现了闭环，但是对生产经营环节不予处罚，生产、经营环节责任相互推诿，原因分析也经不起推敲。在统计中发现浙江省不合格案件行政处罚率为 40% 左右，生产环节行政处罚率为 70%，每年有不少案件最后都不了了之。三是一些老问题"抽而不绝"，反复发生。对一些连续多年存在的行业性、区域性风险隐患，"检"与"管"衔接不够、"点"与"面"协同不足，尚未形成以抽检推动问题治理的监管机制。最明显的如桶装水中铜绿假单胞菌超标、砖茶中氟超标、食用海蜇中铝的残留量超标等都是老生常谈的问题，每年抽检都存在。这就说明日常监管靶向存在问题，没有针对已发现的问题整治。

（四）数字化应用能力不足

历年食品抽检监测数据仅仅是"数据大"，而未体现"大数据"的作用。市场监管部门及承检机构对食品安全风险的汇集、分析主要还是依赖于食品安全国家抽检系统和传统的人工统计，每次梳理清单还是通过 EXCEL 表格整理、筛选，人工找规律。同时，始终依靠传统的对食品类别、地区、场所、不合格项目几个维度分析抽检情况，存在深度不够、预见性前瞻性不足、风险预警交流及时性不强、工作效率低等问题。

这些问题的存在，是食品抽检工作质量提升的"绊脚石"，因此，这也成为浙江省推动食品抽检领域改革的动因和改革的方向。

三、怎么改革

（一）主要考虑

经过深入调研和分析，推动食品抽检工作由注重数量向注重质量转型是大势所趋，而推进食品抽检分离改革是推动食品抽检工作质量提升的一个重要抓手。

食品"抽""检"分离改革，表象上是将"抽的机构"与"检的机构"相分离，减少"同一个机构抽检"的随意性，实质上是对食品抽检工作流程的一次再造，是一场以解决问题为导向的自我革命。同时，食品抽检分离改革是一个牵引器，牵一发而动全身，将涉及食品抽检工作方方面面，无疑将对食品抽检各领域、各环节工作提出更高的要求，从而推动整体工作质量提升。为确保改革取得预期效果，浙江省做到"四个坚持"。

一是坚持高位推动。推进食品抽检分离改革的难点在于思想认识和资源保障。面对基层人手紧张等困难和畏难情绪，要将改革列为浙江省市场监督管理局重点改革项目，纳入年度考核重要内容，推动各地迎难而上，攻坚克难，形成理解改革、支持改革、参与改革、主动改革的浓厚氛围。

二是坚持系统谋划。把握好当前与长远，强化顶层设计，既立足于解决近阶段突出问题，又着眼于谋划中长期改革的迭代升级。系统谋划"抽""检""处"

全流程改革创新，提升食品抽检功能，当好食品安全监管转型的"发动机""牵引器"。协同推进省、市、县三级步调一致，合力攻坚，放大改革效应。

三是坚持制度先行。要紧紧抓住影响食品抽检工作权威性、公信力的难点问题、关键问题，强化制度供给，加快构建符合新形势、新要求的新体制、新机制。在制度建设中，既做到依法行政，又做到大胆创新；既做到试点先行、蹄疾步稳，又做到咬定目标、勇往直前，在改革中破难题。

四是坚持数字赋能。改革要顺应时代潮流，积极把握政府数字化转型的重大历史性机遇，在工作中始终强化数字化思维，探索智慧化治理，推动线下工作、线上办理，实现工作清单化、表格化、数字化，实现全流程、无盲区、精准性，加快推进传统监管方式向数字化监管方式转型。

（二）主要做法

1. 食品抽检分离制度构建的探索实践

抽检分离改革尽管是一个老话题，但是国内还没有现成的、可复制的经验，个别地方的探索实践也是昙花一现。

（1）梳理总结

《食品安全抽样检验管理办法》第11条规定："市场监督管理部门可以自行抽样或者委托承检机构抽样"。对抽检分离尚未有明确规定。结合浙江省现行做法及全国其他省份实践经验，现有的抽检分离模式有以下三种。

一是"小分离"模式。即承检机构内部实行抽检分离，抽样人员与实验室检验人员不得为同一人，抽样人员专门成立部门。其优点在于机构内部沟通协调相对顺畅、样品交接便利，出现问题后责任界定清晰。浙江省的检验检测机构普遍按照这样的模式运行。

二是"大分离"模式。即食品抽样、检验分别由不同机构承担。其优点在于可增强抽样随机性、公平性；缺点在于两个机构之间容易在样品运输、交接、确认等环节上产生问题，相互推卸责任，导致抽样成本增加和工作效率降低。

三是"硬分离"模式。即抽样由市场监管执法人员完成，承检机构仅负责样品检验。其优点在于执法人员抽样可最大程度增强抽样公正性、权威性，抽样过程中还可以及时发现、处理生产经营者的违法违规行为，提高监管连续性、有效性；缺点在于，食品抽检具有较强的专业技术要求，机构改革后基层执法人员岗位调整较大，专业能力欠缺；机构精简后执法人员力量不足，执法人员抽样将极大增加工作量，特别是省、市抽检任务较多的单位，人员问题制约较大。

（2）改革试点

按照"积极稳妥、先易后难、试点先行"的原则，2020年4月底，浙江省市场监督管理局选定3家省本级机构，即杭州、嘉兴、台州3个市级局，以及钱塘新区、瑞安、嘉善、临海、江山等5个县级局单位开展抽检分离改革试点；从样品抽取相对容易、交接过程相对顺畅、运输相对方便的预包装食品及不易腐败的食用农产品等食品抽检入手。

一是推动试点先行。省市试点"大分离"。浙江省市场监督管理局在本级承检机构中选择浙江方圆检测集团股份有限公司、浙江省食品药品检验研究院和浙江公正检验中心有限公司三家机构，按"推磨"的方式（互不关联）实施抽检分离任务800批次。杭州市、嘉兴市、台州市自行确定参与试点承检机构，按照"抽的不检、检的不抽"原则实施抽检分离任务850批次以上。县级试点"硬分离"。5个县级局由市场监管部门执法人员直接开展食品抽样，实施1000批次以上。考虑到抽样工作的专业性，检验机构派专业人员辅助执法人员抽样。另外，要求试点单位以外的承检机构针对现行的"小分离"模式开展调研，细化过程管理，强化质量控制，防范"无效""低效"抽样。

二是强化制度供给。浙江省市场监督管理局下发《关于改进食品安全抽检监测工作提升质量效益的实施意见》，制定《浙江省食品安全抽检监测承检机构考核管理办法》，编写《检验机构食品抽检工作手册》，针对样品抽取、储运、交接，备样管理，检验控制等环节梳理了10项抽检工作制度，督促指导试点单位制定试点方案和抽检分离流程、规范，完善食品抽检全程质控体系。鼓励试点单位发挥集体智慧，大力开展探索尝试，借助信息化等手段创新构建"双随机""五不""背靠背"等工作机制，提升改革试点整体效果。

三是加强全程指导。领导重视。浙江省市场监督管理局主要领导带头研究食品抽检分离改革方案，组织各市县级局召开食品领域重大改革视频会，将食品抽检分离改革列为浙江省市场监督管理局2020年两大重大改革项目之一，全省形成了广大基层了解改革、支持改革、参与改革、主动改革的浓厚氛围。加强指导。浙江省市场监督管理局建立与试点单位信息互通机制，召开座谈会、碰头会、研讨会等20余次，及时研究试点中发现的问题；加大督导力度，要求试点单位每两周报送试点进度情况并进行通报。食品抽检处跑遍每一家试点单位，与各单位沟通，将浙江省市场监督管理局的要求准确地传导到基层，确保改革在试点单位得到有效推进。纳入考核。将改革成效纳入年度考核内容，明确各市辖区至少30%的县级局实施"硬分离"，2021年实现全覆盖，市级局2021年全部实施"大分离"。

（3）全面深化

根据形势和领导要求的变化，浙江省在推进食品抽检分离改革试点的过程中，持续深化改革的内涵，形成了以"五不"为核心的浙江省食品抽检分离改革鲜明特色。

一是组织抽样方不知道抽样人员。细化明确食品抽检全流程岗位人员职责，增加样品交接环节，组织抽样的人员负责"双随机"选择抽样人员，抽样人员仅负责现场抽样，从而实现组织抽样方预先不知道抽样人员。其中，县级食品抽样任务由基层执法人员直接承担，并通过浙江省"互联网＋监管"执法平台摇号随机产生具体人员。省级、市级在省食品安全综合治理数字化协同应用上建立抽样人员库，实施任务前采用"双随机"系统抽取。

二是抽样人员不知道被抽样企业。省、市、县抽检任务在以"双随机"方式确定抽样人员的同时，通过系统随机确定抽样场所（区域），抽样人员现场抽样时按照随机原则确定抽样对象，从而实现抽样人员预先不知道被抽样企业。

三是抽样人员不知道送检机构。在县级，抽样人员将样品送至组织抽样的人员，由组织抽样的人员将样品移交给检验机构。在省级、市级，在抽样前就通过国家食品抽检信息系统下达任务，使抽样人员事先不知道检验机构；同时按照"抽的不检、检的不抽"原则，全部实施"抽"和"检"由两家机构分别承担。

四是检验人员不知道样品所属企业。检验机构通过实验室信息管理系统（LMIS）和多部门岗位设置，建立从样品接收、管理，到制备、检验，到数据审核、报告签发等各环节相分离制度，实施盲样检验。检验人员接到按标准制备后的检验样品，只知道检测项目和检测方法，完全不知悉样品产地、企业、被抽样单位等关键信息，以保证检验报告客观公正。

五是被抽样企业不知道检验机构。县级以组织抽样方名义购买样品，出具给被抽样单位的买样发票不出现"检验机构"名称。省级、市级抽样任务购买样品时，使用抽样机构名称，不出现"检验机构"名称。

2. 食品抽检质量提升的探索实践

浙江省市场监督管理局经过调查研究，出台《关于改进食品安全抽检监测工作提升质量效益的实施意见》，明确省、市、县抽检事权、责任分工、工作导向和八个方面质量提升任务措施，也是指导浙江省食品抽检改革发展的工作指南。2020 年以来，浙江省聚焦机构管理、抽样、核查处置、风险交流、工作督查等点位完善制度，取得积极成效。

一是细化明晰了一项事权。在国家市场监督管理总局明确重点抽检大型食品生产企业、全国性大型批发市场的食品及特殊膳食食品（婴幼儿配方奶粉）的基础上，进一步细化明确省、市、县三级抽检事权。浙江省市场监督管理局重点抽检省内所有在产获证的食品生产企业、大型食品批发市场、特大型餐饮单位、中央厨房等生产经营的食品及食品原料，浙江全省食盐定点生产企业和定点批发企业；市级、县级局抽检重点为食用农产品、餐饮食品、区域特色食品、重点隐患食品和"三小一摊"食品，其中，市级局重点抽检辖区食用农产品主要批发市场、大中型连锁超市、食品生产单位（含小作坊）；县级局重点抽检辖区农批农贸市场、校园及校园周边经营单位、城乡结合部餐饮自制单位等。

二是实施了一系列精准抽检监测行动。实施改革的当年（2020 年）省、市、县三级共安排食品抽检监测年度任务 27.8 万批次，市场监管系统抽检量达 4.75 批次/千人。为了提高抽检精准性，提高质量效益，得到三个方面的工作总结：第一是梳理重点风险隐患提供靶向。发布年度、半年度食品安全风险隐患清单、食品安全抽检监测年度分析报告和分行业分析报告 20 余篇，梳理出行业性风险点 16 个，区域性风险点 36 个，重点隐患食品类别 13 大类 39 细类 162 个项目，高风险生产经营单位 143 家，为各地加强精准抽检和精准监管提供靶向。第二是建立以抽检评价治理成效工作机制。浙江省 2020 年 8 月组织重点风险隐患治理"回头看"专项抽检 3400 批次，围绕年初发布的风险隐患清单开展重点抽检，以抽检数据评价治理工作成效。第三是围绕公众意见，组织了"放心消费在浙江""你点我检"等专项抽检。

三是打造了一个抽检数字化平台。浙江省自 2019 年 12 月起率先使用国家食品安全抽样检验信息系统。在国家市场监督管理总局的支持和指导下，浙江省市场监督管理局成为全国第一家接收国家市场监督管理总局国家食品安全抽检信息系统数据回流的单位，这也为开展食品抽检大数据分析运用奠定了基础。借助大数据、云计算等手段，浙江省打造食品安全综合治理数字化协同应用，让沉淀的数据"活起来"，有力提升了抽检和监管的精准性，积极推动了食品安全工作向风险治理转型。①创建"一图一指数一清单"风险评估新模型。通过对接相关系统，汇集食品抽检信息、公众"你点我检"意见、食品生产经营企业风险等级、企业信用评级、案件查处、举报投诉等 13 类 89 项数据 700 万条。结合科学研究和实践经验，经反复修正和基层试点，构建了区域食品安全风险评估模型，省、市、县三级区域食品安全风险分值对应五个风险等级，以红、橙、黄、蓝、绿五种颜色显示，形成区域食品安全风险五色图。根据食品品种风险来源及危害程度、风险波及范围、发生概率三大子模型进行综合建模，形成 34 大类食品品种风险指数。结合企业抽检监测问题风险、信用风险、案件风险、食品生产经营风险等因素，对企业进行综合建模，形成高风险、较高风险、一般风险、较低风险四类重点风险企业清单。"一图一指数一清单"的建立，帮助市场监督管理部门及时清晰掌握区域食品安全状况，做到心中有数。②开辟抽检工作质量管控新领域。全面梳理食品抽检工作业务，将 20 余项食品抽检传统线下工作搬到线上，实现了对各地计划制订、组织实施、抽检进度、合格率、抽样均衡性、检验任务完成情况、核查处置进展等工作在线、全程、实时质量管控，2020 年 9 月底在浙江全省上线应用。在浙江省政府应用统一政务平台浙政钉上开发浙食安 App，开通"抽检数据晾晒台"，省、市、县三级对食品抽检工作情况随时可查、随手可督；开发"双随机"功能模块，全程记录系统随机抽取情况。在浙江省公众服务平台浙里办开发"你点我检"意见征集、扫码查询食品抽检情况、合格抽检报告下载等功能，实现食品抽检信息服务常态化、全天候，每年为浙江省企业节省检验成本可达上亿元。③打造食品风险治理新模式。制订食品安全风险治理闭环工作规则，协同多环节、多部门开展治理，实现问题闭环处置。"区域风险五色图"中风险预警等级为高或较高的区域，将接收到系统的风险预警信号，风险信息会推送至该区域市级食品药品安全委员会办公室，进入风险治理环节。治理完成后系统将在线评估结果，通过评估的结果纳入案例库。"食品品种风险指数"产生的预警信息则会被系统推送至省食品药品安全委员会相关成员单位中相关责任单位、食品监管处室，推动开展风险协同治理。"重点风险企业清单"将统一推送至浙江省政府"互联网＋监管"执法平台，其中高风险、较高风险企业将触发基层监管执法人员现场检查任务，在线反馈检查情况；一般风险、较低风险企业纳入重点企业库，加大日常"双随机"检查频次。

四是完善了一套核查处置规程。在宁波、湖州、舟山等地开展优化基层核查处置流程工作试点，推动基层核查处置规范化建设，浙江省 11 个设区市全部出台核查处置流程优化相关工作规范文件。结合企业复工复产情况及时调整不合格案件办理期限，克服困难，加大督办力度。截至 2020 年 12 月，浙江省级以上不合格核查处置任务应办结案件 1436 件，办结率 100%，立案率 89%（不含网络平台案件），比 2019 年同期提升 6 个百分点，按时完成率 76.6%，其中总局相关考核指标位居全国前列。浙江省组织开展省内及长三角三省一市优秀核查处置案例评选活动。

五是举办了一次承检机构质量提升现场会。以在浙江方圆检测集团股份有限公司召开浙江省食品承检机构工作质量提升现场观摩会为契机，全面加强承检机构质量考核管理，承检机构紧起来、比起来、严起来的意识明显增强。浙江省制定《浙江省食品安全抽检监测承检机构考核管理办法》及考核细则，开展承检机构年度检查、能力验证，每季度开展数据核查、备样复核，组织抽样人员随机测试、检验人员盲样复核。多次召开情况通报会，对存在问题的承检机构进行通报和约谈，完善承检机构退出机制。制作食品抽检全流程操作规范视频，承检机构签订质量管理"十项承诺"，承检机构工作质量得到明显提高。

六是创办了一系列风险交流品牌栏目。主动向社会公布食品抽检结果、核查处置结果等信息。创新形式，开办"沁姐说食安"抖音栏目，科普食品安全知识，获得较高的公众认可度。浙江省市场监督管理局专门发文，建立抖音品牌栏目运行保障机制。在浙江省市场监督管理局官方微信公众号创办"食品安全抽检播报"，创办食品安全风险预警交流期刊。加强宣传工作，在《中国质量报》、《中国食品安全报》、《市场导报》、《浙江卫视》、学习强国等宣传报道 50 余篇（次）。

七是加快长三角地区抽检一体化进程。主动发挥牵头作用，推进长三角地区"三省一市"（江苏省、浙江省、安徽省、上海市）市场监督管理局食品抽检工作务实合作。开展风险会商。2020 年召开了两次长三角食品安全抽检监测一体化暨风险预警交流会，交流工作包括审议相关规范，出台信息共享会议纪要。①研究评价性抽检模型，制订抽样规范。新冠疫情防控期间，上海、江苏、浙江、安徽等四省（直辖市）市场监督管理局在全国率先出台了《长三角地区重大疫情防控期间食品安全抽检监测防护工作规范》，被其他多省学习借鉴。②统一相关标准。针对问题粽叶、问题红毛丹等食用农产品以及河虾"呋喃类代谢物残留"问题，组织开展专家会商，形成统一意见，推动长三角地区统一标准。

③组织统一抽检监测。联合公布长三角地区食品安全抽检监测不合格食品核查处置"十佳案例"和"优秀案例"，总结推广各地优秀经验。

八是强化了一个工作体系建设。①强化工作力量。组建浙江省省级专家库40余名，并创设发挥作用的平台。浙江省11个设区市局全部成立了抽检秘书处，为加强食品抽检专业化监管提供了有力技术支撑。②强化日常督查。建立了食品抽检"周提醒、月通报、季督查"制度，分每周、每月、每季度向各市发布任务完成比例、合格率、核查处置进度等信息，对后进地区开展约谈。在"浙政钉"上开发"抽检数据晾晒台"，方便市级、县级市场监管部门实时掌握工作进度，督促市级、县级局均衡推进抽检工作。③强化制度建设。完成编写《食品安全抽检监测实务手册》，完善制度50余项，帮助基层答疑解惑。围绕实践中遇到的重点难点问题，开展优秀调研报告评选活动，激发了全系统深入调研、研究问题、以文辅政的良好氛围。

四、改革成效

改革实践证明，推动食品抽检分离改革是更加精准发现食品安全风险隐患、保障食品安全的现实需要，是不断增强监管部门公信力、提高财政资金使用绩效的必然要求，更是加快推动食品安全治理体系和治理能力现代化的重要一环。

（一）监督抽检靶向更"准"

坚持问题导向和效果导向，在确保监督抽检工作效率不降低的前提下，着力提高监督抽检工作的针对性和有效性。通过整合资源、专兼结合，在考核"指挥棒"的引导下，截至2021年年底，浙江省101个县级局（单位）全部实施食品抽检分离改革，成立食品安全抽样队104支（含市级抽样队3支），配备食品执法抽检队员3138人。2021年以来，浙江省完成县级"硬分离"抽样10.6万批次，不合格率3.4%，比2020年平均水平高0.7个百分点。以省食品安全综合治理数字化协同应用中"区域风险五色图、食品品种风险指数、重点风险企业清单"为指引，按图索骥，对标对表，提升监督抽检的靶向性。例如，在大数据分析出"淡水产品、韭菜等食用农产品中农兽药残留，豆芽中违法添加抗生素，瓶桶装饮用水中铜绿假单胞菌"前三位风险后，浙江省市场监督管理局立即组织联动市县开展重点专项监测。

（二）监管转型更"实"

推动各级市场监管部门调整工作重心，更多精力用于抽检发现问题，推动食品安全监管工作转型。浙江省市场监督管理局明确同一生产经营企业每季度抽检食品不超过 8 批次、同一品种食品抽检不超过 2 批次，定期提醒各地监管部门减少重复抽样，提升了抽样工作权威性、公平性。县级试点单位重点围绕运用"互联网＋监管"执法平台实现"双随机"确定抽样人员和抽样对象，探索建立了一套规范化的流程指引，并实际应用到抽样工作中，有效提升了抽样工作的公平性和公信力。省、市改革试点单位围绕如何实现抽样"双随机"、全程质量管控，探索形成了一批长效机制。

（三）廉政防范措施更"严"

通过执法人员"双随机"抽样提高了抽样公平性、权威性，强化了"检＋管"结合能力，执法人员在抽样时可以同步开展现场检查。通过信息化系统可自动留存"双随机"历史记录，实现可追溯、可监督。检验机构实施内部盲样送检，检验人员只负责样品检测，数据审核、报告签发为不同岗位人员，切断了检验机构与被抽样单位之间可能存在的利益输送链，防范了检验信息提前泄露。通过省食品安全综合治理数字化协同应用在浙政钉上开发的"抽检数据晾晒台"，监管部门可及时了解辖区各地、各检验机构工作开展情况，从而实施精准有效的提醒督促，确保了抽检工作始终在可控的范围内有序开展。

五、未来展望

食品抽检质量提升工作是一项系统性工程，浙江省以食品抽检分离改革为牵引，推出系列化措施，打出了组合拳，形成了相对完整、系统的思路，工作成效逐步显现。未来，浙江省将在以下九个方面持续改进、迭代升级食品抽检的工作运行体系和技术支撑体系。

（一）构建"1＋X"全程质控体系

围绕"重要窗口"的目标定位，聚焦抽检计划制订与实施、承检机构管理、抽样工作、数据分析利用、风险治理、预警交流、服务产业发展、长三角食品抽检一体化八个方面，每年确定重点工作任务，持之以恒推进制度建设，构建"1＋X"全程质控体系。加强学习和调查研究工作，动员浙江全省系统食品抽检工作人员直接参与一线食品抽样，勤于在基层、在一线发现问题、解决问题，提高以改革创新办法克难攻坚的能力。

（二）抓实抓深食品抽检分离改革

一是实现全覆盖。按照改革的路线图、时间表，省级、市级、局级抽检任务2022年1月起全面抽检分离。二是强化制度保障。完善三级抽检任务"双随机"抽样、接收样规范、责任认定、盲检等制度。三是推进基层抽检能力规范化建设。出台实施方案，明确建设标准和建设清单，大力推进市级、县级局建立规范化抽检制度，配备满足工作需要的抽检设备，提升基层抽检能力。四是加强总结提升。加强对改革的督查、指导，总结推广基层好做法好经验，放大改革效应。加强改革宣传工作，提升改革的影响力和认可度。

（三）不断升级数字化应用场景

一是推动常用多用。探索将月度"区域风险五色图"排名均值纳入食品安全考核内容，推动各地经常使用，为精准抽检、精准监管服务。二是不断迭代升级。加大各类风险信息汇集力度，不断完善风险评估模型，确保风险评估预警更加准确。开发浙政钉上核查处置功能模块，并推动与国家抽检系统对接，避免重复输入，减轻基层负担。打通食品抽检信息与"浙食链"系统通道，更加高效促进不合格食品召回工作，进一步强化企业对产品的追溯责任。开发省市双随机、三级承检机构工作质量管控相关功能。三是加强对食品安全国家抽检系统规范化使用的检查指导，确保国家抽检系统回流浙江省数据高质量。

（四）进一步规范承检机构管理

一是加强质量管理。通过数字化协同应用，实时智能监控抽样均衡度、检验进度、检验效果、数据质量、检验差错，并将此作为承检机构工作质量考核重要依据。以飞行检查的方式，每季度开展数据抽查，每半年开展盲样检测、备样复核，推动已出台的考核管理办法全面贯彻落实。二是完善管理办法。修订承检机构管理办法，完善考评细则，增加风险发现能力、补充检验方法成果等方面权重，引导承检机构更加重视科研，持续提升检验能力。完善抽检工作规范手册，推动承检机构履行质量管理"十项承诺"。三是及时处理调整。对存在质量问题的承检机构采取限期整改、责任约谈、暂停任务、取消资格、公开通报等处理措施，严肃查处各类违规违法行为。对出具虚假或者含有不实数据结果的检验机构实施"一票否决制"。

（五）提升核查处置水平

一是处置到位。加强不合格食品核查处置分办、督查，会同执法部门对重点难点案件采取督办、约谈等措施。完善核查处置闭环管理流程，进一步推动基层健全食品抽检、日常监管、稽查执法、基层监管所协同配合、分工合作的运行机制，提升不合格食品核查处置效能。研究完善核查处置中企业约谈、问题食品召回制度，强化企业主体责任。二是"检＋管"结合。对食品抽检监测中发现的风险隐患，定期梳理重点隐患清单，探索建立食品安全风险交办、协同治理机制，联合相关业务处室、食品药品安全委员会成员单位及基层食品药品安全办公室等多部门共同开展风险整治。在重大专项行动、行业性区域性风险治理完毕后，以抽检数据评价治理成效。三是服务优化。发挥专业优势，组织监管人员和专家，带着问题深入企业开展"三服务"活动，查找食品质量管理漏洞，帮助支持企业提升质量管控能力，着力研究解决实际问题。围绕困扰部分食品行业发展的难点问题，加强专家研讨和政策研究，推动标准制订，健全工作规范。

（六）实施地产食品检验源头保障行动

制订地产食品专项抽检计划，除完成国家考核必须开展的相关抽检外，重点加大地产食品抽检力度。以"浙食链"为依托，坚持"随机、高效、全程"原则，市县两级监管部门开展生产企业现场"全覆盖"抽检，省级监管部门从流通环节对浙江全省食品生产企业"全覆盖"抽检，倒逼企业加强生产源头质量管控。抽检不合格信息第一时间推送"浙食链"，督促企业高效下架、召回问题食品，强化主体责任落实。

（七）探索建立食品评价性抽检模型

会同相关机构和专家，加强课题研究，研究建立符合浙江省实际的食品评价性抽检模型，客观准确评价浙江省区域食品安全状况。省本级拟安排 1 万批次。通过构建科学合理的食品评价性抽检模型，促进市县放开手脚强化监督抽检，将有限抽检资源更多地用于发现风险隐患。

（八）构建风险监测和预警交流体系

推动建立健全全链条、全环节食品安全风险信息收集、研判、会商、交流、处置工作机制，为行政监管提供强有力专业化支撑。全域启动基层食品安全风险综合治理，通过提高站位、统筹层级、聚合资源，"一体化"推进食品抽样、风险研判和核查处置，赋能基层食品安全风险综合治理全域化、现代化水平。在省本级主要承检机构设立分中心，11 个设区市根据产业特点，建立"重点食品风险预警交流中心"，构建省、市、县分级负责、各有侧重，覆盖所有 34 类食品的风险监测和预警交流组织体系，加快提升食品安全风险的发现和治理能力。监测的重点项目包括：一是违法使用非食用物质；二是禁用、滥用农兽药；三是超范围使用食品添加剂；四是"功能性"食品非法添加药物。

（九）增强风险预警交流有效性

落实监督抽检信息定期发布机制，信息公开率达 100%。通过"食品安全抽检播报"、"沁姐说食安"抖音栏目和风险预警交流期刊、长三角期刊等渠道，加强公众查询和发布信息解读工作，做好标准解读、风险解释、消费提醒，及时回应百姓关注、社会关切的热点问题，进一步增强风险预警交流工作针对性有效性。通过"浙里办""浙里检"等平台常态化开展"你点我检"活动，提升公众参与度、获得感和满意度。深化长三角地区合作，着力推进食品抽检一体化制度创新。

3

"融食安 + 食安健康码" 在农产品批发市场
智慧追溯体系中的应用

——以杭州市余杭区为例

农产品批发市场是大宗农副产品流通的主流渠道、主要业态，作为农产品供应链的中心环节，农产品批发市场是连接城市和乡村的纽带，也是城市核心功能的重要设施。截至 2020 年，我国有 70%—80% 的农产品通过农产品批发市场进入百姓的"米袋子""菜篮子""肉案子""果盘子"。因此，农产品批发市场的发展成熟度既是直接影响和带动乡村振兴的枢纽引擎，也是城市规范化、精细化治理的试金石。

随着我国经济社会的发展和消费需求的升级变化，农产品批发市场这一传统的农产品流通模式在市场管理、交易方式、基础设施设备配套等方面的滞后性日益凸显。为适应现代流通、城市建设、消费需求的发展新趋势，更好地发挥农产品批发市场在服务"三农"、保障和改善民生方面的功能作用，我国政府不断完善政策法规和标准规范，持续推进农产品批发市场朝着规范化、标准化、信息化、数字化方向转型升级。杭州市余杭区是商贸服务业大区，位于良渚镇勾庄的杭州农副产品物流中心是华东最大的农产品批发市场之一，也是浙江省最大的"菜篮子"和"米袋子"，辐射长三角地区。近年来，针对环境差、秩序乱、交通堵、食品安全监管压力大等痛点难点问题，余杭区大力推进现代化农产品流通交易中心建设，通过建设"数智大市场"，搭建智慧农产品批发信息化管理平台，形成联通上下游的产、供、销一体化，从市场交易模式、服务体系、配套设施、农产品品质管控、食品安全监管等方面创新探索了基于"四化"，即标准化、信息化、数字化、智能化集成的农产品批发市场治理一揽子解决方案，提供了一个农产品批发市场数字化转型的样板，既提高了市场流通效率，又提升了食品安全监管效能。

一、农产品批发市场转型升级的现实条件和关键策略

（一）农产品批发市场的发展现状

我国农产品流通具有小生产、多品种、分散化的特点，在供给端，以家庭为生产单位的小农经济模式决定了生产主体、地域、品类的高度分散；在需求端，产品多样化、业态多元化、消费个性化决定了市场的高度分散。在此格局之下，农产品大宗批发无疑是最有效率的流通形式之一，农产品批发市场成为农产品出村进城的"主动脉"和城市保供稳价的"压舱石"。而我国覆盖城乡的农产品批发市场体系，也在保障农产品供应、促进"三农"发展等方面发挥了重要作用。据商务部数据，截至 2021 年年底，我国共有农产品市场 4.4 万家，其中批发市场 4100 多家（约 70% 是产地市场，约 30% 为销地市场，还有少量集散地市场），年交易额在亿元以上的批发市场 1300 多家。随着我国农业生产能力的提升和居民消费水平的提高，农产品批发市场交易规模呈现快速增长态势。据国家统计局数据，截至 2020 年，全国农产品批发市场交易量达到 9.2 亿吨，交易额达到 5.4 万亿元，从业人员超过 670 万人。另据全国城市农贸中心联合会数据，2021 年全国农产品批发市场总成交量达 9.8 亿吨，较 2020 年增加 30.6 亿吨，同比增长 6.5%，公益性农产品批发市场稳步发展，已覆盖 40% 的地级市，在保障和改善民生、便利居民消费等方面发挥了积极作用。

随着社会经济的发展和消费需求的变化，人们对生活环境、生活质量的要求越来越高，农产品批发市场也在时代前进的潮流中更新换代。一方面，农产品批发市场承担着越来越重要的农产品大流通功能；另一方面，农产品批发市场的传

统经营管理模式已不适应新发展、新需求。批发市场是农产品人流、物流、资金流、信息流的集散地，经营模式多为批零兼营，管理难度较大，普遍存在环境卫生差、基础设施陈旧、人员管理松懈、标准化品控管理缺失、食品安全追溯管理不健全等问题，市场脏乱差、场外秩序混乱等问题一直是城市环境整治的重点。

在我国农产品批发市场发展迎来由量增到质变的重要转型期，如何解决好农产品批发市场自身发展中存在的问题，并在转型升级中更加适应农产品现代流通体系发展、城市发展和人民群众对美好生活向往的需要，成为政府和市场两端共同面临的发展课题。针对农产品批发市场基础设施不健全、运营管理能力不高、信息化支撑不足、食品安全监管难度大等突出问题，我国农产品批发市场需加快推进规模化、组织化、专业化、标准化、信息化建设，围绕重难点，在基础设施提升方面，着重加强冷库、产品质量安全检测、冷链运输、垃圾分类回收处理等设施设备配套；在运营管理能力提升方面，着重加强卫生环境、商户准入与退出、食品安全管理、交易秩序维护等市场内部制度建设；在信息化支撑能力提升方面，着重加强电子商务、电子结算、数据采集、信息化管理等平台建设；在食品安全监管效能提升方面，着重加强产地准出与市场准入衔接机制、食品安全信息化追溯管理、检验检测技术体系建设。

（二）农产品批发市场建设的政策体系

在农产品流通体系建设、农产品批发市场规范化建设及其转型升级过程中，我国相关政策体系主要有以下六大聚焦点。

1. 产地市场

作为农产品供应链、产业链的起始节点，产地市场对于带动农业产业化，解决农产品"难卖难买"的产销衔接问题和农民"卖的少、卖的慢、赚的少"的流通成本效率问题至关重要。

2000 年，《中共中央　国务院关于做好 2000 年农业和农村工作的意见》提出，要各地把产地批发市场纳入农业基础设施建设规划。

2005 年，《关于加强农产品市场流通工作的意见》（农市发〔2005〕12 号）发布，要把农产品产地建设、市场流通与产业发展相结合作为重点。

2010 年，《中共中央　国务院关于加大统筹城乡发展力度　进一步夯实农业农村发展基础的若干意见》提出，要健全农产品市场体系，统筹制定全国农产品批发市场布局规划，支持重点农产品批发市场建设和升级改造，落实农产品批发市场用地等扶持政策，发展农产品大市场大流通。

2012年，《国务院关于深化流通体制改革加快流通产业发展的意见》提出，要依托交通枢纽、生产基地、中心城市和大型商品集散地，构建全国骨干流通网络，建设一批辐射带动能力强的商贸中心、专业市场以及全国性和区域性配送中心。

2013年，《中共中央　国务院关于加快发展现代农业进一步增强农村发展活力的若干意见》提出，要统筹农产品集散地、销地、产地批发市场建设，构建农产品产销一体化流通链条。

2014年，《关于进一步加强农产品市场体系建设的指导意见》提出，要在优势农产品产区规划建设一批全国性、区域性和农村田头等产地市场。

2015年，《中共中央　国务院关于加大改革创新力度加快农业现代化建设的若干意见》提出，要加强农产品产地市场建设。

2019年，《国务院关于促进乡村产业振兴的指导意见》提出，要发展连接城乡、打通工农、联农带农的多类型多业态产业；引导县域金融机构将吸收的存款主要用于当地，支持小微企业融资优惠政策适用于乡村产业和农村创新，支持符合条件的农业企业上市融资等。

2022年，国家发展和改革委员会印发《"十四五"现代流通体系建设规划》，明确农产品产地市场提升行动，提出在农产品主产区，结合产业发展，省部共建一批全国性农产品产地市场，推动发展一批区域性农产品产地市场，支持建设一批田头市场，加强流通基础设施建设，补齐农产品出村进城短板。

2. 流通主体

我国农产品流通市场已经形成了以农户、农民专业合作社、农民经纪人、农产品加工企业、经销商等为主要流通主体，以农产品批发市场和农贸市场为载体的格局。提高流通主体进入市场的组织化程度，优化各类流通主体之间的利益联结机制，是农产品现代流通体系建设的重要内容。

2002年，《关于印发进一步加快农产品流通设施建设若干意见的通知》提出，要积极引导和鼓励农民联合起来共同运销农产品，支持农民兴建以统一销售农产品为主要服务内容的专业合作社。

2004年，商务部印发《全国商品市场体系建设纲要》提出，要积极推广

"公司+农户"等"贸、工、农"一体化组织形式，鼓励建立各类农产品购销合作组织、行业协会，发展运销大户和农村经纪人队伍，制定并落实对各类农民合作经济组织的扶持政策。

2005年，《关于加强农产品市场流通工作的意见》提出，要积极培育农产品流通组织，加快农民经纪人队伍建设，建立落实农民经纪人培训制度。

2007年，《中共中央 国务院关于积极发展现代农业扎实推进社会主义新农村建设的若干意见》提出，要积极发展多元化市场流通主体，加快培育农村经纪人、农产品运销专业户和农村各类流通中介组织。

2008年，商务部、国家工商行政管理总局、国家质量监督检验检疫总局、中华全国供销合作总社联合印发《关于加强农村市场体系建设的意见》，提出要积极培育农产品流通主体，大力推进专业合作社发展。

2011年，《国务院办公厅关于加强鲜活农产品流通体系建设的意见》提出，要扶持培育一批大型鲜活农产品流通企业、农业产业化龙头企业、运输企业和农民专业合作社及其他农业合作经济组织。

2013年，《工商总局关于加快促进流通产业发展的若干意见》提出，要加大"经纪活农"工作力度，加快培育发展农村经纪人等生产经营型人才，支持农民专业合作社发展。

2014年，《商务部等13部门关于进一步加强农产品市场体系建设的指导意见》提出，要加快培育包括专业大户、家庭农场、农民合作社、农民经纪人队伍、经销商、农产品批发市场经营管理者、农产品流通企业及市场流通服务企业在内的流通主体队伍，支持新型流通主体充分利用农产品批发市场平台，拓宽委托交易的渠道。

2019年，农业农村部、财政部联合出台《关于支持做好新型农业经营主体培育的通知》提出，要加大对农民合作社、家庭农场等新型农业经营主体的支持力度，支持实施农民合作社规范提升行动和家庭农场培育计划，积极发展奶农合作社和奶牛家庭牧场，培育创建农业产业化联合体，加快培育新型农业经营主体，加快构建以农户家庭经营为基础、合作与联合为纽带、市场需求为导向的立体式复合型现代农业经营体系。包括支持开展农产品初加工，提升产品质量安全水平，加强优质特色品牌创建等。

2021年，《商务部等17部门关于加强县域商业体系建设促进农村消费的意见》，明确提出完善农产品流通骨干网，以农产品主产区、主要集散地和主销区为基础，提升批发和零售等环节设施建设水平和服务功能。

3. 基础设施

基础设施是农产品批发市场"硬实力"的体现，主要包括冷链物流、仓储设备、交易场所、电子结算、信息处理、检验检测等。自 2010 年起，我国连续出台支持重点农产品批发市场建设和升级改造、加强大宗农产品仓储物流设施建设、完善鲜活农产品冷链物流体系，以及重点支持交易场所、电子结算、信息处理、检验检测等设施建设的政策。2020 年，随着国家作出重点支持"两新一重"建设（即加强新型基础设施建设，加强新型城镇化建设，加强交通、水利等重大工程建设）的战略部署，批发市场迎来"新基建"元年，一些省市政府把建设标准化、绿色化、智慧化批发市场纳入"两新一重"范围，在政策上给予扶持，为农产品批发市场的转型升级和高质量发展注入新动能。

2008 年 12 月，《中共中央　国务院关于 2009 年促进农业稳定发展农民持续增收的若干意见》提出，要加大力度支持重点产区和集散地农产品批发市场、集贸市场等流通基础设施建设，推进大型粮食物流节点、农产品冷链系统和生鲜农产品配送中心建设。

2009 年 12 月，《中共中央　国务院关于加大统筹城乡发展力度进一步夯实农业农村发展基础的若干意见》提出，要加大力度建设粮棉油糖等大宗农产品仓储设施，完善鲜活农产品冷链物流体系。

2011 年，《国务院办公厅关于加强鲜活农产品流通体系的意见》提出，要加强鲜活农产品产地预冷、预选分级、加工配送、冷藏冷冻、冷链运输、电子结算、检验检测和安全监控等设施建设。

2012 年，《中共中央　国务院关于加快推进农业科技创新持续增强农产品供给保障能力的若干意见》提出，要推进全国性、区域性骨干农产品批发市场建设和改造，重点支持交易场所、电子结算、信息处理、检验检测等设施建设，加快发展鲜活农产品连锁配送物流中心，扶持产地农产品收集、加工、包装、储存等配套设施建设。

2013 年，《中共中央　国务院关于加快发展现代农业进一步增强农村发展活力的若干意见》提出，要加强粮油仓储物流设施建设，发展农产品冷冻储藏、分级包装、电子结算，健全覆盖农产品收集、加工、运输、销售各环节的冷链物流体系。

2014年，《中共中央 国务院关于全面深化农村改革加快推进农业现代化的若干意见》提出，要加快发展主产区大宗农产品现代化仓储物流设施，完善鲜活农产品冷链物流体系，支持产地小型农产品收集市场、集配中心建设。

2015年，《中共中央 国务院关于加大改革创新力度加快农业现代化建设的若干意见》提出，要加快全国农产品市场体系转型升级，着力加强基础设施建设和配套服务，健全交易制度，完善全国农产品流通骨干网络，加大重要农产品仓储物流设施建设力度。

2015年，商务部等10部门联合印发《全国流通节点城市布局规划（2015—2020年）》提出，要加强中继型农产品冷链物流系统，研究智能冷链仓储技术。

2016年，《中共中央 国务院关于落实发展新理念加快农业现代化实现全面小康目标的若干意见》提出，要加快农产品批发市场升级改造，完善流通骨干网络，加强粮食等重要农产品仓储物流设施建设，完善跨区域农产品冷链物流体系，开展冷链标准化示范，实施特色农产品产区预冷工程。

2016年，国家发展和改革委员会等6部门联合印发《京津冀农产品流通体系创新行动方案》提出，要加大对主要农产品批发市场信息系统和检验检测系统升级改造的支持力度，推广电子结算，加强农产品批发市场仓储、物流等公共服务设施建设，发展全程冷链。

2017年，《中共中央 国务院关于深入推进农业供给侧结构性改革 加快培育农业农村发展新动能的若干意见》提出，要加强农产品产地预冷等冷链物流基础设施网络建设。

2018年，《乡村振兴战略规划（2018—2022年）》指出，农业农村基础设施和公共服务是乡村振兴战略的重要组成部分，提出要着眼推进城乡一体化和农业农村现代化目标，对基础设施建设和公共服务供给聚焦了方向，部署了新任务，同时配套了一系列重大工程和行动计划。

2021年12月，国务院印发《"十四五"冷链物流发展规划》，这是继2010年国家发展和改革委员会印发《农产品冷链物流发展规划》后，国家层面发布的第二个冷链物流专项规划，提出了产地冷链物流设施布局、产地冷链服务网络、产地冷链物流组织模式等方面的具体工作，规划了产地保鲜设施建设工程、移动冷库推广应用工程等产地冷链物流设施补短板工程；从加快城市冷链物流设施建设、健全销地冷链分拨配送体系和创新销地冷链服务模式等方面进行了具体部署，规划了销地冷链物流提升工程。

2022 年 1 月，《"十四五"现代流通体系建设规划》提出，要支持产地市场加强农产品产地预冷、分拣包装、移动冷库等设施建设，健全温控物流设施体系，推广新能源配送冷藏车，构建冷链物流骨干网络，提高"最后一公里"冷链物流服务效率。

4. 公益性功能

长期以来，我国农产品市场存在三大突出的问题与矛盾：一是流通渠道不健全造成"卖难"与"烂市"问题并存；二是价格大起大落带来"菜贱伤农""菜贵伤民"的矛盾；三是小农生产与社会化大流通导致的食用农产品质量安全风险和食品安全监管难题。农批市场的主要功能包括交易、商品集散、价格形成和信息发布，随着消费升级的加速和流通技术的进步，农产品批发市场在促进产销衔接、推进农业产业化、保证食品安全、保障生活必需品供应等方面日益发挥重要的作用，其中，稳定产销、保证供给、稳定价格、保障食品安全是典型的公益性功能。党的十九届四中全会指出"坚持以人民为中心的发展思想，不断保障和改善民生、增进人民福祉"，强调"注重加强普惠性、基础性、兜底性民生建设，保障群众基本生活"。公益性农产品批发市场建设作为保障民生的重要手段，具有普惠的社会价值。据商务部数据，截至 2020 年年底，全国公益性农产品批发市场稳步发展，已覆盖约 40% 的地级市，在保障和改善民生、便利居民消费等方面发挥了积极作用。

2011 年，《国务院办公厅关于加强鲜活农产品流通体系建设的意见》发布，首次提出各级人民政府要增加财政收入，改造和新建一批公益性农产品批发市场。

2012 年，《国务院关于深化流通体制改革加快流通产业发展的意见》提出，要支持建设和改造一批具有公益性质的农产品批发市场和重要商品储备设施、大型物流配送中心、农产品冷链物流等公益性流通设施。

2013 年，《商务部办公厅关于 2013 年加强农产品流通和农村市场体系建设工作的通知》提出，要支持全局性、关键性、战略性且具有公益性质的项目建设，通过发挥骨干企业和项目的区域示范、引领和支撑作用，加快完善农产品流通和农村市场体系。

2014年,《商务部等13部门关于进一步加强农产品市场体系建设的指导意见》提出,要积极稳妥推进公益性农产品市场建设。

2014年,《国务院办公厅关于促进内贸流通健康发展的若干意见》提出,要开展公益性农产品批发市场建设试点,制定全国公益性批发市场发展规划,培育一批全国和区域公益性农产品批发市场。

2015年,《中共中央 国务院关于加大改革创新力度加快农业现代化建设的若干意见》提出,要继续开展公益性农产品批发市场建设试点。

2015年,《商务部办公厅关于印发〈公益性农产品批发市场标准(试行)〉的通知》发布,界定了公益性农产品批发市场的概念,对公益性农产品批发市场的价格和收费作出了规定。

2016年,《中共中央 国务院关于落实发展新理念加快农业现代化 实现全面小康目标的若干意见》提出,要推动公益性农产品批发市场建设。

2017年,《中共中央 国务院关于深入推进农业供给侧结构性改革 加快培育农业农村发展新动能的若干意见》提出,要加快构建公益性农产品市场体系。

2021年,财政部、商务部出台《关于进一步加强农产品供应链体系建设的通知》,支持10个省(区、市)升级改造公益性农产品批发市场,改造交易区和内部道路等公共设施,完善通风排水、垃圾处理、检验检测、产品溯源等设施设备,开展信息化和智能化改造,鼓励农产品批发市场建设冷链加工配送中心和中央厨房等。要求公益性农产品批发市场与当地政府签订协议,确保应急保供、稳定价格、安全环保等公益性责任落实落地。

5. 智慧农产品批发

近年来,我国传统农产品批发市场加快向智慧农产品批发转型升级,通过实施农产品批发市场标准化、信息化升级改造工程、建设现代化农产品流通交易中心、搭建智慧农产品批发信息化管理平台,形成联通上下游的产供销一体化,从交易模式、服务体系、配套设施、农产品品质、食品安全、绿色环保等全方位建立健全农产品批发市场标准化、规范化、信息化、数字化管理体系,推进农产品批发市场向智能化、智慧化方向发展。

2020年,国家发展和改革委员会、商务部、国家市场监督管理总局等12部门联合印发《关于进一步优化发展环境促进生鲜农产品流通的实施意见》,从加大电子发票推行力度、鼓励农产品批发市场等大型流通主体建立第三方供应链金融服务平台、创新服务管理模式、加强政府公益性配套等方面，提出了促进生鲜农产品流通发展的 12 条政策措施，为农批市场智慧化改造提供了有力保障。

2021 年，财政部、商务部印发《关于进一步加强农产品供应链体系建设的通知》，明确通过 2 年时间，加快形成更为畅通的农产品供应链体系。加强信息化、智能化建设，提升管理水平，支持农产品批发市场配备智能化设备设施，实施电子结算，加强买卖双方经营和交易信息数字化建设，促进人、车、货可视化、数字化管理。同时加强数据安全和隐私保护，切实保障各利益攸关方的合法权益。纳入支持范围的农产品批发市场应符合以下标准：位于全国农产品流通骨干网的重要节点，东部地区年交易额不低于 150 亿元、年交易量不低于 100 万吨、至少辐射周边 5 个省份；中西部省份年交易额不低于 80 亿元、年交易量不低于 50 万吨、至少辐射周边 3 个省份。

2021 年，《商务部等 17 部门关于加强县域商业体系建设促进农村消费的意见》提出，要把农村现代流通体系作为方向，通过推进信息化、标准化、集约化、规范化，完善农产品流通骨干网，以农产品主产区、主要集散地和主销区为基础，提升批发和零售等环节设施建设水平和服务功能。培育一批智慧农产品批发建设解决方案提供商，促进产业链上下游协同发展，完善数字化农产品流通体系。持续扩大和升级农村地区信息消费，面向智慧农产品批发、电子结算等重点领域，遴选出一批新型信息消费示范项目，培育智慧农产品批发新业态新模式。

6. 食品安全规范管理

长期以来，我国农产品批发市场处于"谁投资、谁管理、谁运营、谁受益"的模式，存在规划布局不合理、建设投入不足、基础设施不完善、管理制度不健全等问题。针对食用农产品质量安全问题持续存在、食品安全查验要求落实不到位、快速检测风险筛查效能发挥不足、信息化追溯推进困难重重等问题，我国从规划布局、市场准入、市场管理、公平竞争、规范标准、监督管理等方面不断加强法规建设和政策引导，促进农产品批发市场依法、规范、有序运行。截至 2021 年年底，全国农产品批发市场入场销售者建档覆盖率达 99.6%，食用农产品质量安全协议签署率为 98.5%，入场查验制度覆盖率达 100%，开展食用农产品抽样检验或快速检测覆盖率均达 100%。

2016 年 1 月，国家食品药品监督管理总局公布了《食用农产品市场销售质量安全监督管理办法》，督促农批市场开办者和入场销售者严格履行食品安全法定责任义务，进一步加强农批市场食品安全规范管理。

2019 年，国家市场监督管理总局对《食用农产品市场销售质量安全监督管理办法》（原国家食品药品监督管理总局令第 20 号）进行修订，于同年 10 月发布《食用农产品市场销售质量安全监督管理办法（修订征求意见稿）》，修订征求意见稿细化了食用农产品市场准入的具体要求，规定所有进入市场销售的食用农产品均应提供可溯源凭证，无法提供则不能销售；批发市场应依法履行公示、抽样检测等责任。

2020 年，《关于印发农贸（集贸）市场新冠肺炎疫情防控技术指南的通知》提出，要加强市场疫情防控的技术指导；《市场监管总局办公厅关于疫情防控期间进一步加强食品安全监管工作的通知》提出，要各地有针对性地加强食品安全监管，督促食品生产经营者落实主体责任。

2021 年 1 月，《市场监督管理总局办公厅关于进一步落实食用农产品批发市场食品安全查验要求的通知》发布，要求各地市场监督管理部门引导辖区内交易量较大和辐射范围较广的农产品批发市场率先实施食品安全信息化追溯管理，对入场销售者和食用农产品相关信息实施电子信息归集管理，实现场内销售的食用农产品来源可查、去向可追、信息真实、查询便捷。同时，要求各地积极引导农产品批发市场将已建成的食品安全信息化追溯系统，主动与本辖区市场监管等部门建设的食品安全信息化监管系统或平台实现对接，进一步提升农产品批发市场食品安全保障能力。

2021 年 3 月，由司法部牵头起草的《国务院关于加强农产品批发市场监督管理的规定（征求意见稿）》发布，该规定强化了开办者责任，要求开办者依法建立健全农产品批发市场传染病疫情防控、公共卫生、食品安全、市场经营秩序等管理制度，制定突发事件应急处置预案，配备专门的管理人员和专业技术人员；加强卫生管理，定时休市或者区域轮休进行消毒和卫生防疫作业；并对建立完善冷链农产品追溯系统，实现全链条信息化追溯，经营者保证农产品可追溯等方面提出了明确规定。

（三）信息化追溯的规制要求

食品安全溯源体系缺失、追溯监管手段不足，是农产品批发市场标准化、规范化、智慧化建设中亟待突破的关键问题。鉴于此，2021 年全国市场监管工作电视电话会议提出，要"突出抓好智慧监管"列为全系统重点工作，并将"引导农产品批发市场实施食品安全信息化追溯管理"列为重点推进的6项工作内容之一。

自2015年以来，我国在多部法律、部门规章、政策规定中强调建立食品安全追溯制度。

1. 法律法规

《食品安全法》（2018年修正）❶ 第17条规定，国家建立食品安全全程追溯制度。

食品生产经营者应当依照本法的规定，建立食品安全追溯体系，保证食品可追溯。国家鼓励食品生产经营者采用信息化手段采集、留存生产经营信息，建立食品安全追溯体系。

国务院食品安全监督管理部门会同国务院农业行政等有关部门建立食品安全全程追溯协作机制。

《食品安全法实施条例》（2019年修订）第17条规定，国务院食品安全监督管理部门会同国务院农业行政等有关部门明确食品安全全程追溯基本要求，指导食品生产经营者通过信息化手段建立、完善食品安全追溯体系。

食品安全监督管理等部门应当将婴幼儿配方食品等针对特定人群的食品，以及其他食品安全风险较高或者销售量大的食品的追溯体系建设作为监督检查的重点。

该实施条例第18条规定，食品生产经营者应当建立食品安全追溯体系，依照食品安全法的规定如实记录并保存进货查验、出厂检验、食品销售等信息，保证食品可追溯。

2. 政策文件

2015年12月，《国务院办公厅关于加快推进重要产品追溯体系建设的意见》发布，要求围绕食用农产品、食品、药品、农业生产资料、特种设备、危险品等对人民群众生命财产安全和公共安全有重大影响的产品，加快推进重要产品追溯体系建设。

2019年5月，《中共中央　国务院关于深化改革加强食品安全工作的意见》

---

❶ 《食品安全法》分别于2018年和2021年进行了修正，为了方便读者理解，本书撰写时应适用2018年修正的法律，下文不再赘述。——编辑注

发布，其中多处提及"追溯"，并专门提出："国家建立统一的食用农产品追溯平台，建立食用农产品和食品安全追溯标准和规范，完善全程追溯协作机制。加强全程追溯的示范推广，逐步实现企业信息化追溯体系与政府部门监管平台、重要产品追溯管理平台对接，接受政府监督，互通互享信息。"

3. 技术规范

2018年，《冷链物流信息管理要求》（GB/T 36088—2018）、《条码技术在农产品冷链物流过程中的应用规范》（GB/T 36080—2018）等农产品冷链物流相关国家标准发布。

2020年12月，全国进口冷链食品追溯管理平台正式上线运行，并将进口冷链食品追溯工作纳入地方政府食品安全评议考核，推动全国多个地区建成省级平台，与全国平台实现数据对接，加强进口冷链食品"物防"工作。

2021年1月，全国进口冷链食品追溯管理平台通过国家政务信息资源共享平台与海关总署对接。同时，积极协调交通运输部加快道路冷链运输监测平台建设，推进物流运输信息纳入进口冷链食品追溯体系，形成更加完整的进口冷链食品追溯链条。

二、杭州市余杭区的创新实践

杭州市余杭区是典型的食品生产、流通和消费大区，位于余杭区良渚镇勾庄的杭州农副产品物流中心是华东地区最大的农副产品集散地之一，作为杭州最大"菜篮子"，该中心承担杭州市75%的农产品供应量，并辐射上海市、浙江省嘉兴市、绍兴市、金华市、台州市等周边城市，是该地及区域农产品供应名副其实的"压舱石"，尤其是2020年以来实现了防疫情与保供应的双赢。

杭州农副产品物流中心建有肉类、蔬菜、水果、副食品、粮油、水产品、冷冻品等9大专业市场和1个正北货运市场、6个冷库，年交易量达500万吨左右，交易额420多亿元，市场日均交易额近1.5亿元，日均人流量达10万人、车流量达6万辆，辖区内中央厨房占杭州市中央厨房总量的2/3以上，是一套复杂的运行系统，但伴生"秩序乱、交通堵、矛盾多"等痛点难点问题。

杭州市是食用农产品输入型城市，大约90%的供应来自外地。杭州农副产品物流中心犹如一座城市端最大的中转仓、最稳定的蓄水池，承接来自全国各地品类繁多、标准各异的农副产品集散，源源不断地为城市的社区、零售店、餐饮店等各类用户提供货源。如何保障外来及本地产农产品质量安全，余杭区把建立追溯机制、完善追溯体系作为关键策略。

（一）建立追溯机制：肉类、蔬菜专业市场的先行先试

2008 年 12 月，余杭区正式启动农产品质量安全追溯管理工作，制定出台《余杭区农产品质量安全追溯管理工作方案》，杭州农副产品物流中心作为重点追溯管理对象，将肉制品、蔬菜两大类专业市场率先纳入实施范围。

一是肉类追溯管理。肉类是农产品追溯管理的主要对象。肉类在流通环节的追溯管理工作相较于其他农产品开展较早。余杭区成立了肉菜追溯体系建设工作领导小组，制定了《杭州农副产品物流中心肉菜流通追溯体系实施方案》，要求市场内的经营交易均采用"肉类蔬菜流通服务卡"和"杭州市肉类质量安全追溯系统肉品交易卡"，肉类产品的来源与去向以及买卖双方的信息均录入肉类追溯系统数据信息库，与杭州市商务局"杭州市肉类蔬菜流通追溯管理平台"的信息对接，基本实现索证索票信息化、购销台账电子化。

二是蔬菜追溯管理。为实现"蔬菜质量源头有保障、全程可监控、问题能追溯"目标，自 2009 年 8 月 1 日起，杭州农副产品物流中心实施蔬菜全检全测制度，按照"客菜凭检测合格证进行交易、基地菜凭抽样检测单交易"的要求，通过登记交易经营户基本信息、查验蔬菜产地相关证明、签署蔬菜安全卫生质量责任告知承诺书等措施，做到了全记录、全检测、全供票。市场针对检测不合格的蔬菜，建立追溯倒逼机制，即以源头治理为重点，对检测不合格的客菜，以发送告知函形式，及时告知当地农业部门；对检测不合格的地菜，通知杭州市农业农村局等相关部门加强对本地蔬菜基地的监管。

（二）升级信息化追溯体系：全面推进农批市场数字化改革

作为全国首批"国家农产品质量安全县"，余杭区的农产品质量安全监管工作一直走在浙江省前列。截至 2021 年年底，余杭区土地流转率为 73%，规模农产品生产经营主体有 544 家，已实现农产品追溯体系全覆盖；在剩余 27% 生产经营的土地上，分散着上万个非规模生产经营主体，农产品累计产量不可小觑。针

对庞大的非规模生产经营主体，农产品质量安全监管是突出难题。建立食用农产品质量与食品安全追溯机制、提升食用农产品追溯能力，成为解决这一难题的重要政策和技术路径。

《食品安全法》施行以来，我国陆续发布与追溯相关的法规、规章，截至2020年年底，我国现行与追溯相关的国家标准共有10个、行业标准39个、地方标准103个、团体标准25个。在实际运行中，我国追溯标准体系仍待完善统一，各追溯平台之间缺乏协调互通，追溯数据难以共享交换，导致食品安全追溯的效力较低。

我国由政府或监管部门搭建的食用农产品食品安全信息追溯平台主要有：农产品质量追溯系统、肉菜流通追溯体系、放心肉菜示范超市追溯系统和农贸市场追溯系统。在现行分段监管模式下，各环节追溯系统容易形成信息孤岛，进而造成较大的资源浪费。打破信息孤岛，优化整合各类信息资源，打通从农田到餐桌全链条追溯，是实现全程全链条食品安全监管的重要前提。

近年来，余杭区持续以溯源为抓手，通过食用农产品追溯推动企业履行主体责任，提高监管效率。2018年以来，按照《浙江省食品药品监督管理局关于加强食用农产品批发市场食品安全规范化建设的意见》要求，余杭区在推进农产品批发市场规范化建设的过程中，积极探索数字化监管手段在农产品批发领域的应用。2019年，余杭区试点推行融食安食用农产品全程追溯体系；2020年，在推行完善融食安的基础上，借鉴杭州"健康码"理念，上线运行三色"食安健康码"，提升农产品批发市场精密智控水平，通过数字赋能实现疫情防控从"以人为主"向"人、物并重"转变；2021年，在融食安和"食安健康码"两大核心项目试点成功的基础上，在农批市场试点推行浙食链。通过三年三个大台阶，余杭区农产品批发市场规范化、数字化智慧监管系统已基本成型。

1. 融食安：一码贯穿农田到餐桌

余杭区市场监督管理局、农业农村局等部门积极探索，以"三全"理念构建融食安食品安全治理平台，整合各类资源，打破信息孤岛，实施全程追溯、全程监管。

（1）"三全"促进追溯信息融通共享

一是搭建全融合平台。立足于打破部门间的数据壁垒，融合打通各部门原有的农产品数字化管理平台、农产品批发市场农产品追溯平台、农贸市场综合监管平台等九大系统，按照统一标准形成余杭区食品安全追溯数据库，搭建全融合的融食安食品安全治理平台。

二是推进全数据管理。对原有的纸质票据进行改革，取消以往纸质索证索票模式，实现电子化索证索票，从种养殖环节到流通环节再到消费环节，一码贯穿农田到餐桌，实施全数据电子化、全程电子追溯。

三是实现全链条追溯。外地农产品进入物流中心批发市场前，首先通过手机App录入来源信息和检测信息，经市场管理人员审核通过后，方能进入市场交易。各级批发商交易时通过扫码，可将来源、检测、进场、交易数据通过互联网直接传输到下一级采购商手机端，直至进入农贸市场交易。在农贸市场摊位前，统一设置一个聚合支付、追溯多码合一的二维码，消费者通过扫码完成支付时，还可接收到相关农产品的追溯信息。

（2）"一库一码一卡一平台"确保有效追溯

余杭区融食安食品安全治理平台运作的核心是"一库一码一卡一平台"，即一个溯源数据库、一个"食安一码通"、一张电子信息卡、一个系统集成平台。

余杭区积极推进食品安全追溯数据库建设。按照统一采集指标、统一编码规则、统一传输格式、统一接口规范、统一追溯规程的"五统一"要求，构建全区统一的标准化食品安全追溯数据库。完善经营主体备案功能，完成食品生产经营主体码备案信息录入，身份证及营业执照信息的提取、校验，备案信息的查询、修改、删除等。在数据融合和主体备案的基础上，将索证索票的纸质台账全部电子化，使种养殖、流通、消费三大环节的食品安全信息流实现了向上溯源、向下传递。

针对之前各部门分段监管、数据不通的问题，融食安平台与现有九大系统进行对接和融通，包括农产品质量安全管理平台、农产品批发市场食用农产品追溯系统、农贸市场综合监管平台、中小学阳光采购平台、智慧餐饮信息平台、肉批结算追溯系统、核心企业追溯子系统、团体采购追溯子系统、丰收互联数字银行系统，从数据、业务、流程三个层面实现整合，有效实现了"源头可溯、去向可追、风险可控"。

（3）供应链各环节追溯的实现机制

在种养殖环节，余杭区农业农村局开发了"余杭区食用农产品生产经营主体电子信息卡"，一户一卡，将非规模食用农产品生产经营主体信息纳入农产品质量安全监管领域，使余杭地产的农产品都有了"身份证"。结合"最多跑一次"改革，余杭区农业农村局精简信息卡办理手续，农户通过网上预登记或直接到土地所在村社即可快速办卡。农户可凭卡进行农业投入品实名购买和废弃农药包装回收，凭卡进行免费快速检测，凭卡出具"食用农产品合格证"，凭卡接受监管部门的日常检查和监督抽检，刷卡进入农贸市场进行产品交易。通过信息卡，余杭区率先在全省将其所有农产品生产经营主体统一纳入监管，并将农业投入品实名购买、农产品检测、监督抽检、日常巡查、收购交易、市场准入、合格证出具等关键环节串联起来，为建立大数据风险分析和生产交易链动态管理的食用农产品全程统一监管平台奠定了基础。

在市场准入环节，融食安平台打通了农产品质量监管系统和农产品批发市场农产品追溯系统，使本地产食用农产品安全信息从种养殖环节链接到流通环节。本地农产品凭"电子信息卡"直接免检进入农产品批发市场交易，避免了农户排队重复检测，极大方便了本地菜农。外来农产品（客菜）通过食品药品监测中心刷卡或手机扫码登记产地、品种、重量等信息，拥有身份信息且批批检测合格后，扫码（刷卡）准入批发市场交易。除了批发市场对进场蔬菜实行全检全测外，余杭区市场监督管理部门还进行日常随机抽检，每天不少于200个批次，检测农药达30种品类，检测数据进入追溯信息系统，从源头加强了进入批发环节的地菜和客菜的质量安全。

在批发市场交易环节，融食安平台融合了批发市场结算系统的交易信息，大商户与下家交易时通过市场结算中心扫码或刷卡进行信息传递，小商户通过融食安App扫码，可将来源、检测、进场、交易等数据通过互联网直接传输到下一级采购商的手机端。

在农贸市场环节，融食安平台通过与农贸市场综合监管系统对接，打通了农产品批发到农贸环节的信息流，将农产品批发市场溯源信息直接推送到农贸市场监管平台，平台支持经营户刷卡（码）入场，避免了管理方手工登记、索证索票等烦琐手续导致的资源浪费。对于非农产品批发市场来源的农产品，商户通过融食安App登记或上传信息，在管理方完成索证索票、检测室抽检等查验后，商户扫码或刷卡即可入场交易。

在消费环节，余杭区与浙江农村商业联合银行合作开发了聚支付系统，在农贸市场的每个摊位统一设置融合了银联云闪付、支付宝、微信等多码合一的二维码——食安一码通。消费者扫码支付后，系统自动跳转推送食品生产经营户追溯链和消费评价页面，消费者可以实时查看产品溯源和检测等信息，也可以进行评价或投诉。对于商户，食安一码通实现了收款多码合一，款项实时到账，无须额外费用。

在餐饮环节，融食安平台与教育部门的中小学阳光采购系统对接，交易信息随码（卡）进入平台系统，市场监管部门将余杭区 236 所学校、403 个食堂纳入在线监管，可随时查询供应商农产品质量安全溯源信息，并实施远程视频监管。融食安平台与第三方网络订餐监管平台对接，运用大数据采集和图片识别技术，快速筛查未按规定公示证照、无证经营、一证多用等违法违规行为，极大提升了检查效率。

在食品生产环节，融食安平台与食品安全生产在线监管平台融通，将追溯链条向食品生产环节延伸，实行采购、入库、索证索票等全链条可追溯管理。

2. 融食安＋食安健康码：完善智慧追溯体系

（1）"三色"管理赋能精密智控

2020 年 3 月，运用"健康码"的原理，余杭区市场监督管理局在融食安平台基础上引入"食安健康码"红、黄、绿三色管理方法，把好准入安全关。同年 5 月 20 日，全国首个农产品"食安健康码"在杭州农副产品物流中心水产批发市场正式上线运行。

食安健康码体现了风险预警、风险管控和闭环管理的思想，有效防范输入性安全风险。农产品批发市场内的经营户一户一码，运输农产品进出市场前均需出示食安健康码，农产品来源清楚、质量合格为绿码，进出畅通；产地信息不全或未经检测为黄码，需要补充信息或现场检测直至转为绿码；无法说明来源或检测不合格的为红码，不得进入市场。

"融食安＋食安健康码"追溯信息平台以食用农产品溯源、检测信息和索证索票数据归总为重点，"一码直观食安心脏，一指直通监管终端"，基本实现了农产品批发市场内外可追溯，产品下游流向可追踪，数据赋能监管可共享，为监管部门开展风险研判预警、问题产品追查处置提供了数字化手段，提升了农产品批发市场数字智控水平。

（2）"三防"融合强化疫情防控

一是依托健康码持续强化人防。疫情防控进入常态化后，余杭区市场监督管理局坚持对物流园区保持常态化管控不放松，每天由专人对市场疫情防控措施进行全天候巡查，督促各市场管理方履行主体责任，排查重点人员，继续实施"亮码、测温、戴口罩"管控措施，落实市场内及周边消杀，对入场车辆进行消毒，加贴"已消毒"标识方能入场，确保了物流园区未发生疫情。

二是依托食安健康码协同推进物防。食安健康码进一步明确了交易链上各环节主体责任，强化了入场农副产品风险管控，做到顺向可追踪、逆向可追溯、责任可追究。仅2020年，杭州农副产品物流中心就完成蔬菜检测25.46万批次，销毁不合格蔬菜67.52吨，有效阻止了"问题农产品"流入农批市场。

三是落实常态化不断优化技防。通过融食安平台和食安健康码等精准分析，掌握辖区人流、物流状况，不断提升风险预判和处置能力。尤其是食安健康码的应用，推动监管理念从"事后处置"向"事前管控"转变、市场食品安全监管从静态式粗放型向动态式精准型转变，有效解决入杭食用农产品"从哪里来""质量是否达到安全""到哪里去"三大问题。

（3）迭代升级打造"数智大市场"平台

2020年9月，浙江省食品安全委员会、浙江省市场监督管理局以余杭区融食安平台和食安健康码试点为样板，在全省农产品批发市场全面推广食用农产品风险智控应用场景建设（以下简称"浙食链"），并将该应用场景作为浙江省政府数字化转型工作重点任务"食品安全综合治理数字化协同应用"的重点内容之一。根据浙食链的相关要求，余杭区农产品批发市场智慧监管系统将数据库迁移至浙江省电子政务云平台，余杭区五家农产品批发市场纳入浙食链场景建设。

2021年，余杭区参与浙江省市场监督管理局数字化改革揭榜挂帅项目"浙食链——食用农产品全链条无纸化交易"场景建设。同时，为解决杭州农副产品物流中心长期以来面临秩序乱、交通堵、矛盾多、食品安全监管压力大等诸多痛点难点问题，通过建设"数智大市场"，重塑交易链、监管链、治理链"三链"，集成政府管理端、群众企业办事端"两端"，搭建杭州农副产品物流中心云上数智市场"一云"，实现"链协同、云集成、端赋能"，引领、撬动传统农产品批发市场的数智化、现代化转型，实现减人流、减车流、减货流、增交易额、增新业态、增获得感"三减三增"目标。截至2021年年底，"数智大市场"已完成园区交通智能管理、市场交易在线化、票证结算数字化、食品从业人员健康实时监管、浙食链监管、食用农产品全程追溯、商户数字化综合评价、引入新仓配业态促进集中采买等八个一级业务场景开发；数据驾驶舱已集成至杭州数字化改革门户首页"数智杭州"栏目，监管端应用、服务端应用已先后上线浙政钉、浙里办。

自 2021 年 6 月"数智大市场"正式上线以来，通过数字赋能，较好解决了物流中心治理难题。以杭州五和肉类交易市场为例，摊主只需打开"五和肉类批发"微信小程序，输入重量、单价等信息，再扫采购商的二维码，电子票据就自动保存在双方账户中，既实现了食品安全溯源，也提升了市场交易效率、节约了资源。早期，杭州五和肉类交易市场仅结算凭证这一项，每年就需打印 100 万张纸质票据，使用电子票据后，耗材成本大幅下降，同时降低了人工成本，原来结算中心两班制 8 个人，目前只需单班制 5 个人。另外，杭州农副产品物流中心整体实行车流线上预约、智能引导、智慧入场，集装箱车辆进场时间由原来每辆车 4 分钟下降为 10 秒钟，既缓解了拥堵状况，还路于民，市场管理方还可以根据每日预约量进行人员调配。

三、主要成效

（一）实现了"四化目标"

一是实现了索证索票电子化目标。追溯信息流从种养殖环节到流通环节再到消费环节自动流动，或由移动终端扫码便捷传递。

二是实现了主体责任清晰化目标。通过规范化、信息化的追溯流程，进一步明确追溯链上各环节的主体责任，真正做到顺向可追踪、逆向可追溯、问题产品可召回、原因可查清、责任可追究。

三是实现了追溯数据融通化目标。通过多个追溯平台的互联互通，推进了追溯信息的整合、互通和共享，为科学高效监管提供了重要支撑。

四是实现了全程透明化目标。支付环节的信用评价和投诉举报功能，促进了农产品"从农田到餐桌"的透明可视，保障了放心消费，提升了消费者对食品安全治理的参与度。

（二）实现了"三个提升"

一是提升了追溯效力。"融食安＋食安健康码"追溯信息平台已实现肉类、蔬菜的全程追溯，并逐步扩大追溯产品覆盖面，将水产、水果、豆制品、禽类等百姓消费量大、关注度高的产品纳入其中。在供应链环节融通上，该平台将中央厨房、机关食堂、大中型餐饮单位、食品生产单位等更多的经营主体纳入其中，实现上下游信息互联互通，再链接智慧监管系统，为实现"追溯全链条、监管全过程"奠定了基础。

二是提升交易便捷性。通过手机 App、微信小程序无接触操作代替原有的卡、证、票等实物，方便经营户和市场管理方操作，提高索证索票信息的便捷性、准确性和连贯性，以实现所有食用农产品入场来源可溯、出场去向可追、场内实时闭环管理。

三是提高决策精准度。通过建设数据驾驶舱，归集食用农产品供应链各环节形成的大数据，通过信息公示机制，可为经营户和消费者共享，用于全链条追溯；可为市场管理方共享，用于提升管理和服务水平；可为监管部门共享，用于精准执法、科学决策。

四、典型经验

余杭区"融食安＋食安健康码"追溯信息平台的建设和应用，已成为浙江省建立完善食用农产品产地准出和市场准入衔接制度机制，通过"数智大市场"建设推动农产品批发市场现代化变革的标志性成果。该案例在三个方面具有可供借鉴的意义。

一是从食品供应链角度切实明确了各主要环节的责任和追溯内容，初步建立了符合实际、可操作、成本可控的追溯体系。在顶层设计上，融食安按照"一步向前、一步向后"的国际通行追溯原则，在种植养殖、产地准出、市场准入、交易等关键环节落实了追溯责任，溯源信息的数据主权仍然归属相应部门，通过建立统一的标准、规则、程序，打通信息流，共享共用数据，使各个环节都满足"一步向前、一步向后"的要求，即实现顺向可追踪、逆向可溯源，提高了全食品链的追溯能力。

二是将非规模生产经营主体纳入融食安平台，通过建立一套简洁、简便的食品安全追溯通用规程、标准等，不断提升非规模主体的食品安全管理意识和能力。建立追溯体系的推动力首先来自企业自身发展的需求，而不是政府监管，因为追溯体系在满足政府要求的同时可以带来产品美誉度、信誉度和消费者信任度等好处。"融食安＋食安健康码"为入场交易的食用农产品贴上了安全放心的标签，既为非规模生产经营主体扩大市场带来实惠，同时为监管提供了重要的技术手段，在食品安全追溯领域有效落实了《食品安全法》规定的"社会共治"理念。

三是引入"食安健康码"三色管理方法，增强了农产品食品供应链全程风险管理的意识和能力。监管部门通过"一键追溯"，精准定位问题产品、产地、生产主体等信息，实现风险核查、预警、防控和处置数据化管理。通过"融食安＋食安健康码"追溯信息平台建设，实现农产品产地准出与市场准入两大环节的安全追溯信息畅通和共享，对于加强供应链风险控制意义重大，为农产品供应链安全风险识别、预警和管控提供了可追溯性的重要依据。

五、有待探讨的问题

（一）突出应用，进一步发挥市场主体作用

在食品安全追溯制度落实和追溯体系建设运用的过程中，各类企业主体的意愿和能力、行业规范的建立健全是真正持久的推动力。在余杭区"融食安＋食安健康码"成功实践的基础上，需进一步优化智慧监管及追溯平台功能，引导市场开办方、经营户等各类市场主体深化应用。

（二）完善规制，进一步固化实践成果

及时对"融食安＋食安健康码"平台在肉类、蔬菜等重点品类示范项目的运用绩效进行评估，分品种制定统一的追溯操作标准，由省级或市级层面编制、发布相关操作指南，进一步完善追溯制度，通过标准化、信息化固化实践成果。

（三）厘清边界，进一步强化数据安全

面对"数智大市场"改革过程中面临的数据汇聚存储风险、数据开放共享风险、合作第三方风险，根据《网络安全法》《数据安全法》《个人信息保护法》和《信息安全技术—政务信息共享—数据安全技术要求》（GB/T 39477—2020），针对"融食安＋食安健康码"和"数智大市场"平台建立健全数据安全与合规管理体系，从数据的分类分级、质量控制、访问控制、身份鉴别、操作审计、数据加密等方面强化数据安全风险管控。

【访谈实录】

访谈主题：从"融食安"走来的持续改进与变革

访谈时间：2021 年 5 月 25 日

访 谈 人：张　晓　北京东方君和管理顾问有限公司董事长

　　　　　李杭川　杭州市余杭区市场监督管理局副局长

张晓： 2019 年，在杭州市创建国家食品安全示范城市跟踪评价过程中，我们锁定了余杭区融食安的做法，并总结提炼成为典型案例。两年来，余杭区把融食安与浙冷链、浙食链工作相结合，积极推动数据全应用、信息全掌控、监管全链条、管控全覆盖、管理全闭环，使融食安升级为浙冷链、浙食链推广应用的最佳试验田。这次做融食安 2.0 案例跟踪研究，想请您讲讲这两年余杭区在农产品批发市场数字化治理方面的主要思路、做法，以及您的思考和体会。

李杭川： 感谢张晓董事长一直以来对余杭区的关注！我先讲讲余杭区的基本情况。今年 4 月，杭州市行政区划进行优化调整，原余杭区撤销，设立新的余杭区、临平区，老余杭的 8 个街道划归临平区，12 个街道划归新余杭区，原来余杭区市场监督管理局的人员按四六开的比例，分别划入临平区局、余杭区局。重新划区之前，余杭区 2020 年 GDP 总量 3051.61 亿元，财政总收入 825.91 亿元，居全省前列；重新划区之后，余杭区的经济总量仍然很大，主要归功于余杭区的商贸流通体系发展。

张晓： 余杭区在产业、政策、土地、人口等发展要素上，都具备明显优势，商贸物流等第三产业持续领跑。我们知道，杭州市的农副产品供应80%以上在

余杭区,浙江省的农副产品供应25%供应也在余杭区,余杭区是重要的农副产品集散枢纽和物流通道。这是余杭区的优势,但也可能面临挑战和压力,比如,商贸物流发展带来的城市交通拥堵问题,农副产品交易市场带来的"人、货、场"安全问题。

李杭川: 是的,余杭区的确面临很大的压力!很多问题,依靠传统的思维、传统的方式已经很难解决了,怎么办?我们认为,浙江省推进数字化改革,为余杭区提供了一个转型升级的历史机遇。浙江省市场监督管理局对数字化建设非常重视,将其列入了考核,通过调研,最终选定杭州农副产品物流中心作为试点,建设"数智大市场",按照"多跨场景应用"要求,通过票证结算数字化、运力撮合集中配送、食品安全全程数字监管等8个改革场景,切实解决食品安全、交通拥堵、疫情防控、助企纾困、产业服务等痛点、难点问题,努力重塑市场交易链、监管链、治理链,构建政务端、业务端及物流中心云上数智市场。

张晓: 2020年9月,浙江省食品药品安全委员会、省市场监督管理局以余杭区"融食安+食安健康码"试点为样板,在全省农产品批发市场推广食用农产品风险智控应用场景建设。食安健康码令人印象深刻,易理解、易记忆,这个构想是怎么产生的?如何实施?

李杭川: 2020年年初新冠疫情暴发以来,农产品批发市场成为疫情防控的重中之重。杭州农副产品物流中心日均人流量10万人,日均车流量6万辆,人流量、车流量很大,而且,批发市场的特点是晚上进车进人、凌晨交易、24小时不间断,防控难度极大。疫情期间我们最多的时候有142人盯在市场,24小时值守,每个市场门口安排两个人站着,人进去必须测温、戴口罩,还有专人在市场里巡查。除了检查人,还要检查车,我们设置了5个卡点,这么多车要进来,车有没有消毒,是不是从高风险地区来的,那时候分高风险地区、中风险地区、低风险地区;另外,产品有没有问题,太多事情了!就这样,5个卡点、24小时,全区领导都上了。我们觉得这样不行!

张晓: 10大市场、6个冷库、10万人、6万辆车,日均交易量超过13000吨,这么大的量,单靠人管,人永远不够用,况且时间长了人也吃不消。

李杭川: 是的。以索证索票为例,证票都是纸质的,这些纸质的东西经过多少环节、流程,如果携带病毒的话,很容易传播,人、货、车都来自全国各地,风险很大。另外,车辆进场检查要一辆一辆地查,很慢。2020年3月下旬,我们天天守在市场门口，对人和车，检查戴口罩、测温、验码；对货物，索证索票，看产品是不是从高风险地区来的，提交了农产品合格证或肉品检验检疫证明才能放进去。环节多、流程长，那时候车辆排队进场，都堵在门口，没检查完，后来我们紧急协调，开了绿色通道。如何协调好"防疫情"和"保供应"两大目标？我们想了一个办法：是不是可以借鉴健康码，采取一种便捷高效、无接触的方法，把食品安全监管理念融合进去，取名为"食安健康码"？针对市场的情况，我们选择难监管、基础条件差的水产批发市场进行试点。我们从 2020 年 3 月 20 日开始调研，经过充分的论证，在自我加压下，确定了同年的 5·20 作为时间节点，从 2020 年 3 月 20 日到 5 月 20 日，用 2 个月时间把这件事做好。

张晓：为什么是水产品批发市场？

李杭川：这个市场都是鲜活产品，向来是监管难点。当时我们想，如果最难的一个监管问题解决了，那么其他市场也就可以做好了。水产品怎么保证食品安全？怎么样索证索票？全国都没有好办法。以前水产品的索证索票不太规范，比如，经营户从江苏购进的鱼产品进来，一般随附农业农村部门的农产品质量承诺书、检测报告，运输车要开个长途证明，证票中对于食品安全追溯有用的信息非常少。因此，我们在融食安的基础上开发了食安健康码 App，具体内容是：每个经营户有一个企业端，你今天要从江苏进什么货，要先按照监管部门的要求把货品信息全部备案，比如，今天从江苏某个渔场进 100 公斤鱼，渔场的信息、产品名称、产品检测报告等信息全部录入，录入后发送给市场，市场方有一个管理端，专人负责审核，如果经营户这批产品的录入齐全，说明其索证索票信息齐全，系统就自动给经营户赋绿码；如果信息不全，比如说缺少检测报告，就赋黄码。

张晓：人、车、货进入市场，要亮码、测温、戴口罩，还要索证索票，很烦琐，会不会扎堆排队造成拥堵？

李杭川：不会。经营户在路上就可以申报，如果是绿码，到市场门口一扫，电子信息传到后台，相当于索证索票合格，就可以进场了，节省了烦琐的索证索票等程序，提高了通关效率。如果是黄码，没有检测报告的，车辆不能卸货，要先停到待检区，再由市场方的检测室进行现场抽检。过去市场的检测室出抽检报告要 3 个小时，现在加强了技术投入，十几分钟就能出检测报告。检测报告出来合格的，上传检测报告后，黄码自动转换成绿码，即可入场；检测不合格的就赋红码，不合格产品予以销毁。这个方法大大方便了经营户，而且索证索票的电子信息全部留存下来。这是第一步。

张晓：市场方索证索票和经营户进货台账电子化，实现食品安全追溯"一步向前"，这是坚实的第一步。下一步是什么呢？

李杭川：这个信息怎么传递下去？这是下一步要解决的难题。来批发市场进货的，也要扫码出场。比如说农贸市场或者某超市水产部，该超市在杭州有几十家商超店，总部采购后统一配送到各家门店，该超市也要索证索票，该超市的连锁门店也同样扫码，这样上家的来源信息就流到了下家。在实际操作中，还有一个多层级批发的问题，有些一级批发商下面还有二级批发、三级批发，比如，一个经营户从江苏进了一车10吨的鱼，进场的时候，他的有关信息是报备过的，但他又把这车鱼卖给二级批发，其中有的要2吨，有的要3吨，该超市的水产部可能是三级批发。这种情况怎么办呢？从一级批发到二级批发、三级批发，再到零售，食安健康码都要转换，每个环节都要通过同样的流程扫码，保证信息能够传递下去，不能断掉，信息链条断了，货品就走不到下一段。

张晓：余杭区用什么办法保证了"一步向后"信息不断链？

李杭川：技术上没有多大难度，最大的难度是经营户不配合、不会用，他们不是教一教就懂的，有的经营户手机还是老年机，这是我们最头痛的，包括市场管理方也不会用，我们花了整整一个月的时间培训，重点抓住三类人。首先是市场主办方，要求市场严格索证索票，日常监管中一经查到不索证索票的行为，即依法处罚，压实市场主办方食品安全主体责任；其次是市场管理人员，通过培训，让他们学会操作食安健康码，再分片区包干经营户，比如，一名市场管理人员包干100个经营户，负责督促经营户安装食安健康码App，教会他们怎样使用，同时把这项工作列为市场对管理人员的考核；最后是经营户，不仅要教会经营户老板，而且要教会他摊位上的帮工、运输人员等，经营户的工作非常难做。一开始经营户不重视，我说给他们一个时间节点，5·20晚上12点，如果没有绿码，就不能进场交易了。5月15日，我站在市场门口抽查经营户的绿码，发现没有绿码的就警告：明天再没绿码就不能进场了。后来安排巡逻人员站在门口检查，24小时有人值班，晚上有6个人值班，每天晚上12点，他们把绿码情况拍照发在工作群里，我抽查。通过这样的强要求、强培训，到5月20日，95%的经营户都有绿码了。这就是从水产市场开始试点的"融食安+食安健康码"。

张晓：这个过程，一点也不高大上，但是非常了不起。

李杭川：其实这个落地的工作，只有四句话，即第一要懂，第二要熟练，第三要自觉，第四要常态，让经营户和市场方养成用"融食安＋食安健康码"的习惯。另外，推广数字化理念很难，不是开发软件那么简单的事情，比如，市场白天没人，都是半夜以后才热闹起来，我们的培训工作都是在晚上12点到次日凌晨3点左右开展的，就这样持续了整整一个月。

张晓：在"融食安＋食安健康码"之后，余杭区在浙冷链溯源码的推广应用过程，又啃了一次"硬骨头"吧？

李杭川：2020年6月初，市场监管部门的物防工作升级。余杭区杭州农副产品物流中心是浙江省最大的进口冷冻市场，是80%进口冷冻食品进入浙江的"第一窗口"。因此，浙江省市场监督管理局又把我们这个冻品市场作为首批浙冷链应用试点。浙冷链刚开始测试的时候，很不稳定，软件和实际需求也不太贴合，我们和经营户开会不下十次，不断地听取意见、查找问题，写了很多建议提报给省局，浙冷链改了50多版，改版的时候就影响经营户做生意了，这个过程很痛苦。

张晓：在困难中摸索前行。

李杭川：当时，我们也不熟悉浙冷链系统软件，只能边学边用、边指导经营户。冻品市场有160多个专门做进口冷链食品的经营户，品类多、量大，用手机操作是不现实的，必须配备计算机、安装软件，还要购买打码机，而且，按全省统一规定，没有"三证一码"一律不允许上市经营，经营户的生意受影响很大。在这种情况下，浙冷链推广工作非常艰难，我们给一家家经营户做工作，争取他们的理解和配合。7月底，区局按照省局发的浙冷链操作指南，先给食品相关的5个科室20人培训，这20人学会了，再给市场管理人员培训，一层一层地，市场管理人员每人包干五户经营户，经营户要系统安装，要会用，要会熟练地用，要天天常态化地用，要做到这一步，这个过程是最痛苦的，也很漫长。当时的天气很热，省局要求的浙冷链上线时间很紧，考核也很严，后来没办法了，区局抽调20人、街道抽调20人，一共40人到冻品市场实行包干制，人盯人，要求进入市场的所有冻品的所有信息都要通过赋码、扫码输入浙冷链系统，并且每周通报。如果未赋码被后台通报，第一次警告，第二次约谈，第三次停业一周。

张晓：浙冷链追溯码目前在余杭的推广应用情况如何？

李杭川：从赋码量上看，杭州市的赋码量占全省的 48%，主要集中在余杭区，余杭区最近每天赋码量大约 3 万个。从应急处置看，杭州共有 27 件进口冷链食品应急处置事件，其中余杭区有 23 件。2021 年大年初一，我们接到一件新西兰牛排检出阳性的报告，后来经过处理，这批货品全部召回。

张晓：在这个过程中，浙冷链的贡献是什么？

李杭川：这批新西兰牛排从大连海关进来，杭州农副产品物流中心是进入浙江省的首站。按照浙冷链的操作规程，首站经营者须把所有进货来源信息完整录入浙冷链系统，同时卖给下家时须扫码，下家扫码时货品相关信息同步在后台录入。从大连海关入关、浙江首站进来 100 箱新西兰牛排，除本地流通外，又销往浦江、梧州等地，通过浙冷链，用 5 分钟时间就精准地把这批货品的流向找到了，不然的话就是大海捞针，一点点排查，贻误时机。大年初一，省委书记到省局调研浙冷链运行情况，称之为"防疫利器"。总之，有了浙冷链的追溯信息，可以通过疾控的口径去找人，通过市场监管的口径去找货。

张晓：听起来，浙食链是浙冷链的扩展版，也是融食安的升级版？

李杭川：可以这么说。浙食链、浙冷链、融食安的理念都是相通的，浙冷链解决的是一个品类的问题，也就是进口冷链食品实现数字化溯源的问题。浙食链是在浙冷链基础上的进一步范围扩大、环境拓展，涵盖食品的方方面面，从产品的出生一直到最末端实现溯源，消费者能够了解整个过程。其实余杭区当时推行融食安，目的就是实现从田间地头到餐桌全程溯源，我记得 2019 年我们就探讨过这个问题。

张晓：是的，那么从融食安到浙食链，发展在哪里？

李杭川：浙江省市场监督管理局对浙食链的构想，是食用农产品和预包装食品、国产和进口食品全部上链，实现溯源。具体来讲，浙食链要包含浙冷链，进口食品中的畜产品、水产品进浙冷链，水果、蔬菜、奶制品进浙食链，这是一个庞大的工程，分成多个环节，生产环节是第一关。比如说生产领域，以前用条形码，现在要改用浙食链的二维码，目前余杭区在新希望做试点，新希望的乳制品产品包装要改，新的包装要打上浙食链的二维码，改包装，这意味着要改变部分工艺流程，而且打码机也要换新的，资金投入不少。按照浙食链录入信息的要求，消费者买新希望的乳制品，只要扫码就可以看到这个产品的生产日期、配方等信息，这是好事情，但问题来了，配方是企业的商业秘密，企业不愿意披露。

张晓：食品包装上的标签信息，有助于规范企业生产、保障消费者权益，但可能是一个概念问题，上链并可查询的信息，应该是营养成分信息，而不是配方。

李杭川：是这个道理，所以我们在试点，要从实践当中检验，不停地收集问题，不断地改版。这是生产环节，那么其他环节怎么办？比如，不能每块肉上贴一个二维码，也不可能在每只虾上面贴个二维码。农产品批发环节是最复杂的，品种很多，我们有9个专业批发市场，果品、粮油、水产、冻品、蔬菜、肉类等，调研之后，确定把五和肉类交易市场作为浙食链试点。怎么做？我们主要还是沿用"融食安＋食安健康码"的理念。余杭区每天有大量肉类从全国各地调进来，本地产的也有，这些肉类通过冷链车过来，我们怎么知道是安全的？所以从源头到中间环节的信息都要录入，一级批发商从哪里进的、哪个屠宰厂、检验检疫报告，一共有六个证，这些信息全部录入浙食链系统。从一级批发到二级批发也是同样，每个环节的经营主体都要安装浙食链系统，指导他们学会用、用起来。

张晓：如何用起来、用得好呢？

李杭川：我们确定了一个"三全"的工作思路。第一是实现信息全掌控。从2021年3月26日开始，我们严格入门把关，100%的进场信息录入浙食链，五和肉类交易市场有38个一级批发商，重点是把他们培训好，指导他们把系统安装好，目前信息录入的完整率达到94%。第二是实现数据全运用。我们根据实际情况自主开发了浙食链查询统计系统，可以精准查到哪个经营户录入了、哪个没录入，点对点找到，而且我们可以在后面分析很多的信息，每天进了多少肉，对于它的把控，它的价格，都有后台信息。第三是溯源全链条。批发市场的肉类卖出去以后，到了中央厨房、学校食堂、超市、农贸市场，通过全链条无纸化交易把溯源信息传递下去，以前纸质分销凭证的方式是做不到的。肉类到批发市场后，经营户要切割后分销，这些肉类进来时只有一张凭证，如果分销，市场要开多张凭证，以前都是纸质凭证，现在电子化了，很便捷，而且根据现行法律，电子凭证和纸质凭证具有同等法律效力，这为我们的推广工作提供了法律依据。

张晓：使用电子凭证的好处是什么？

李杭川：首先是保证全链条信息完整，便于追溯。其次，可以为市场节约费用。改用无纸化交易以来，为市场节约了数百万元费用，以前打印一张凭证有一块钱的成本费用，过去由农业部门出钱，从 2020 年开始由市场开办方出钱，成本压力大，但凭证是必须的，《食品安全法》规定，有凭证，市场才能销售。实现无纸化，为市场节省了不少费用。

张晓：溯源全链条是一个很复杂的过程，打通部门信息流很关键，余杭区在这方面有何进展？

李杭川：部门之间的信息互联互通，真正实现有一个时间过程。围绕无纸化交易，我们和农业农村部门的信息互通比 2019 年前进了一步，比如，现在肉类的检验检疫合格证明可以自动传输给市场监管部门。在余杭区，2019 年融食安系统已经实现与商务部门的肉菜溯源系统互联互通，但是这还是不够，要想有大的进展，还得看省市两级的谋划。比如，融食安接入杭州市"城市大脑"、接入省局的浙食链、浙冷链，可以在更大范围、更大区域实现信息互通。

张晓：从"融食安＋食安健康码"推行和浙食链试点的角度看，部门间信息互通和共享的重点是什么？

李杭川：在省级层面，按省局的构想，首先实现几个委办局数据的共享，包括市场监管、商务、农业农村、公安、海关等部门。以冷链食品监管为例，经过公路各检查站的冷链车辆相关数据，公安与市监部门已经实现互通；与海关的数据互通，目前浙江省仅限于上海海关和宁波海关，而且共享的信息很局限，只是哪批货通关后发过来，是香蕉还是苹果，具体情况需要市监部门核实、追踪。在市级层面，杭州"城市大脑"的发展也对多部门的信息互通有较大的促进作用，杭州"城市大脑"目前已升级到 3.0 版本，从单一场景到综合治理，协同数据的量逐步增加。现在业务系统很多，企业登记、农产品批发、餐饮、流通、AI 抓拍，都是独立的系统，系统开发商也不一样，每家开发商、每个部门都有壁垒，信息孤岛很多，互联互通是很难的，杭州"城市大脑"的数据全部进入大数据局的平台，政府部门要用数据，自己可以导出来，不用找开发商。省局希望把浙冷链、浙食链接入杭州"城市大脑"，然后所有的政府数据全部接入省级政务云，如果走到这一步，促进就很大了。

张晓：在更大范围、更多层面实现更好的数据互通和共享，除了食品安全智慧监管，对于余杭区的商贸流通体系建设有何意义？

李杭川：首先受益的是农产品批发市场的转型升级。2021 年，区委、区政府有一个数字化改革的重点项目——建设数智市场，由市场监督管理局牵头。在余杭区的农产品批发物流中，九大批发市场，占地4平方公里，2008年正式建成运营，当时很多市场是从杭州主城区迁过来的，主城区市场外迁，余杭区作了很多贡献。随着十多年的发展，当初的技术、设施设备、道路、场地等都不适应城市的发展，也不适应现代流通的发展，就这么大地方，车位越来越多，车流量越来越大，人越来越多，带来一系列问题，市场的发展也有局限，场地不可能扩展，没有土地。交通拥堵问题怎么解决？业态怎么提升？交易的效率和效益怎么提高？在有限的4平方公里的区域里，只能通过数字赋能来解决上述问题。区委、区政府提出"一增三降"的改革目标，就是运用数字化赋能，实现市场的迭代升级，具体目标是：一增，增加效益和交易量；三降，降人流、降车流、降货物流。要实现"一增三降"目标，靠市场监管一个部门是根本做不到的，需要通过数字化手段，推进多维度、多跨度协同，聚焦市场人员安全、环境安全、交易安全，打破监管的路径惯性，创新政府服务方式，加快产业体系重塑，提升数字化治理水平，实现市场的高质量发展。

张晓：要达成"一增三降"改革目标，具体有哪些措施？

李杭川：我们首先确立了两项原则，一是多部门多跨协同、综合集成，二是闭环管理。确定改革框架，简单说就是"两端三链一闭环"。两端就是政务端和业务端，政务端给政府和监管部门用，主要通过浙政钉，业务端给企业和社会人士用，主要通过浙里办。"三链"就是重塑业务链、监管链、治理链。"一闭环"指每个应用场景都实现闭环管理。围绕业态提升和政府治理，我们设计了13个场景，业务端有在线交易、在线配送、电子结算、小微金融贷款、车辆智能叫号等功能，政务端有食品安全监管、投诉举报、社会治理等功能。在线交易平台对于业态提升和实现"三减"目标很有帮助，我们已经培育了两个线上线下融合的交易市场——果品市场和粮油市场，余杭区的粮油市场建成了全国最大的粮油批发在线交易平台，目前正在打造冻品市场在线交易平台。通过线上线下的交易同步，线上交易分流了部分人流、车流、货物流，并且提高了交易效率。通过在线交易实现经营户票据数字化和交易电子化，对降本增效大有裨益，这一点刚才已交流过。

张晓：批发市场的在线配送平台是个什么概念？如何运行？对"一增三减"目标达成有何帮助？

李杭川: 余杭区有很多中央厨房和集中配送企业,给中小学、机关食堂供餐或配送。这些企业都到市场来批发,我们提出了一个"反向配送"的概念,主要服务农贸市场或者中央厨房、集中配送企业,它们可以不到市场批发,通过市场的在线配送平台在线下订单,需要哪些蔬菜、什么样的规格、多少斤,由菜鸟直接配送到它们那儿。我们调研时和农贸市场开办方交流,他们说这个好,我可以多睡几个小时,不用凌晨两三点到市场来批发。这样,市场的人流、车流、货物流也就降下来了。中央厨房、集中配送企业也一样,也可以在线下单、市场通过菜鸟统一配送,这种经营模式既实现了"三减",也通过物流配送创新延伸了批发市场的触角,实现效益提升。

张晓: 在线交易平台、在线配送平台都会积累海量数据,这些数据怎么用起来?

李杭川: 应用很重要,我们慢慢积累了很多的数据,交易数据、结算数据,这些数据对中小企业金融服务工作很有用,经营户有这么大的流水数据,每天进出都是几十万元,金融机构就很放心,愿意授信给经营户或者给经营户提供票据贷款,有助于解决小微企业融资难、贷款难的问题。另外,通过智能叫号系统,分析车流量数据,进行自动导引和分流,有效解决车辆拥堵问题。还有在线评价系统,为我们对经营户进行信用评价提供了数据依据。

张晓: 这些系统平台的数据要用起来、用得好,更加需要数据互通共享,也需要明确给谁用、怎么用。

李杭川: 是的。比如,要解决"堵"的问题,智能叫号系统与智慧交通系统要融通,智慧交通是交通城管的体系;要解决"乱"的问题,智慧安监、智慧消防、基层治理"四个平台"等多个系统需要融通,涉及城管、交警、市场监管、派出所等多个部门,13个场景、多个平台,汇集了人流、车流、货物流数据,我们需要集成起来,形成一个"驾驶舱",我们可以实时把握,老百姓也可以参与监督,这才是一体化的社会治理平台、基层治理平台。从用的角度考虑,我们建议"驾驶舱"建在街道,因为街道办是综合治理、基层治理的主力军。还是那句话,数字化改革不能弄成花架子,开个现场会、大屏展示一下,没有生命力,还是要用起来,比如老百姓用手机随手拍张问题照片,上传到系统里,应该马上有部门把问题解决掉。

张晓: 这是宏大的系统工程。在现实的应用里,余杭区取得的突破是什么?

李杭川：数智市场的应用场景中有一个线上从业人员管理系统，打通了市场监督管理与卫生健康部门的数据流，使食品相关从业人员健康管理更动态、更精准。传统的管理方式主要靠健康证，一人一证，但是健康证信息有滞后性，不反映人的实时健康状态。卫生健康部门的人员健康状况数据很全，经过沟通，卫生健康部门把核酸检测、疫苗接种、传染病门诊就诊等与食品安全相关的数据与市场监督管理局互通，这样就实现了对从业人员动态、精准的管理，如果经营户有从业人员去传染病门诊就诊，诊断得了传染病，监管部门就可以把信息及时推送给市场管理方，市场管理方就可以不让他从事直接入口食品相关的工作。这两个部门的数据互通，使从业人员健康管理"活"了起来，是"活"数据，对健康证管理是很好的补充。

张晓：可以体会到，余杭区的"数智市场"建设既带来了现代市场的交易模式、运营模式，又创新了监管和治理模式。具体来讲，"数智市场"为农产品批发市场现代化治理带来了哪些标志性的成效？

李杭川：通过问题导向、数字化赋能，我感觉初步解决了农产品批发市场治理的三大难题。第一是治理"乱"。交通堵、秩序乱，通过"三减"，已经初见成效。第二是治理"弱"。业态弱、产业弱，线上线下融合的交易模式、在线配送新服务、网红直播进市场、信用评价、中小企业小微贷款等，都是围绕经营模式创新和产业提升来做的。新的经营模式改变了市场方和经营户的营利模式，过去市场方主要靠出租摊位赚钱，总的来讲是租赁收益模式，包括收取车位费、水电费等，现在改为以成交额作为市场管理费用核定的标准，市场不收摊位费，经营户每天有一万元的交易额，市场只抽两个点，车位费也不收了。批发市场的"弱"，主要源自低层次的业态模式。第三是治理"差"。环境差、矛盾多、管不动，市政交通、交警、城管、派出所，各管各的，现在要综合集成，让整个市场环境优美、有序、安全，这是我们的底线，最终是要让群众有获得感、幸福感、安全感。

张晓：听您讲述，我感觉每个项目、每个场景都涉及业务流程再造，无论是政务端还是业务端。

李杭川：所以我刚才讲要打破政府监管的惯性路径，实现流通产业体系重组和业态重塑，这就是"再造"。"数智市场"建设项目是多维度、多场景集成的，它瞄准百姓、企业和基层最有获得感的领域，从高质量发展的标准入手找到基础性和具有重大牵引作用的改革突破口，推动制度机制重塑，在这个过程中，不仅是市场监管的模式要改变，交警、城管以及街道的管理方式也要改变。

张晓："再造""重塑"是很艰难的过程，您遇到难的节点都在哪些方面？

李杭川：每个场景的实现都有非常大的难点。最难的是协调配合，每个场景都涉及多个部门、多个方面，各方都需要统一思想、配合行动，包括市场方、经营户、政府职能部门、银行等。市场如果不支持，认为是增加负担，不配合，这件事做不成；经营户要配合，管理部门要配合，城管、交警、税务、统计、街道办都要配合。首先要有强有力的协调，然后分阶段实施。

张晓：现在市场方支持吗？

李杭川：不支持也要争取支持。我们给他们灌输理念，政府花这么大的人力、物力、财力，帮助市场提升，帮助改进管理，增强营利能力，何乐而不为。关键是要改变市场方和经营户的惯性思维，当然这非常不容易。

张晓：您讲的"强有力的协调"，我的理解是一种数字化改革的制度保障。

李杭川：是的，无论是余杭区，还是杭州市、浙江省，都有一套机制来实施数字化改革，比如考核机制，省局推行浙冷链，最初的时候一周考核两次，现在一周考核一次，全省大排名。考核是一种督促机制、倒逼机制，市长说"不换思路换人"，体现了深化推进数字化改革的决心。

张晓：今天与您的交流，我受益匪浅，令我印象深刻的是，余杭区用很笨很土的办法干成了一项"智慧"事业，比如，40个人，像解放军一样背个书包每天去市场里帮助、指导经营户赋码。在数字化改革成效之外，我体会到了余杭区独特而有魅力的气质。感谢您的分享！

4

绍兴市校园食品安全整体智治的创新实践

食品安全事关人民群众的身体健康和生命安全，青少年、儿童的营养健康与食品安全更是关乎中华民族的未来。据教育部 2021 年 3 月发布数据显示，2020年，全国共有各级各类幼儿园、中小学 52.88 万所（不含大学），在校生 2.47 亿人，专任教师 1605.72 万人。根据《中国统计年鉴 2020》全国社会经济发展相关指标，我国城镇居民年人均主要食品消费量为 378.6kg，校园食品按照城镇居民人均主要食品消费量的 1/3 进行测算，每年消费量达 0.31 亿吨。如此庞大的校园群体，既催生了一个特定的食品消费场景，也形成了一个食品安全风险隐患的高发区，相关行业监测表明，我国突发公共卫生事件有 70% 发生在学校，尤其是由食源性疾病和食品卫生引发的食品安全事件。

党和国家对校园食品安全问题高度重视，2019 年出台的《中共中央 国务院关于深化改革加强食品安全工作的意见》，提出要建立食品安全追溯体系、加强技术支撑能力建设、实施校园食品安全守护行动。同年，教育部、市场监督管理总局和卫生健康委员会联合发布《学校食品安全与营养健康管理规定》，加强监督管理力度。近年来，全国各级学校食品安全状况得到明显改善。2020 年，国家、省、市县抽检校园及其周边食品 57043 批次，其中不合格为 1353 批次，不合格率为 2.37%。

然而，校园食品安全工作涉及面广、人群聚集、群体敏感、动态性强，在传统管理模式下，始终存在学校内部食品安全管理制度不健全、企业食品安全责任落实不到位、政府部门监管技术手段落后、各利益相关方信息不对称、社会共治渠道不畅通、学生消费安全意识薄弱等问题。针对这些难点问题，绍兴市坚持以数字化改革为牵引，撬动校园食品安全治理体系现代化建设，探索应用人工智能、物联网和大数据分析技术，首创"三厨（储）管理＋智能物联""智能阳光厨房"和"校园食安智治场景"，打造"全周期管控、全链条贯通、全过程防控、全社会共治、全方面应用"的校园食品安全整体智治新模式。

一、校园食品安全智治的背景概况

（一）我国校园食品安全现状

近年来，各地、各部门严格落实习近平总书记"四个最严"要求，结合学校集中用餐及外购食品风险防控和监督管理的特点，致力于长效机制建设和技术方法应用，着力构建学校食品安全治理体系。一是强化责任。地方各级政府认真落实领导干部食品安全责任制，强化食品安全属地管理责任，建立健全本地区食品安全监管责任体系；全面落实属地部门管理监督责任、学生食品和学生集体用餐配送单位食品安全主体责任以及学校食品安全校长负责制，严防严管严控校园食品安全风险。二是细化管理。各地教育、卫生健康、市场监管等部门指导学校食堂建立健全并落实食品安全管理制度和从业人员健康管理、培训制度，加强对食品采购、贮存、加工制作、配送等关键环节监管，确保安全可控。认真落实学校相关负责人陪餐制度，全面推行"明厨亮灶"，及时发现和解决食堂管理中存在的问题和不足。三是加强检查。各地市场监管部门对学生集体用餐配送单位、学校食堂、校园周边餐饮门店和食品销售单位实行全覆盖监督检查，依法依规严厉查处零食和腐败变质、超过保质期等不健康、不安全食品，坚决防止食品安全事故发生。

在机制措施方面，针对春季、秋季学期开学季校园食品安全事件多发的情况，教育、市场监管、卫生健康、公安等部门建立了开展春季学期、秋季学期学校食品安全专项检查的长效机制；围绕"解决学校及幼儿园食品安全主体责任不落实和食品安全问题"等重点任务，教育、市场监管、卫生健康、公安、农业农村等部门持续开展整治食品安全问题联合行动。

在制度落实方面，根据教育部的统计数据，截至 2019 年 12 月，41.7 万所中小学校和幼儿园落实相关负责人陪餐制度，39.8 万所中小学校和幼儿园建立家长委员会参与食堂安全监督机制；在全国设有食堂的 38 万户中小学校、幼儿园中，实现"明厨亮灶"的达到 34 万所，学校食堂"明厨亮灶"覆盖率达 84%。

在取得长足进步的同时，我国校园食品安全工作仍然存在重视程度与社会关切之间差距较大、学校内部监管机制不健全、应对突发食品安全事件能力欠缺、政府的监管与治理缺乏现代技术手段、学生消费安全意识薄弱且相关知识不足等问题。

校园食品的双重特殊性，决定了校园食品安全问题具有关注度高、触点广、燃点低、话题易传播、情绪难舒缓等特征。尤其是随着信息技术的发展，校园食品安全舆情事件通过网络、自媒体等平台快速传播，有可能在较短时间内造成较大危机和不良社会影响。以 2019—2021 年的校园食品安全典型事件为例，学校食堂环境卫生差、发霉变质食材食品频现、配餐企业管理不善、校园周边"五毛食品"乱象等问题屡屡登上新闻热搜榜，引发社会的强烈关注和较大的舆情反响，如表 4-1、表 4-2 和表 4-3 所示。

表 4-1 2019 年校园食品安全典型事件

序号	事　件
1	成都某学校食堂管理问题事件
2	东莞市某幼儿园发生疑似食物中毒，百名幼儿住院
3	四川省巴中市某幼儿园现霉变食物
4	河南省 23 名幼儿食物中毒事件：幼儿园被查封、投毒教师被拘
5	浙江省某学校医院：69 人因呕吐腹泻就诊疑似诺如病毒感染
6	甘肃省兰州市某幼儿园食堂现变质食材，2 名幼儿住院
7	浙江省某学校食堂现疑发霉食物，多名学生腹泻
8	辽宁省某小学被指用洗衣粉清洗学生餐具，负责人被停职
9	河北省邯郸市某学校多名学生腹泻
10	内蒙古自治区某学校多名学生在食堂就餐后出现不适

表 4 - 2　2020 年校园食品安全典型事件

序号	事件
1	山东省临沂市费县梁邱某中学，学生称在学校吃到有味豆腐，近百名学生出现集体腹泻
2	江苏省宿迁市泗洪县梅花镇某小学疑似发生食物中毒事件
3	广西壮族自治区南宁某学院有学生在校内餐厅就餐后中毒
4	黑龙江省哈尔滨市 4 所学校的学生相继出现呕吐、腹泻等症状，疑似食物卫生问题
5	黑龙江省鸡西市某小学发现个别学生出现呕吐腹泻症状，疾控中心相关人员综合分析认为该事件为诺如病毒感染疫情
6	四川省成都市锦江区某幼儿园儿童回家后持续出现呕吐、腹泻等症状，区疾控中心检测出幼儿排泄物中诺如病毒呈阳性
7	安徽省宣城市郎溪县某中学有部分学生连续出现呕吐、腹泻症状，县疾控中心确定为诺如病毒感染
8	广东省高州市某中学发生诺如病毒感染

表 4 - 3　2021 年校园食品安全典型事件

序号	事件
1	河北省霸州某学校部分学生用餐后出现不同程度的恶心、呕吐等症状
2	河南省封丘县某中学发生"营养午餐致学生呕吐腹泻"
3	吉林省某工商学院学生反映在学校食堂用餐后出现呕吐、恶心、腹泻等症状，初步判定为诺如病毒感染
4	山西省忻州市某学校高中部某学生在吃饭时从稀饭中捞出一只死老鼠
5	安徽省濉溪县某学校晚餐后部分学生出现不同程度的呕吐等症状
6	河南省三门峡市某中学发生多个班级学生呕吐及腹泻事件
7	海南省某幼儿园 33 名师生感染诺如病毒

从 2019—2021 年的校园食品安全典型事件可以看出，曝光问题环节分散、类型集中。安全问题发生的环节分散在采购、加工、储存、后厨管理、配餐、餐具消毒等，风险隐患点多面广；而安全问题主要集中于食源性疾病、食材过期变质、后厨管理缺位、配餐企业违规等类型，有一定的共性。

（二）从"安全"走向"安全与营养健康"的政策环境

校园食品安全关系学生的健康成长，维系家庭的幸福安康，社会各界高度关注，党中央、国务院高度重视，中央领导多次专门就学校食品安全工作作出批示，要求加强对学校食品安全的监管。2019 年 4 月，习近平总书记在重庆市石柱土家族自治县中益乡小学考察时，特地走进师生食堂，仔细察看餐厅、后厨，了解贫困学生餐费补贴和食品安全卫生情况。一年后，在陕西省安康市平利县老县镇中心小学，习近平总书记又一次走进学校食堂，叮嘱学校要清洁好餐具、做好学生的每一顿营养餐。

2019 年以来，国家层面加快出台校园食品安全与营养健康管理相关制度规范，推动相关部门多措并举、协调配合，持续加强治理力度。其中，《中共中央 国务院关于深化改革加强食品安全工作的意见》为"实施校园食品安全守护行动"作出了制度性安排，《学校食品安全与营养健康管理规定》为校园食品安全与营养健康管理工作提供了系统性规划。

2019 年 2 月，教育部、国家市场监督管理总局、国家卫生健康委员会三部门联合印发《学校食品安全与营养健康管理规定》，明确中小学、幼儿园应当建立食品安全校长（园长）负责制、集中用餐学校负责人陪餐制度和家长委员会代表参与学校食品安全监督检查机制；要求加强营养健康监测、开展营养健康专业人员培训、加强食品营养健康宣传教育、鼓励公布学生餐带量食谱。

2019 年 5 月，党中央、国务院出台《中共中央 国务院关于深化改革加强食品安全工作的意见》，提出"围绕人民群众普遍关心的突出问题，开展食品安全放心工程建设攻坚行动，用 5 年左右时间，以点带面治理'餐桌污染'，力争取得明显成效"。该意见规划了食品安全放心工程建设十大攻坚行动，"实施校园食品安全守护行动"位列其中。具体要求：严格落实学校食品安全校长（园长）负责制，保证校园食品安全，防范发生群体性食源性疾病事件；全面推行"明厨亮灶"，实行大宗食品公开招标、集中定点采购，建立学校相关负责人陪餐制度，鼓励家长参与监督；对学校食堂、学生集体用餐配送单位、校园周边餐饮门店及食品销售单位实行全覆盖监督检查；落实好农村义务教育学生营养改善计划，保证学生营养餐质量。

随后，市场监管、教育、公安、卫生健康四部门于 2020 年 6 月联合印发《校园食品安全守护行动方案（2020—2022 年)》，要求全面落实校外供餐单位食品安全主体责任、严格落实学校食品安全校长（园长）负责制、切实强化校园食品安全监督管理、广泛开展宣传和加强校园食品安全社会共治。在治理方法和手段上，该行动方案提出了六项关键策略：一是全面推进"互联网＋明厨亮灶"

等智慧管理模式，为学校负责人和学校食堂管理人员、监管部门、学生家长三方参与校园食品安全共治提供有效的平台；二是推行色标管理、"五常"、"6T"等食品安全管理方法❶，鼓励建立危害分析和关键控制点系统（HACCP体系）或食品安全管理体系（ISO 22000：2015），并通过认证；三是充分运用物联网、人工智能等技术，提升原料溯源把关、设施设备管控、人员行为纠偏等的智能化水平；四是健全并落实大宗食品采购、进货查验、加工制作等制度；五是建立学校相关负责人陪餐制度；六是健全学校食品安全投诉举报机制。

2021年以来，校园食品安全治理工作进入新阶段，从卫生与安全监管向安全与营养健康管理深化发展。以国家卫生健康委员会办公厅、教育部办公厅、国家市场监督管理总局办公厅、国家体育总局办公厅于2021年6月联合制定并印发的《营养与健康学校建设指南》为标志，健康教育、食品安全、膳食营养保障、营养健康状况监测、突发公共卫生事件应急、运动保障、卫生环境建设七项内容成为校园食品安全与营养健康管理工作的重点，进一步加强和改进学校食品安全管理，既强调要兜住学校食品治理的"安全底线"，又提出符合国际营养健康要求的更高标准。

2021年8月，教育部办公厅、国家市场监督管理总局办公厅、国家卫生健康委员会办公厅印发《关于加强学校食堂卫生安全与营养健康管理工作的通知》，明确了九项具体措施：一是规范食堂建设，鼓励利用互联网等手段实现"明厨亮灶"；二是加强食堂管理，鼓励学校食堂应用信息技术加强精细化管理，落实学校食品安全校长（园长）负责制、集中用餐陪餐制度，充分发挥膳食委员会、师生和家长监督作用；三是保障食材安全，要求各地和学校（园）严格管控食品、原材料和餐具采购渠道；四是确保营养健康，鼓励使用膳食分析平台或软件，编制并公布每周带量食谱；五是制止餐饮浪费，鼓励学校改变供餐方式，推行小份菜、半份菜、套餐等措施，按需供餐，引导广大师生树立节粮爱粮意识，养成勤俭节约良好习惯；六是强化健康教育，将食品安全与营养健康作为健康教育教学重要内容，落实健康教育课时；七是落实卫生要求，深入开展新时代校园爱国卫生运动，环境卫生治理与师生健康管理并重；八是防控疾病传播，要求学校（园）做好诸如病毒感染性腹泻等常见传染病防控工作，建立健全并落实食

---

❶　"五常"指常组织、常整顿、常清洁、常规范、常自律。"6T"指在实行"五常"管理后6个每天要做到的工作例行任务，即天天处理、天天整合、天天清扫、天天规范、天天检查、天天改进。

物中毒或其他食源性疾病应急预案和报告制度；九是严格校外供餐管理，建立健全供应商引入和退出机制。

二、绍兴市的创新实践

2013 年以来，绍兴市持续推进两轮"百万学生饮食放心工程"，校园食品安全水平有效提升。自 2019 年起，绍兴市针对实践中学校在集中用餐食品安全工作中存在的监管不力、沟通不畅等问题，在学校食品安全的监管理念、机制、方式等方面进行了大胆探索与创新，以创新监管方式、实施智慧监管为着力点，加强学校食品安全监管能力建设，提升学校食品安全治理体系的科学性和有效性。2020 年 6 月，校园食品安全"云守护平台"正式上线，并在绍兴市市直属学校和嵊州市学校试点应用。同年 11 月，浙江省市场监督管理局联合省教育厅在绍兴市召开现场会议推广，嵊州市试点入选 2020 年度全省系统改革创新案例和市级场景化多业务协同优秀应用，并被列入 2021 年市级民生实事工程。

2021 年，绍兴市全面贯彻落实省、市数字化改革大会精神，按照"唯实唯先、整体智治"的要求，坚持"高效实用、科学精密"的原则，以破解问题痛点为导向，运用数字化技术、数字化思想、数字化认知推动校园食品安全治理体系重构、制度重塑、流程再造，高水平打造多部门多业务系统集成应用典范，着力探索校园食品安全数字化治理，高质量推进校园食品安全守护行动深化实施。

（一）技术路径

2017 年，绍兴市市场监督管理局在组织开展餐饮食品安全关键风险课题调研的基础上，科学论证并制定出台《绍兴市餐饮单位"三厨（储）"管理办法》（以下简称《"三厨（储）"管理办法》），开展"三厨（储）管理"先进单位创建，有力提升餐饮食品安全管理水平。

2018 年，绍兴市市场监督管理局积极探索研究人工智能、物联网和大数据等技术在餐饮安全风险防控中的应用，被浙江省市场监督管理局确定为"三厨（储）管理+智能物联"试点单位，在全国率先研发餐饮食安 AI 物联云系统，并在全市大型以上餐饮企业和 300 人以上学校食堂、养老机构食堂和医疗机构食堂、中央厨房及集体配送企业等 1100 家特定餐饮单位试点应用。

"在三厨（储）管理+智能物联"融合实践的基础上，绍兴市市场监督管理局联合市教育局进一步创新研发"云守护平台"，打造市、县、校（所）及管理主体四位一体的场景化多业务协同应用，构建"1 个智能调度中心、2 大协同治理应用、3 个主体管理系统、N 项应用子场景"的"1+2+3+N"集成模式，按照"一体化、智慧化、协同化"的工作思路，以数字化为牵引，全面推进校园食品安全整体智治工程，切实维护在校师生"舌尖上的安全"。

1. 集成创新重塑流程

绍兴市立足"整体治理"和"智慧治理"，坚持一体化集成创新，开发数字化平台，统筹推进校园食品安全智治。

一是搭建"驾驶舱"。大数据是血液。打破部门孤岛，疏通数据"血脉"，汇聚平台总仓，实现智能互联。目前，已归集全市经营许可数据、监管检查数据、食品检测数据、案件处罚数据、从业人员及健康码数据、食品溯源数据和数字台账数据等，共 5569196 条。

二是打造"食安脑"。人工智能是大脑。搭建校园食安风险算法模型，研判分析归集数据，机器评估风险量值，并自主生成各类指令，推送各类主体应用端口，实现高效协同，真正让数据融起来、活起来、用起来。实践以来，AI 推送示警核验数据 3000 余条次，主体责任智控示警 235 次，生成智能食谱、智能订单 830 余次。

三是编织"智治网"。制度流程是骨骼经脉。审视原有机制流程，以数字化思维重构体系，推动"场景开发与制度变革"双轮驱动。2021 年以来，制订出台《校园食品安全数字化台账管理规范（试行）》，试行《校园食品安全风险预警和风险信用监管机制》，发布《校园食品安全智慧化建设与管理规范》地市级标准，并通过立项评审；印发《学校食堂现场管理提升实施指南》，实现"智治应用和现场提升"双管齐下。

2. 迭代升级聚焦风险

以数字化、网络化、智能化为主攻方向，推动主体责任落实，聚焦食品安全风险，实现精细管控。

一是聚焦主体责任精密智控。聚焦食材验收、人员晨检、餐具消毒等，通过物联感测装置，实时监测 12 项食品安全情况，同步生成数字台账，一码公示，超期示警，全面杜绝假台账行为。目前，建立数字台账 37 万余条。

二是聚焦食品风险精准防控。编制校园放心带量食谱库，开发数字供应链 AI 算法，打造校园食谱、食材配送、食材风控、食品留样及食材溯源全链条智防模式，严防"问题食材"流入，确保食材量质双达标。截至 2020 年，高风险食材拦截封单 9 次，慎用食品风险跟踪 28 条，推送示警 103 条。

三是聚焦行为规范精细管控。以《"三厨（储）"管理办法》为核心，融合人工智能 AI 算法和物联网技术，对病媒生物、外人进入等 9 种不规范行为进行抓拍，落实 6 项环境设备异常状态精准管控。截至 2020 年，绍兴市 726 所学校安装了"智能阳光厨房"系统，531 所学校安装物联设备 2500 余件。

2021 年 3 月，绍兴市市场监督管理局与市教育局联合编制《校园食品安全智治工作指南》，该指南为学校食堂管理智控、校外供餐智控、食材配送智控、学校品牌超市、风险信用监管、综合业务管理、合作商信用管理、校园食安智慧共治等 8 个领域的校园食品安全治理模块提供了操作规范框架。

2021 年 9 月，绍兴市发布全国首个《校园食品安全智慧化建设与管理规范》。通过校园食品数字化标准制定，绍兴市率先以标准引领校园食品安全智慧化建设和管理工作，为全省乃至全国校园食品安全数字化治理提供可复制、可推广的"绍兴经验"。该标准紧紧围绕校园食品安全智慧化发展的现实需要，以实现校园食品安全"全周期管控、全链条贯通、全过程防控、全社会共治、全方位应用"为目标，从总体架构、主体管理、智慧共治等方面，规范全市校园食品安全智慧化建设和管理工作。该标准的制定出台，有力推动了建立全市统一的校园食品安全"云守护"平台，健全校园食品安全风险预防、精密智控和智慧共治机制，全面提高校园食品安全数字化综合治理能力，保障学生健康安全。

至此，基于一指南一标准，绍兴市形成了校园食品安全智治完整规范的技术操作体系。

（二）机制创新

绍兴市以数字化搭建校园食品安全综合监管协同体系，深度激活校园周边网格化治理机制，实现平台共建、信息共享、风险共管、食安共治。

一是部门数字协同，管控主体信用。平台研判确定主体风险分级，AI 分类分频巡查，市场监管部门靶向监管，精准打击，教育部门过程考核，综合管理，线上线下组合施策，全面压实主体责任。发挥大数据治理作用，智能研判食材配送、定点采购、校内超市及餐饮托管等单位的信用风险等级，作为校园食品领域禁止或者限制经营的重要依据，营造校园食安良好生态。

二是激活"一校四员"，强化食安智治。搭建数字化协同平台，学校食安联络员、镇街网格员巡查校园周边食品经营户和流动食品摊贩，实时上传问题线索，推送检查指令，交互检查结果，实现联动共治。

三是搭建互动平台，探索共管共治。线上打造校园"食品安全公示码"，扫码查看食品安全等级、从业人员健康信息、食谱信息、食材供货商等信息；线下开展"家长开放日""家长评议团"等活动，邀请家长观摩、检查和评议，搭建互动平台。截至 2021 年，有 310 所学校在学校大门口张贴校园食安信息公示二维码，家长扫码查询达到 12032 人次。

（三）政策配套

1.《绍兴市学校食堂推进"智能阳光厨房"系统建设工作方案》

2019 年 9 月，绍兴市市场监督管理局、绍兴市教育局联合印发《绍兴市学校食堂推进"智能阳光厨房"系统建设工作方案》（绍市监管餐〔2019〕10号），明确要求探索实施人工智能、物联网及大数据等技术与餐饮食品安全管理深度融合，加快将绍兴市学校食堂"阳光厨房"视频监控平台全面改造升级为"智能阳光厨房"系统，从单一的后厨"可视"功能升级为操作行为和现场环境的"可分析、可抓拍、可示警、可评估"全程闭环管理功能，有力提升学校食堂食品安全风险管控能力。

2.《关于在全市学校推行食品安全数字化台账管理的通知》

2020 年 12 月，绍兴市市场监督管理局、绍兴市教育局联合印发《关于在全市学校推行食品安全数字化台账管理的通知》（绍市监管〔2020〕98 号），要求通过系统数据对接、物联装置监测、智能设备和移动应用工具，采集学校食品安全主体责任落实全量数据，并按统一规范的要素和格式，生成数字化台账。数字化台账管理包括以下三项主要内容。

一是台账种类。按照《食品安全法》《食品安全法实施条例》《餐饮服务食品安全操作规范》等法律法规及规范规定，结合校园食品安全管理工作实际，并根据现有数字化技术能力，将餐用具消毒、空气消毒、采购验收、食品留样、学校陪餐、人员晨检、健康管理、培训考核、添加剂使用管理、食品安全自查和餐厨垃圾处置等内容纳入数字化台账管理。

二是管理规范。根据相关法律法规和规范规定，结合绍兴市实际，制定绍兴市校园食品安全数字化台账试行规范，明确各类台账的要素、实现方式及有效时间。

三是功能模块。校园食品安全数字化台账管理是绍兴市校园食品安全云守护平台主体管理精密智控模块的核心内容，主要实现精密智控、在线管控、一码公示三大功能。精密智控是平台通过学校食品安全管理 PC 端或数字驾驶舱等智能提示学校及时落实食品安全责任；对未按期落实食品安全主体责任的，列为食安"失信行为"，作为研判学校食品安全状况或实行食品安全过程考核的重要风险因子。在线管控是在平台设立学校食品安全数字化台账档案中心，相关职能部门结合平台"互联网＋阳光厨房"和学校食品安全数字化台账档案，实现非现场监管。一码公示是平台生成校园食品安全数字化台账二维码，张贴于学校食品安全信息公示栏内，检查评估人员使用手机钉钉或者微信扫码核查。

3.《绍兴市校园食品安全守护行动实施方案（2020—2022 年)》

2020 年 11 月，绍兴市市场监督管理局、市教育局、市公安局、市卫生健康委员会印发《绍兴市校园食品安全守护行动实施方案（2020—2022 年)》（绍市监管〔2020〕90 号)，明确以下四项主要任务。

一是进一步完善责任体系。学校、供餐单位要全面落实食品安全主体责任；市场监管部门要压实学校及周边食品安全监管责任，依法查处涉及学校的食品安全违法行为；教育行政主管部门要督促学校建立健全食品安全与营养健康相关管理制度，监督学校加强食品安全教育和日常管理；卫生健康部门要加强学校生活饮用水卫生安全监督检查，指导学校开展宣传教育与健康促进活动；公安部门要依法打击校园食品安全犯罪行为。

二是进一步强化规范化建设。加快学校食堂、校外供餐单位硬件改造提升，重点加强民工子弟学校、乡村小规模学校、乡镇寄宿制学校、城镇小区配套学校等薄弱环节，全面推动先进现场管理方法实施，食品安全等级基本达到 B 级及以上，A级食堂比例不断提升。

三是进一步提升风险防控能力。完善学校食堂食品安全信息化追溯体系，大宗食材统一配送或定点采购率达100%，校园超市品牌率达100%；食品安全应急处置方案完备，不发生校园重大食品安全事故、不发生影响恶劣或引发重大舆情的食品安全事件。

四是进一步提高整体智治水平。中小学和二级（含）以上幼儿园食堂、校外供餐单位建成"智能阳光厨房"，全面应用绍兴市校园食品安全智慧监管系统2.0版（校园食品安全云守护平台）。

该方案还制定了以下四项工作重点。

一是全面推进校园食品安全"整体智治"。创新打造绍兴市校园食品安全智慧监管系统2.0版（校园食品安全云守护平台），在市教育局直属学校和嵊州市试点的基础上，实现全市中小学、二级（含）以上幼儿园和校外供餐单位的全面应用。

二是全面提升校园食品安全风险防控能力。严格按照校园食品安全法律法规及操作规范各项要求，不断加大食堂硬件改造投入力度，有力提升软件管理水平，全面提高食品安全风险防控能力和水平。

三是全面提高校园食品营养健康管理水平。深入实施健康中国战略，全面加强学生食品营养健康指导和干预措施，有力推动校园食品管理向更高层次提升，促进学生健康成长。

四是全面提升校园食品安全治理水平。严格依法履职，增加部门合力，发挥监管协同，实施重点打击，推动社会共治，全面提升校园及周边食品安全整体水平。要求截至2022年年底在学校食堂、校外供餐单位食品安全等级B级及以上比例、校外供餐单位通过HACCP体系或ISO 22000体系认证比例、餐饮服务从业人员食品安全知识培训率、餐饮服务食品安全管理员抽查考核合格率、大宗食品统一配送或定点采购率、品牌连锁超市入驻率、学校食堂、校外供餐单位"互联网＋阳光厨房"建设率、中小学和二级（含）以上幼儿园食堂"智能阳光厨房"建设率、中小学和二级（含）以上幼儿园食堂"智能阳光厨房"建设率，11项指标全部基本实现全覆盖。

4.《绍兴市校园食品安全智治行动实施方案》

2021年3月，绍兴市食品药品安全委员会办公室、市市场监督管理局、市教育局共同印发《绍兴市校园食品安全智治行动实施方案》（绍食药安委办〔2021〕2 号），确定了三年行动目标。

2020 年目标：按照"全面推进，分类实施，持续完善"的原则，统筹推进基础设施安装、系统开发应用和制度流程重构等三方面主要工作，全面推进校园"智能阳光厨房"建设、试点应用校园食品安全智慧监管系统 2.0 版（校园食品安全云守护平台）。

2021 年目标：实现学校视频"阳光厨房"100% 安装应用，并全面接入省食品安全综合治理数字化协同平台。不断完善并积极推进校园食品安全智慧监管系统 2.0 版（校园食品安全云守护平台）功能应用，加快智能物联设施设备安装实施，制订完善配套工作制度机制，全市不少于 400 所学校达到校园食品安全智治实施标准要求。

2022 年目标：加快校园食品安全智慧监管系统 2.0 版（校园食品安全云守护平台）功能推广应用，全面推进智能物联设施设备安装实施，不断完善配套工作制度机制，实现全市学校全部达到校园食品安全智治实施标准要求。到 2022 年年底实现全市中小学和幼儿园全覆盖应用，全面构建中小学和幼儿园食品安全全链条贯通、全方面应用、全过程防控的"整体智治"模式。

绍兴市"校园食品安全智治"四项应用标准

1. 学校食堂供餐应用

（1）供餐学生 99 人以下的学校食堂

基础应用：安装视频"阳光厨房"并对接平台；应用"智能阳光厨房"，实现后厨不规范行为及现象 AI 抓拍，并对厨房消毒设施实时物联监测。实现餐用具消毒、学校陪餐、健康管理、食安培训等数字化台账。实行统一配送的学校，生成索证索票数字食安台账；实行定点采购的，在移动应用端录入上传。食品留样、人员晨检和厨余垃圾处置等数字台账信息在移动端应用录入上传。数字食安台账应在后厨现场实现扫码查询。学校食品安全相关信息应在浙里办 App 公开，并在学校门口醒目处"一码公示"。推进"一校四员"食安智治。

基本配置：视频监控摄像头、消毒监测物联装置。

（2）供餐学生100～299人的学校食堂

增强应用：在供餐学生99人以下学校应用基础上，对厨房冷藏设备设施温度、仓库挡鼠板、专间温湿度及紫外线灯实时物联监测；实现空气消毒数字化台账。

增加配置：厨房冷藏设备设施温度监测物联装置、仓库挡鼠板监测物联装置、专间温湿度及紫外线灯监测物联装置。

（3）供餐学生300～999人的学校食堂

增强应用：在供餐学生100～299人学校应用基础上，配备智能晨检机、留样打印机，生成从业人员晨检和食品留样数字化食安台账；食品添加剂管理台账使用移动端应用录入上传。应用平台智能食谱、智能订单功能，实现食材全链条数字风控。

增加配置：智能晨检机、留样打印机。

（4）供餐学生1000人以上的学校食堂

增强应用：应用智能验收秤，生成食材查验数字化台账。

增加配置：智能验收秤。

2. 校外供餐单位应用

按供餐学生1000人以上的学校食堂智治标准配置应用。

3. 学校食材配送单位应用

（1）实现配送食材数字化溯源

已有溯源管理系统的企业通过系统对接方式实现；没有溯源管理系统的企业直接使用平台配套系统实现。

（2）散装干货类食材赋码溯源

配送学校的散装干货类食材附溯源二维码，实现食堂仓库现场扫码查询供应商资质及合格证明。

4. 入驻学校品牌超市应用

实现超市供应食品数字化溯源。已有溯源管理系统的超市通过系统对接方式实现；没有溯源管理系统的企业直接使用平台配套系统实现。

三、主要成效

截至 2021 年，绍兴市共有学校食堂 1166 户，校外配餐企业 4 家，供餐在校学生达 78.3 万人，校园食材配送企业 13 家，校内品牌超市 129 家。校园食品安全是食品安全工作的重中之重，市委、市政府高度重视，已经实施两轮"百万学生饮食放心工程"（2013—2018 年），并将之纳入民生实事工程，初步构建了"机构健全、制度完善、管理规范、运转顺畅、风险可控、综合治理"的校园食品安全管理体系，为推进数字化治理奠定了坚实基础。

一是建设成果。坚持整体观念，运用系统思维，持续迭代升级，打造校园食安智治系统 2.0 版，开发相关应用端口达 18 个。加大推进力度，全市投入 1200 万元，安装配备智能物联设备 8000 多余件（套），实现全市 1118 家中小学和幼儿园食堂、16 家食材配送和 4 家校外供餐单位全覆盖应用。

二是应用成果。"互联网＋阳光厨房"和"智能阳光厨房"实现 100% 全覆盖，AI 抓拍及物联监测示警和处置 3213 次，不规范行为和设备异常现象大幅减少。监测主体责任落实 267 万余次，同步生成数字台账 227 万条次，主体责任超期示警处置 1963 次。全市 16 家校园食材配送企业向 837 所学校日均配送食材达 173 种，约 91.45 吨，累计数字溯源 86 万条次，实现高风险食材封单 12 次，不合格食材拦截达 20 批次。

三是制度成果。围绕"主管推动、监管执法、主体落实、社会参与"四大维度，以整体观念，再造流程，重塑机制，发布全国首个《校园食品安全智慧化建设与管理规范》地市级标准，制定全国首个《校园食品安全数字化台账管理规范（试行）》，出台《学校食堂现场管理提升实施指南》《校园食品安全智治风险预警和分类监管实施办法（试行）》，受到浙江省教育厅和省市场监督管理局联合发文推广。

截至 2021 年，绍兴市在校园食品安全整体智治的探索实践中取得了显著成效。"智能阳光厨房"荣获"国家市场监管餐饮安全治理创新举措奖"；"校园食安智治"入选"浙江省市场监管系统改革创新案例"和全国首届食品安全智慧监管"十大优秀案例"；2020 年 11 月，浙江省校园食品安全守护行动现场会在绍兴市召开，并举办首届"校园食安智治技术成果展"。绍兴市校园食品安全数字化治理的创新实践为全国提供了"绍兴经验"。

四、经验与创新

（一）基本经验

打造校园食品安全云守护平台，探索和实践校园食品安全整体智治，是市场监管部门认真贯彻落实习近平总书记提出的"四个最严"要求，是贯彻落实"人民至上、生命至上"重要论述的实际行动，是推动校园食品安全现代化治理的创新举措。校园食品安全整体智治模式的探索，是以数字化改革引领市场监管现代化的生动实践，充分展示了市场监管部门的忠诚品格、丰硕成果和精彩表现。

1. 抢抓机遇，强化持续创新

习近平总书记在浙江考察时明确提出"治理体系和治理能力要补齐短板"的重大任务，是对市场监管部门建设高标准市场体系、高水平监管体系、高质量服务体系、高能级支撑体系的重大考验。坚持监管创新、整体智治是提升食品安全监管能力的有效途径。2019年，党中央、国务院出台意见，明确指出推进大数据、云计算、物联网、人工智能、区块链等技术在食品安全监管领域的应用。绍兴市市场监督管理局敏锐洞察、把握先机，率先在校园食品安全监管领域，探索运用人工智能、物联网、云技术等手段，从2019年创新"三厨（储）"管理，到2020年全国首创校园食品安全云守护平台，校园食品安全整体智治模式正在以点带面、全力推进，星星之火已呈燎原之势，为推进市场监管现代化提供了"绍兴方案"。

2. 统筹谋划，体现多跨协同

习近平总书记强调，要加强食品安全依法治理，加强基层基础工作，提高餐饮业质量安全水平，严防、严管、严控食品安全风险。以数字化手段提升校园食品安全监管水平，正是绍兴市市场监督管理局贯彻落实总书记重要指示精神的工作实践。校园食品安全治理是一项系统性、综合性工程，必须坚持统筹谋划、协同推进。按照"智、全、精、省"的总体思路，系统谋划"四级贯通、一体集成、多跨协同"的架构体系，科学规划"自下而上，滚动开发，先行先试"的实施体系，推动校园食品安全治理从碎片化向全链条数字升级，从传统管理向整体智治转变，从部门分治向协同治理拓展，从事后处置向源头管控优化，实现主体责任精密智控、食品风险全链智防、政府社会智慧共治的有机结合。

3. 深度融合，突出双轮驱动

数字化改革是推动监管效能提升的有力抓手。坚持数字赋能，就是统筹运用数字化技术、数字化思维、数字化认知，把前沿技术融入校园食品安全监管整体架构，从"一核四翼八支撑"升级为"1+2+3+N"集成模式，优化功能模块，开发系统应用，推动"场景开发与制度变革"双轮驱动，以数字化搭建校园食品安全综合监管协同体系，深度激活校园周边网格化治理机制，让数据用起来、融起来、活起来，实现平台共建、信息共享、风险共管、食安共治，全力打造"安心食堂、健康食堂、透明食堂、节约食堂"。

4. 持续改进，坚持创先争优

数字化改革是一场从理念到行为，从量变到质变，从制度、工具到方法的系统性重塑，是对每一位干部"想不想""会不会""能不能"的重大考验，是检验市场监管干部能力的试金石。把"V"字开发模型和"四横四纵"架构作为基本遵循，把握好"业务梳理、需求分析、流程再造、系统重塑、闭环管理、技术实现"6个关键环节，坚持问题导向，构建多跨协同、闭环管理模式，挂图作战，紧盯节点，压实责任，边研究、边开发、边应用，是可以实现"数字化"目标的。

（二）创新与突破

绍兴市不断建立完善校园食品安全智治配套政策和地方标准，形成了一整套技术性制度创新、手段创新和方法创新。绍兴市出台全国首个校园食品安全智慧化管理地方标准《校园食品安全智慧化建设与管理规范》，探索形成"全周期管控、全链条贯通、全过程防控、全社会共治、全方位应用"的校园食品安全智治新格局。绍兴市建设绍兴市百万学生饮食放心工程信息化平台，建立完善食品安全电子信息备查系统，实现全市学校食品安全数据综合分析和动态管理。全国首创校园食品安全智治平台，搭建校园食品安全云平台，建成8个应用系统、36个应用场景，运用智能设备及物联装置32类共96套，从原先单一的"后厨可视"，全面升级为操作行为和现场环境的"可感测、可分析、可抓拍、可示警"，实现区县（市）、校（所）及管理主体四位一体应用。

绍兴市校园食品安全数字化治理主要有三个鲜明特点。一是全方位管控。涉及学校食堂、校外供餐单位、校园超市、学校食材供应商、周边经营主体。二是全过程防控。对从业人员、加工环境、食材原料、操作行为、设施设备、配送运输等全过程、各环节实施精准监测。三是全社会共治。除市场监管、教育两个主要部门外，还涉及综合执法、卫生健康等部门，以及学校、镇街和广大师生家长，共同构建部门联动、社会共治新机制。

一是突破了"无先例"可循。推进校园食品安全数字化治理，探索校园食品安全智治是域内开创性工作，没有先例可循，只能边探索、边实践、边总结、边提升。绍兴市从顶层一体化、整体性科学设计，打造智能化平台，从而推进"横向贯通、纵向联动、整体智治、高效协同"的场景应用，并找准高效的推进路径，为校园食品安全数字化治理开辟了方向。

二是突破了"不适性"推广。学校类型多样，有公办、民办等性质；学校分布在城区、乡镇、农村等各个区域；各级各类学校办学规模不一。绍兴市统筹推进校园食品安全智治存在普适性问题，立足实情，拔高视野，综合分析，精心谋划，分类推进，确保工作具有借鉴意义和推广价值。

三是突破了"技术性"难点。推进学校食品安全数字化转型涉及人工智能、物联网、大数据云分析等技术运用，互联网畅通是基础保障。绍兴市对于学校目前使用的校园专网对外不开放、具有一定密用性的特点，打通网络，解决了对接系统困难。

四是突破了"固化性"思维。校园食品安全智治涉及面广，应用主体较多，除了学校食堂和相关部门，还包括食材配送公司、集体用餐配送单位及校内超市等，基层从业人员文化程度普遍不高。绍兴市力推数字化改革等新生事物，打破各主体存在的因循守旧思想、观念滞后等问题，使其开放思维，提升认知。在强有力的监管之外，通过整体智治平台，广泛动员社会共治的力量，让校方及相关企业真正担负主体责任，媒体能够科学引导，家长能够理性监督，共同守护校园食品安全。

【访谈实录】

访谈主题：对绍兴市校园食品安全整体智治发展的再思考

访谈时间：2021 年 5 月 8 日

访 谈 人：张晓　北京东方君和管理顾问有限公司董事长

　　　　　周峰　绍兴市市场监督管理局党委委员、副局长（时任绍兴市市场监督管理局餐饮处处长）

张晓：2019 年，国务院研究室主管的中国言实出版社出版《食品安全科学监管与多元共治创新案例》一书，收录了典型案例"从绍兴市'百万学生饮食放心工程'看地方政府推进供应链社会责任的政策选择与创新"，该案例在校园食品安全治理方面解决了在机制和制度设计上的问题。两年后，随着浙江省数字化改革的全面推进，绍兴市校园食品安全治理迈入新阶段，"智治"成为节点性标志。站在这个节点上，您有何感想？

周峰：绍兴市校园食品安全治理的探索，从 2013 年以来一直在推进，工作的延续性很强。尤其是 2017 年以来，绍兴市校园食品安全治理实践渐渐形成了一套完整的工作体系、工作模式，也养成了一套思维模式，即不管是过去传统的信息化，还是现在的数字化转型，所有的工作都是围绕基层、围绕实效，让校园食堂、教育部门、市场监管部门真正用起来，在应用的过程中让各方主体都有获得感，帮助各方提升管理精准度和有效性，促进校园食品安全治理水平整体提升，这是我们根本的出发点，一直没有变。

张晓：思维、思路没变，工作事项变化很大吧？

周峰：是的，工作的内容越来越多，也越来越复杂。2021 年 4 月颁布的《反食品浪费法》，同年 5 月 1 日正式实施的《浙江省生活垃圾管理条例》，都与餐饮监管工作相关。工作内容不管怎么变，绍兴市市场监督管理局始终围绕三个方面开展工作、指导思想和助力基层。一是做一些基层没有资源做的事情，即打好制度补丁，在力所能及的范围内做好全市校园食品安全治理的顶层设计。比如，绍兴市市场监督管理局与市教育局联合出台了一系列政策文件，把民办幼儿园、高校纳入校园食品安全智治体系，进一步完善相关管理体制机制，尽我们的力量做到逐步提升；二是做一些基层没有精力做的事情，尤其是加大培训力度。我们强调主体责任，但如果从业人员连什么是主体责任都不知道，落实主体责任就变成空口号了，所以培训很重要，要让餐饮服务主体知道主体责任具体是什么、应该怎么做。绍兴市市场监督管理局通过云课堂，线上线下培训融合起来，引入现场直播培训方式、制作动漫视频，把厚厚的餐饮操作规范可视化、通俗化、趣味化，让餐饮从业人员听得进、学得快，线上直播经常有几十万或上百万流量，效果很好；三是做一些基层没有能力做的创新工作，搭好校园食安治理数字化工作平台。一方面探索数字化技术创新，为各部门、各基层单位提供便捷的应用场景，另一方面推进机制创新，撬动教育等多部门的力量齐抓共管。

张晓：在这个探索实践的过程中，市场监管与教育两个部门的紧密配合至关重要，绍兴市是怎样做到的？

周峰：没有绍兴市市场监督管理局与市教育局的合作机制，就没有今天的绍兴市校园食安智治成果，这一点我非常有体会。我们与市教育局的协作非常紧密，两个部门联合开会、联合发文，很多系统都是两个部门联合研究、联合建设的，工作场景也都共享。按照食品安全党政同责以及"管行业、管安全"的要求，尤其是2019年2月教育部、国家市场监督管理总局、卫生健康委员会联合发布《学校食品安全和营养健康管理规定》之后，不只是市场监管部门，教育部门的履责压力也很大，这项工作看似是教育部门在配合市场监管部门，实际上我们把智治平台做好了，更多的功能是帮助教育部门实现更高水平的校园食安管理。这些年教育局被我们的诚心打动，教育部门的不少领导同志都做过校长，要求都很高，对我们主推的这块工作非常重视。今天总结起来，我觉得从管理理念上，要跳出餐饮管餐饮，联合各方资源，自己主动靠过去，把其他部门的力量借过来，大家一起把好事办好。

张晓：校园食品安全治理的技术路线，从"阳光厨房"到"智能阳光厨房"，有哪些进展？

周峰：绍兴市从2018年开始探索校园食品安全治理数字化建设，2018年年底第一个产品是"智能阳光厨房"，在原来的"阳光厨房"基础上实现了抓拍，目前浙江省已经把"智能阳光厨房"作为民生实事工程在推行。推出这个产品之后，局领导主动跟教育局沟通，建议学校要先安装起来，所以我们两个部门联合出台文件，指导300人以上的学校安装应用"智能阳光厨房"。在具体实施过程中，我们两个部门不断对接探讨，教育局有信息中心，我们就把所有的"智能阳光厨房"接到教育局平台上，教育局立马就能实现实时在线的校园食品安全管理，这样也不用一所所学校重复装，只需在教育局的机房里安装部署一体机就可以实现对所有接入学校的智能抓拍功能。当然有些学校的摄像头比较老旧，是模拟的，不是数字的，而且部分民办学校没有摄像头。

张晓： 绍兴市从 2019 年年底启动餐饮数字化项目，并被列为食品安全综合治理数字化项目的省级试点，也是绍兴市政府的重点数字化项目。请您介绍一下试点工作情况。

周峰： 绍兴市的餐饮数字化项目分为三个部分：社会餐饮、网络订餐、校园食堂（供餐）。我们重点从校园食品安全做细化、求突破，2019 年开始在嵊州市试点，2020 年 11 月，全省校园食品安全守护行动现场会在嵊州市召开，确立了绍兴市校园食安治理"数字赋能、精密智控、风险预防、智慧共治"的工作思路。2020 年，绍兴市校园食品安全智治项目正式启动，开发建设"绍兴校园食品安全云守护平台"。该项目被列为绍兴市政府 2021 年民生实事工程，目标是一年试点、二年推广、三年覆盖，2021 年可覆盖约 800 所学校。目前，整个系统的功能模块还在不断测试、迭代升级，我们不期望一蹴而就，而是扎扎实实地往前推进。

张晓： 和 2019 年相比，现在的系统功能增加了哪些？绍兴市校园食品安全整体智治，"整体"和"智治"是如何体现的？

周峰： 主要体现在"1＋2＋3＋N"集成应用系统。我先从底层讲起，"3"是指底层的学校主体三大应用模块，一是智能阳光厨房，二是主体管理智控，三是饮食全链智控。

主体管理智控的关键是台账资料实现数字化管理，主要功能包括数字化台账自动生成、风险信息智能提示，比如健康证过期、食品过期，数字化台账系统会自动推送提示信息。数字化台账有个二维码贴在学校的公示栏，学生、家长、老师只要扫码就可以查询台账，市里有些条件好的高中还配了触摸屏。

饮食全链智控，从食谱开始，根据营养、季节等因素，根据一定周期的重复率分析，一键生成智能食谱，再生成智能订单，确定每天需要配送的品种和数量。智能订单系统与配送系统数据打通，绍兴市有 13 家集体用餐配送企业，目前已有 8 家实现数据互联互通，同时，订单及配送系统与浙食链、浙江省农贸市场综合管理平台实现数据打通，实现智能风控功能。如果配送订单产品中出现检测不合格产品，或者本市区域内农贸市场问题检出率比较高的产品，比如河虾，系统将风险提示信息自动推送给教育局。再如，按照校园食品安全管理规定，学校食堂不能加工四季豆，如果想下单，系统里没有选项，手工调整也不行，系统通不过。平时校园食安管理的难题，通过数字化手段就克服了。

智能风控之后就是配送公司的应用场景，食材配送必须从配送公司出发，从配送公司到学校，系统会全程定位，如果出现线路偏离，系统会示警。配送人员的基本信息和健康证信息提前录入系统，到学校时刷脸打卡，保证了整个配送过程的人员安全。食材到校后，进入智能验收、智能结算环节，我们给学校配了智能秤，配送货品上秤拍照、称重，品种及重量自动上传，形成智能结算单。采购验收环节始终是学校食堂廉政方面的一个重点，智能验收功能帮助学校把住了食材的数量关，负责验收的老师早上7点多钟上班后再把好质量关就行了。另外，配送公司也很受益，一年下来配送单的打印成本可以节约几十万元。总的来讲，学校所有食材运行的成本都透明化了，这对不规范的餐饮管理公司会形成一定的压力，甚至可能倒逼其退出这个市场，但对于校园食品安全保障体系是大有裨益的。

智能验收之后就是智能溯源，整个溯源系统全部自动化，干货类食材都赋了二维码，扫码就可以查询到它是从哪里来的。

饮食全链里的另一个环节是智能留样，配一台手持留样打印机，每天的菜谱都在系统里，不用再专门打印每个菜品的留样标签，只需拍照确认，留样台账自动生成，作为数字台账的一部分。校方必须按规定时间、规定数量留样，不合规的会生成重点风险信息，教育局要考核，绍兴市市场监督管理局要重点监管。这是底层应用的三大模块。

"2"就是两大协同系统——部门协同治理和社会协同共治。部门协同的重点还是绍兴市市场监督管理局和教育局，首先是实现非现场监管，依托智能阳光厨房和数字化台账，两个部门都可以实时管控，后厨有什么问题，智能设备抓拍下来，在台账上生成电子单，推送给学校，学校整改后报上来，市场监管部门和教育部门都可以看到。其次是加强过程动态考核，教育局考核学校，原来是年底考核，现在每个月都可以考核，根据风险信息抓取、分析，实行动态考核、动态排名，食安周报、月报也会通过小程序推送给学校食品安全领导小组成员，校长们都很重视，排名下去了，他就要抓好校园食品安全工作，这样就把压力直接传递到学校管理层。再次是突出重点管控，根据不同学校的规模对学校的食品安全状况进行风险评定，与日常监管以及教育局的考核工作挂钩。分为两块，一个是风险预警，"阳光智能厨房"抓拍到问题后，信息会推送给学校食品安全管理员，按规范要求，能够立行立改的问题，学校须在几分钟之内整改完毕，在五分钟之内系统会自动核查，如果没有整改到位，该问题会作为风险信息同时推送给教育局和学校领导。针对风险较高的学校，教育局要重点督察、约谈，市场监督管理局与浙政钉系统打通，进行重点监管、精准执法。所有的一切都是围绕主体责任落实这个核心。

社会协同共治主要是校园周边食品安全"一校四员"综合治理的数字化工作模块，"四员"指学校食安联络员、镇街网格员、市场监管联络员、城管执法联络员。这个模块的功能发挥依托浙江省基层治理"四个平台"（综治工作、市场监管、综合执法、便民服务），每个镇街都有"四个平台"指挥中心，网格员、监管员等在学校周边发现"三无"食品、流动摊贩等问题，都可以手机拍照，通过移动端把信息上传平台，平台会把信息按类别分发给相关部门，比如，涉及流动摊贩的问题，信息推送给城管执法，城管执法人员需及时处置还是隔天处置，这个规则还在制定中；涉及学校周边售卖"三无"食品的问题，信息推送给市场监管综合执法部门，浙政钉会推一条任务给执法人员，按规定时限完成监督检查。通过数字化打通"四个平台"数据流。除"四员"之外，还有家长参与，现在家长在学校门口扫码就可以查到当天学校配送单位的资质、配送食材、学校配餐情况等，这也是发挥了社会力量参与。

"1"就是智治平台的指挥中心，所有数据的集成、推送、分析、决策支持都在这里，从抓取风险信息、评定风险登记，到推送信息给浙政钉，浙政钉派发任务给执法人员，再到监督检查结果推送给学校，学校整改记录上传平台，形成一个全智能的综合闭环。

"N"就是不断发展的各类应用场景。平台建好之后，就是场景的延伸，比如营养健康，我们有食谱信息、食材信息，就可以增加"带量食谱"应用模块，数据都在那里，知道怎么用就行。再比如，为贯彻《反食品浪费法》，绍兴市市场监督管理局正在与综合执法部门对接，调取每个学校的餐厨垃圾量，通过大数据比对分析，实现精准监管。

张晓："1＋2＋3＋N"校园食品安全整体智治平台的含义理解了。那么这个平台的建设目标是什么？

周峰：要在绍兴市全域打造校园的安心食堂、健康食堂、节约食堂、透明食堂（或者廉政食堂），最终，平台的目标是要实现"四大食堂"。

张晓：安心的首先是安全的。廉政的必须是透明的。"四大食堂"建设，这是很大的工程。

周峰：对，是很大的工程，我们在不断地摸索。

张晓：绍兴市校园食品安全数字化治理工作，经历了迭代更新的不同阶段，但发展脉络非常清晰，工作方法也很科学。

周峰：是的，我们现在很重视数字化改革的制度建设，目前已针对数字台账、风险分级管理出台了标准规范。然后就是注重试点先行、滚动开发、逐步推广，目前"智能阳光厨房"和"数字台账"比较成熟，已在全域推广中；"智能食谱"于2021年6月在嵊州市试点，边试边推，每个县（市、区）选5家单位测试，每个地方的菜谱不一样，小学、中学、高中的菜量也不一样，需要数字化＋定制化，还是从基层可用、适用、管用的角度出发。"两个协同"系统中，与教育部门的模块已在提升阶段，争取到2021年8月底，"安心食堂"建设能够整体完成，接下来教育部门主导推动"健康食堂""节约食堂"建设，基础就很不错了。

张晓："整体智治"是一项复杂的系统工程，做起来很有压力吧？

周峰：压力很大，但是现在的发展态势不错，逼着我们不停地往前跑，想慢都慢不下去。我们有信心，不管外部环境怎么变，我们都按自己的目标和初衷把握节奏、落实落地。

张晓：恒定者事竟成。祝愿绍兴市校园食品安全整体智治如期实现安心、健康、节约、透明四大目标。

5

餐饮食品安全治理数字化转型的台州实践

　　餐饮业与消费者日常生活息息相关，是消费市场的重要组成部分，在活跃经济、繁荣市场、吸纳就业、带动农业、传承饮食文化等方面发挥着积极作用。据统计，在2010—2021年，我国餐饮业复合增长率为9.3%，在社会零售总额中的占比稳定在11.1%。随着时代发展和社会进步，消费者对饮食安全、健康生活的需求愈来愈高。食品安全与餐饮业的发展密切相关，餐饮环节是食源性疾病高发的领域，也是消费者食品安全风险感知的末端，备受政府和社会公众关注。

　　长期以来，餐饮业食品安全治理存在诸多难点、痛点，从行业端看，一是餐饮行业的供应链与价值链较长，涉及食材生产、销售、物流、采购到餐厅经营、营销、配送、信息化等多个行业与生产环节，覆盖了农业、工业产业体系中诸多领域，影响餐饮食品安全的环节和因素较多；二是我国传统餐饮产业链的流通以传统分销为主，呈现上游食材标准化程度参差不齐、交易方式复杂、餐饮供应链管理理念滞后等特征，餐饮供应链整体的稳定性、可靠性不足，导致食品安全控制复杂度较高；三是随着我国城镇化发展，大中型餐饮企业逐渐增多，连锁餐饮更为普遍，但大街小巷的小餐饮依然是餐饮业的主力军，使餐饮食品安全成为基层社会治理的一个难题。从监管端看，餐饮食品安全治理中普遍存在监管理念滞后、监管效能不高、基层监管覆盖面不全、政府部门间协同监管不到位、社会力量参与度低等问题。

保障餐饮业食品安全，既是政治责任，也是民生需求。该案例以浙江省台州市为实证，选取台州市数字化赋能餐饮业食品安全治理能力现代化的三个典型应用场景：网络餐饮治理、餐饮街区治理和农村家宴治理。2020 年以来，台州市按照浙江省数字化改革的总体要求，以"智能阳光厨房"建设为抓手，深化推进"互联网＋智慧监管"，不断提升食品安全监管效能；通过建立健全信息公示、信用评价等制度机制，压实餐饮业主食品安全主体责任，畅通社会力量参与协同治理的有效途径，不断提升食品安全社会共治水平。

一、我国餐饮业的革新与蜕变：
从"明厨亮灶"到"阳光智能"

我国餐饮业的发展经历了食品由生到熟、污染控制、制定标准到现阶段法制化、专业化及科学化的过程。改革开放以来，餐饮业食品安全受到高度关注，从《食品卫生法》到《食品安全法》和《食品安全法实施条例》等一系列法律法规作出详细规定，《餐饮服务食品安全操作规范》等技术标准日益完善。特别是《中共中央　国务院关于深化改革加强食品安全工作的意见》明确提出"严把餐饮服务质量安全关"，部署实施"餐饮质量安全提升行动"，而《关于提升餐饮业质量安全水平的意见》《网络餐饮服务食品安全监督管理办法》《重大活动食品安全监督管理办法（试行）》《餐饮服务明厨亮灶工作指导意见》《餐饮服务食品安全操作规范》等规范性文件也使我国餐饮业食品安全监管工作得到不断提升。近年来，市场监管部门不断完善法规制度，引入餐饮智慧监管，推动实施"明厨亮灶"，强化校园食品安全治理，开展专项治理，加大违法行为处罚力度，着力解决餐饮业食品安全突出问题，维护社会稳定。

2014 年 2 月，国家食品药品监督管理总局开始部署各地在餐饮业开展"明厨亮灶"工作；从 2015 年起，该工作正式在全国推广，推动餐饮服务提供者通过采用透视明档（透明玻璃窗或玻璃幕墙）、视频显示、隔断矮墙、开放式厨房或设置窗口等多种形式，对餐饮食品加工过程进行公示，将餐饮服务关键部位与环节置于社会监督之下。截至 2016 年年底，全国各地已实施明厨亮灶的餐饮服务单位达 90.26 万户，占持证餐饮服务单位总数的 27.52%。2018 年 5 月，国家市场监督管理总局发布《餐饮服务明厨亮灶工作指导意见》，鼓励餐饮服务提供者实施明厨亮灶，保障消费者的知情权。从"闲人免进"到"明厨亮灶"，我国餐饮业开始了1.0版本的厨房革命。

自2017年，明厨亮灶升级为以透明设计、监控系统为标志的2.0版本——"透明厨房"，消费者可以下载App，通过监控系统实时观看后厨的各个角落和操作过程。公开化、透明化为消费者参与餐饮食品安全的监督提供了可能性，但以摄像头为主的监控系统的局限性使这一时期的明厨亮灶更像看板，形式大于内容。

2018年以来，我国城市发展进入"算力时代"，以台州市为代表的部分城市开始基于大数据、物联网、云计算等互联网技术推行"智能阳光厨房"建设，餐饮业厨房革命进入了"智能阳光厨房"3.0时代，"可感知、可监控、可识别、可抓拍、可示警"的餐饮安全预警式管理已见雏形。其中，智能物联感应系统监控物，实时感测留样冰箱（专间）温湿度、冷库温湿度、紫外线灯消毒、消毒柜运行、挡鼠板等情况，发现异常即预警提醒；人工智能抓拍设备监控人，对后厨人员未穿工作服、未戴口罩、抽烟、玩手机等不规范操作行为进行自动抓拍，推送给管理人员并上传平台留痕。细节管理是厨房管理的难题，"智能阳光厨房"打通了餐饮精细化管理的"最后一公里"。随着我国城市治理智慧化的进程，"城市大脑"加快步入融合态，互联网技术与城市智能的融合，视频识别技术和数据智能算法的应用，"智能阳光厨房"将进一步迭代更新并融入"城市大脑"，使全面、实时、全量的监管决策成为可能。

二、台州实践：从三个典型场景到餐饮整体智治

中国是餐饮大国，各种类型的餐饮主体共生共存。餐饮服务单位按经营场所规模及量化分级管理制度，划分为特大型餐饮（>3000m²）、大型餐饮（>500m²，≤3000m²）、中型餐饮（>150m²，≤500m²）、小型餐饮（>50m²，≤150m²）和小微餐饮（≤50m²）；按经营类型，划分为社会餐饮、中央厨房、集体用餐配送单位、食堂（含学校食堂、托幼机构食堂、单位食堂、养老机构食堂、工地食堂及其他食堂）、网络订餐第三方平台、流动供餐（无人餐车）、饮品店、糕点

店、农家乐等。不同类型的餐饮单位的风险程度和对社会的影响各不相同，监管侧重点也有所不同。

截至 2021 年年底，台州市共有各类餐饮经营单位 4.3 万家，餐饮从业人员约 9 万人，其中厨师超过 3 万人。随着消费市场规模日益扩大，全市餐饮消费旺盛，餐饮行业整体保持快速增长，2016—2021 年，除 2020 年受疫情影响同比下降 4.8% 外，其余年份同比增速均超过 14%，高于社会消费品零售总额年均增长 3 个百分点。当地美食产业仍处于低、散、小的发展阶段，总体来看，台州市龙头餐饮企业数量少、规模小，全市限额以上餐饮企业仅 171 家，限额以上餐饮业营业额占全社会餐饮营业额的比重仅为 5%，低于浙江省平均水平 6.5 个百分点。

面对如此量大面广的餐饮主体，如何提升监管效能，实现阳光消费、放心消费？如何服务高质量发展，助推地方餐饮业提质增效？台州市紧扣数字化改革、"一件事"集成改革主题，重点针对网络订餐、餐饮街区、农村集体聚餐三大治理领域的痛点难点，在推进餐饮食品安全治理数字化转型的过程中寻求破题之举。

（一）推进网络订餐"一件事"集成改革

随着人们生活方式的改变，食品行业新业态、新模式不断涌现，网络订餐成为餐饮消费的主流方式之一。台州市现有社会餐饮单位 39985 家，其中主城区社会餐饮单位 17371 家；全市现有美团外卖、饿了么两个网络订餐第三方平台，入网餐饮单位共有 15848 家，其中美团外卖平台在线使用入网餐饮单位 11227 家，饿了么平台入网餐饮单位 8564 家，日均订单量 20 多万单，各县（市、区）主城区的入网餐饮单位共计 9215 家。

在网络订餐快速增长的同时，黑作坊屡禁不止、劣质食材滥用、消费者投诉量激增等一系列问题层出不穷。2021 年以来，台州市以网络餐饮"一件事"集成改革为牵引，依托浙江外卖在线系统平台，通过"从后厨到餐桌"的上线监管，加大网络餐饮食品安全治理力度，推进浙江外卖在线商家管理、厨房管理、配送管理等场景应用，以数字化推动网络餐饮整体智治，努力让商家用心"做外卖"、骑手安心"送外卖"、消费者放心"点外卖"。

1. 着眼信息公示更透明，全面建设"智能阳光厨房"

由于消费者和经营者之间的信息不对称，网络订餐容易成为"黑厨房""黑暗料理"的孳生地。针对这一问题，台州市着力推进"智能阳光厨房"建设，为消费者还原一个真实可见的"在线餐厅"。

一是打破推广建设瓶颈。推行"智能阳光厨房"，商户的意愿往往受成本压力的影响很大，台州市市场监督管理局采用"三统一"的方式，为商户降低成本、提高使用便捷度，即"统一采购压低费用，统一施工加快进度、统一维护保障使用"，商户只需承担摄像头的购买费用，自费成本从原先的1000元大幅下降至300元，安装积极性大幅提高，为"智能阳光厨房"全面建设推广创造了前提条件。截至2021年年底，全市1596家入网商家中，已建成"阳光厨房"1083家，两个平台销量前500名商家中，建成率达96%。

二是打通信息公开渠道。建立网络餐饮数据库，与美团外卖、饿了么等外卖平台共享信息，实现后台数据匹配，并手把手指导餐饮单位安装和应用小程序，将后厨视频内容同步接入外卖平台。在门店醒目位置张贴"一店一码"，消费者无论是线上点餐，还是到店用餐，都可以观看后厨加工过程，查看店铺经营资质、监督信息、主体自查等内容，有效解决了买卖双方信息不对称问题。

三是打造品质联盟专区。联合外卖平台共同打造"品质联盟"专区板块，将所有已建成"智能阳光厨房"的商家纳入集中推广。政府和平台出台对商家让利补贴的政策，消费者进入专区点餐即可享受更多优惠，这一激励措施为进入"品质联盟"的商户"增量引流"起到了促进作用，吸引更多商家主动申请建设"智能阳光厨房"。自"品质联盟"专区板块开设以来，平均每月"智能阳光厨房"新建量增幅达53%。

2. 着眼外卖封签更持续，全新引入广告招商模式

外卖封签推广运营成本大，难以坚持投放是普遍性难题。据统计，2019年台州市网络订餐订单总量达850万单，实际封签使用量达1200万份，每年需投入印制经费70万元，无论财政资金还是外卖平台投入均无法长期承担。为推动外卖封签可持续推广，台州市采取了三项措施。

一是"广告招商"担成本。引入"广告招商"模式，鼓励广告公司承接业务，在外卖封签上印制广告，通过广告收益分担封签制作成本。台州市市场监督管理局规定，封签上的每条广告均需通过主体资格、内容及表现形式审查，在确保广告内容合法合规的前提下，实现外卖封签推广"零成本"。

二是"政企合作"破堵点。鼓励第三方与美团外卖、饿了么等外卖平台达成外卖封签专项合作，并订立操作规则。具体方式是：第三方公司负责封签制作、广告招商，并按月足量交付封签，若未足量或按时交付，须向平台支付违约金每次 2000 元；外卖平台负责将封签发放至各商家门店，若发现未张贴封签，平台须赔偿每单 20 元。通过这一模式，形成"自给自足"良性循环，实现政府、平台、商户互利共赢，有效保障封签投用并长期运行。截至 2021 年年底，全市累计投放"外卖封签"800 万份。

三是"宣奖齐下"促规范。充分利用"群众监督"向公众宣传外卖封签，发起"外卖封签监督有奖活动"。消费者发现封签未张贴或张贴不规范，即可通过微信小程序上传监督信息，经后台审核通过后，由监管部门给予每单 30 元话费奖励，并督促平台及时整改，有效推动全市入网商家 100% 规范使用外卖封签。截至 2021 年年底，全市累计接到封签监督信息 128 条，全部反馈平台落实整改。

3. 着眼商家履责更到位，全力推行记分管理制度

台州市以县级市玉环市为试点，出台《玉环市网络餐饮服务提供者食品安全违法行为记分管理办法（试行）》，针对三防设施不到位、生熟交叉混放等轻微违法违规行为实施记分管理。

一是开发一个程序。开发"网络订餐专项检查"程序，设置在线表单记录、后台数据统计、扣分预警以及学习抵扣等功能。监管人员在手机端勾选扣分选项并拍照留证，检查结果自动生成，并以短信形式告知餐饮单位负责人。当累计扣分达15 分时，提醒商家注意规范经营，并可选择"学习抵扣"项，以学时抵扣分数。

二是建立一套机制。建立记分管理"配套处置"机制，当商户累计扣分达25 分，立即列入黑榜名单，并通过政务公众号等媒体向社会公告，同时抄告平台予以下架。商户需完成整改、参加学习并通过食品安全考核，方可移出黑榜、重新恢复上线经营。截至 2021 年年底，玉环市累计发布"红黑榜"20 期，阅读转发量超 50 万人次，其间连续 12 次入围食品药品监管部门政务微信全国十强。

三是组建一支队伍。玉环市委常委会专题讨论并同意组建专职巡查队伍，负责网络订餐日常巡查工作。按照"普通商户每季一巡查、重点商户每月一巡查，下架商户随时巡查"的操作要求，确保巡查不留死角、问题不搁一线。建立专职巡查队伍绩效考核管理制度，由属地乡镇（街道）和市场监管所共同考核，根据考核结果发放年终奖金。自 2021 年 5 月实施以来，玉环市累计开展记分检查 1130 家次，发现并整改问题 1249 个，下架商户 6 家，商家经营行为得到有效规范。

四是打造一个品牌。玉环市成立了台州市首个外卖骑手党支部，建设"功能性"支部，发挥"先锋型"骑手的模范作用，树立"榴岛骑手"党建新品牌。党支部为骑手提供临时休息点，通过食品安全警报台，积极反映骑手取餐时发现的食品安全隐患或违法行为，向平台反馈"智能阳光厨房"运行异常商户，及时纠正商家封签张贴不规范行为。

强化属地管理，筑牢网络餐饮食安防线
——台州首个乡镇智慧餐饮监管责任体系

2022年5月，台州市市场监督管理局以桃渚镇为试点，依托浙江外卖在线数字化监管平台，以"智联、智管、智治"为工作目标，率先构建台州市首个乡镇智慧餐饮监管体系。

一是强化建制，实现"智联"。该局联合桃渚镇政府组建智慧餐饮管理小组，镇政府分管领导任组长，市场监督管理所负责人任副组长，各办事处、镇食安办、基层所、运营商任成员。建立浙江外卖在线小程序监管群及"明厨亮灶"工作交流群。对各相关部门、各办事处职责明确，强化"属地管理"和"动态监管"双效能体系，形成监管合力。

二是数字赋能，实现"智管"。根据"镇街考察、基层推进、多方建设"的工作方式，由临海市市场监督管理局餐饮科发布网监数据，基层所联合运营商，对外卖经营户进行设备升级，建设"阳光厨房"监控系统。基层所根据浙江外卖在线小程序上报情况进行网络排摸，镇街食品安全委员会办公室、网格员对问题经营户第一时间上门指导，保障经营户落实"索证索票""餐具消毒""外卖封签"基础工作。

三是宣治并举，实现"智治"。一方面，针对外卖经营户集中对热食类、烧烤夜宵类、烘焙类、奶茶类外卖商户开展《浙江省电子商务条例》中"阳光厨房""外卖封签"有关政策进行针对性解读，并要求相关经营户根据规定，对存在问题及时整改。另一方面，对外卖餐饮经营者订单、种类、评价等数据进行分析，向广大经营户共享巡查中发现的常见问题及查处案件情况，提升餐饮经营单位责任意识。

（二）协同智治打造"阳光餐饮"街区

2021年以来，台州市积极探索"行业自律＋区域自治＋社会共治"融合模式，建设"数字餐饮"共治管理街区，全面提高餐饮街区食品安全水平。台州市市场监督管理局紧盯主体数据化、监管精准化、社会共治化，建立责任单、时间表、路线图，制订数字餐饮街区（综合体）创建整体方案，以智慧预警系统为基础，建立完善街区"隐患排查—风险监测—风险会商—挂牌整治—评估核查—阶梯提升—红榜晾晒"的食品安全"七步法"闭环处置机制。截至2021年年底，台州市共创建10条"阳光餐饮"示范街区，覆盖全市9个县（市、区）。

1. 数字赋能、高效智治，打造街区治理"新引擎"

一是以"四位一体"智治街区管理平台为基础。推进监管平台、商管平台、企业平台和公众平台四位一体的"数字餐饮"智治街区管理系统融合融通，对街区所有餐饮单位进行基础信息建档，加强数据归集、融合、分析、应用，进一步打通监管部门、商圈管理主体、餐饮企业、社会公众之间的信息壁垒。

二是以"一业一标"分级分类管理标准为指南。收集台州市市场监督管理局组织召开大型连锁企业、个体工商户、消费者代表等多方参与的座谈会，征询合理化建议，按照"公正、可比、认同、共治"原则，出台《食品安全自治积分管理办法》。针对小吃、中餐、西餐、饮品等不同业态的经营特点，建立"一业一标"差异化检查制度和分组评价机制，并根据餐饮单位不良行为类别和情节设置了10分、6分和4分三个档级，实现了分类分级管理。

三是以"三支力量"共建共治共商共享为保障。凝聚社会力量，引导行业、街区、社会公众三支力量参与餐饮街区食品安全治理。成立由街区内餐饮单位和商管组成的餐饮单位安全自治委员会，签订自治公约。建立月考制度，每月由监管人员、区餐饮协会、志愿者、商管、餐饮店代表共同组成"考官小组"，对街区内的餐饮店经营行为进行拍照、取证、打分，消费者可通过"数字共治管理公示栏"、街区发光二极管（LED）大屏幕查看每月排名结果。

2. 阳光透明、管理提升，推动餐饮街区"三强化"

一是强化餐饮主体责任落实。台州市紧抓"智能阳光厨房"小切口，稳步实施餐饮街区食品安全数字化治理大场景的创新应用，数字化赋能餐饮单位提升主体责任履行能力。街区内餐饮单位"智能阳光厨房"实现100%全覆盖，视频信号统一接入智慧餐饮信息平台，实现食品制作环节全程可视可控。餐饮单位通过平台企业端开展自查自检，落实食品安全规范、反餐饮浪费和限塑规定、外卖食品"一单一封签"等主体责任。鼓励街区餐饮单位积极参与"五常法""4D管理"等管理体系建设，实行食品安全奖惩制度，培育食品安全文化。

二是强化街区餐饮风险防控。对街区内餐饮单位实行食品安全"驾照式"记分管理制度，对记分不合格单位进行外卖平台下架处理。开展分级分类管理，绘制街区餐饮"食品安全地图"，用"红、黄、绿"三色反映街区食安风险等级，通过颜色的动态更新显示街区餐饮食品安全状况，提供精准的消费指南和消费预警。

三是强化评价信息公示机制。推行业态分组排名制度，每月公布排名，定期组织街区内餐饮单位评价结果分析会，对评分中失分项进行分析。组织开展商户互学活动，观摩学习找差距，交流经验促提升，促进街区内餐饮行业有序竞争、良性发展。通过微信公众号、官方微博、综合体 LED 屏等媒介发布街区餐饮"红黑榜"专榜，引导消费者"用脚投票"，营造良好的社会舆论监督氛围。强化月度共治检查结果应用，市场监管部门约谈排名靠后的餐饮单位，责令限期整改，当月开展"回头看"，情节严重的予以立案查处，并再次向全社会曝光。

3. 管服并重、高效协同，实现监管服务"双提质"

一是动态管理提升监管效能。市场监管部门依托智治街区管理系统，动态调整检查频次和重点检查范围，精准开展靶向抽检，提升监管效率。通过采取差异化监管措施，将商场内部检查、日常巡查等检查中发现存在问题的商户纳入重点监管名单，强化后续跟踪检查，形成闭环。对重点监管名单实行动态管理，整改到位的，移出名单；多次整改不到位的，依法从严从重处罚。

二是"一店一策"确保落实落地。台州市市场监督管理局实施"一店一策"整改提升计划，根据不同餐饮单位的特点和需求，科学指导街区内餐饮店安装监控摄像头、消毒温感等 AI 抓拍系统和物联设备，相关数据全部接入智慧餐饮信息平台，初步形成在线监测、在线预警、在线督导的街区餐饮食品安全精密智控体系。截至 2021 年年底，温岭市"阳光餐饮"街区近 130 家餐饮单位实现物联智控全覆盖。

三是便利服务推进示范建设。提供全方位、便利化的上门入户服务，提升街区商户智能管理、食品安全自治的参与度和积极性，加快推进街区餐饮数字化示范点建设。上门入户对经营户开展食品安全数字化试点宣传推广，签署食品安全数字化示范点建设协议书；上门入户为商户安装数字化设备，通过视频教学、在线答疑等方式提供线上培训；开通网上验收预约申报功能，天台县的示范点建设自启动推广到全面验收仅用时 28 天，完成 39 家单位的 156 台数字设备安装和 156 人次培训。

（三）"三化"管理助力农村家宴转型升级

随着新农村建设工作的推进，农村居民的生活水平不断提高，举办宴席的频次越来越高、规模越来越大，农村集体聚餐的食品安全风险隐患也随之增加。针对农村集体聚餐场所不固定、场所条件简陋、布局不合理、设施不健全、操作不规范、雇主和厨师缺乏食品安全意识等突出问题，浙江省食品安全委员会办公室于 2014 年出台《浙江省农村集体聚餐食品安全风险防控工作指导意见（征求意见稿）》，推行农村家宴服务中心建设，完善落实农村集体聚餐申报备案管理制度、农村家宴厨师健康体检和食品安全培训管理制度、农村集体聚餐分类指导制度；2018 年，农村家宴厨房建设工作列入浙江省政府十大民生实事之首，台州、绍兴、金华等地开始尝试建设农村家宴中心，构建硬件达标、厨师准入、服务规范、明厨亮灶的农村集体聚餐食品安全保障体系，消除脏、乱、差现象；2021 年，浙江省政府民生实事项目"阳光厨房"建设将农村家宴"阳光厨房"建设纳入方案，提出全省建设 1000 家农村家宴"阳光厨房"的目标；2021 年 7 月 1 日起，浙江省市场监督管理局发布的《农村家宴中心建设与运行管理规范》（DB33/T 2346—2021）省级地方标准在全省范围内实施，对农村家宴中心的选址和布局、厨房、厨师、流程管理、食材采购和加工等明确提出了要求，做到建设有指导、管理有依据、服务有规范。

为了确保民生实事项目保质保量完成，台州市食品安全委员会办公室、台州市市场监督管理局下发《关于做好农村家宴"阳光厨房"建设等相关工作的通知》，组织召开"推进餐饮条线民生实事项目工作座谈会"，对各县（市、区）农村家宴建设情况进行"全覆盖、无遗漏"的摸底调查，确保建设单位底数清晰，基本情况清楚。全市以推进农村家宴规范化、市场化、产业化发展为主线，构建"政府引导、协会牵头、多方参与、市场运作"的新型农村家宴治理模式，实现农村家宴"三化"管理，即定制数字化、服务标准化、监管智慧化。

1. 上线"一站式"平台，实现家宴定制数字化

一是开发微信小程序，实现一键申报。台州市市场监督管理局指导各县（市、区）推广农村家宴乡厨服务微信小程序应用，家宴举办方在点开农村家宴选项之后，可以清晰地看到区域内所有登记在册的家宴厨房及配置情况，举办方按需选择，点击登记备案选项，在查看完《浙江省举办农村集体聚餐食品安全风险防控告知书》后，在办宴东家一栏签字，同时，选聘的乡厨在承办厨师一栏签字，在举办者基础信息、家宴中心举办地址、家宴厨师名字及所对应的宴席名称等信息填写完毕后，一键上传、完成申报。农村家宴乡厨服务微信小程序接入浙里办中的浙食安端口，实现"乡厨信息一目了然、家宴举办一键申报、食材选购一站配齐、一物一码扫码追溯"等功能。线上申报作为举办者向各镇（街道）食品安全委员会办公室申报形式的补充，有效减少了漏报情况的发生。

二是开设网上商城专区，实现一站配齐。农村家宴乡厨服务微信小程序专门设立网上商城，专区开辟了家宴套餐精选、地方名菜、蔬菜基地直供、乡厨库直选、餐桌摆台优选、家宴厨房点位展示等板块，家宴举办方可在上述板块选择举办家宴所需菜品、家宴厨房举办地、厨师人选等，实现家宴采购"一站式"服务。台州市路桥区实现了家宴采购统一配送，降低了物流配送成本，保障了食材在途安全。

三是增设交流板块，实现一秒反馈。农村家宴乡厨服务微信小程序设置了留言反馈区，家宴举办方可以给食材供应商或者其他家宴举办者进行留言咨询；乡厨可根据采购者的资金预算及举办目的等，提供专业化的菜品选择建议；家宴举办方可以在举办后进行手机结算，并对订单中产品的质量、配送速度、乡厨服务等进行评价打分，实时反馈服务质量；乡厨协会的工作人员，对差评订单进行跟踪回访。

2. 成立乡厨协会，实现家宴服务标准化

一是明确乡厨要求，全员持证上岗。台州市路桥区于2020年11月成立台州市首个乡厨协会，出台《路桥区承接或举办农村家宴活动执行标准》，要求农村家宴厨师必须持营业执照、健康证、厨师证和培训证"一照三证"上岗主体资质。在路桥区农村家宴乡厨服务微信小程序开设入会申请端口，乡厨在提交一照三证（营业执照、身份证、厨师证、健康证）电子照片后，由乡厨协会后台审核通过后加入乡厨协会。路桥区乡厨协会成立以来，在册会员 325 家均已建立"一户一档"花名册，并实现数字化管理；截至 2021 年年底，累计使用农村家宴厨房 132 场次，举办宴席 3120 余桌，同比增长 33%，服务当地群众 4 万余人，未发生一起食品安全事故。协会的成立，为乡厨"抱团发展"提供了平台，同时改变以往老百姓靠口口相传了解乡厨厨艺水平和相关资质的土办法。路桥区的乡厨协会操作办法已在台州市全域成功推广。

二是采用移动厨房，拓展供餐方式。针对部分农村地区未配备固定的农村家宴放心厨房、仍采取厨房搭棚形式烹饪菜肴的现实状况，市场监管部门指导乡厨协会因地制宜使用多功能折叠式的"移动厨房车"，按照食品安全及卫生管理规范提供供餐服务。"移动厨房车"已获交警、城管等部门批准，可以直接上路，为全天候全地形的家宴服务提供了便利。

三是加强技能培训，提升乡厨水平。台州市市场监督管理局指导乡厨协会设立专门的"台州乡土菜研发推广中心"，收集并整理地方特色菜谱，编写菜品研发规范，开展新菜试验、新菜品推广和烹饪技能展示活动，助力开拓农村家宴市场。加强乡厨技能培训，举办市级、县（市、区）级"金牌乡厨"评比活动，努力培养一支素质较高、特长突出的乡厨队伍。

3. 建设"阳光厨房"，实现家宴监管智能化

一是"智能阳光厨房"让家宴更放心。全面推广"智能阳光厨房"，持续推进农村家宴放心厨房迭代升级。各县（市、区）市场监督管理局指导 A 级标准放心厨房率先完成智慧物联升级改造，所有物联信息接入浙江省智慧餐饮平台，实现后厨操作可视、可管、可控。各县（市、区）乡厨协会采购的移动厨房车内也安装"智能阳光厨房"，视频数据接入智慧餐饮系统。路桥区的农村家宴放心厨房配备了食品快速检测室，对家宴所购食材进行快检。

二是乡厨评价让家宴更安全。在市场监管部门的指导下，各县（市、区）乡厨协会通过测试，选出一批政策法规熟、餐饮业务精的监督员，组建"乡厨评估队"，对乡厨的接单申报、家宴制作、后期服务等事项进行评分，实行积分制，根据积分情况确定"红黑榜"名单，并通过乡厨服务平台对外公示。"红黑榜"评价的操作规则是：一年内被列入黑榜的厨师，暂停家宴承接工作，在"冷静期"内进行回炉培训，培训合格后方可继续承接家宴；连续两年被列入黑榜的厨师，实行末位淘汰制，取消家宴承办资格。

三是公众参与让家宴更满意。农村家宴放心厨房接入智慧餐饮平台后，社会公众不仅可以通过平台端口进入农村家宴中心专区，实时了解乡厨的操作行为，还可以在乡厨服务平台的留言反馈区进行评价。针对公众的意见建议，乡厨协会的工作人员及时跟踪核实并回复意见。

三、主要成效

2019 年以来，"智能阳光厨房"建设连续三年被纳入台州市政府民生实事项目，加速了台州市餐饮食品安全治理数字化转型的进程。截至 2021 年年底，全市"智能阳光厨房"数量达 800 余家，实现餐饮安全可监控、可预警、可处置。

在网络餐饮治理方面，构建了"可视网"。截至 2021 年年底，全市建成网络餐饮"阳光厨房"近 13000 家，主城区覆盖率超过 90%；浙江外卖在线商户端激活使用数近 14000 家，覆盖率达到 100%；累计投放外卖封签 2000 余万份，做到重点商圈的全覆盖。

在街区餐饮治理方面，构筑了"共治圈"。通过开展"阳光餐饮"示范街区（综合体）创建，以数字化应用为牵引，摸索出一套智能化预警、自主化整改、网格化协管、专业化监管、多元化共治的街区餐饮食品安全治理模式，打造了部门履职到位、商圈自治共管、企业责任落实、公众广泛参与的"数字餐饮"共治管理街区。截至 2021 年年底，全市已建成 10 个城市综合体、美食街、重点商圈等餐饮聚集区为重点的"阳光餐饮街区"，消费者可随时随地查看商家资质、部门检查、部门抽检、行政处罚、月度自治排名、红黑榜、阳光厨房等信息，营造了和谐放心的消费环境。

在农村家宴治理方面，升级了"家乡味"。截至 2021 年年底，全市建成 362 家农村家宴放心厨房，三门、椒江、路桥、临海、温岭等地农村家宴"智能阳光厨房"实现全覆盖。同时，培育了 28 家农村家宴产业化公司，为群众提供家宴预订、食材配送、厨师预约等一条龙服务。老百姓可以通过微信小程序，线上量材定制、选择套餐，既方便快捷又安全可靠。

四、主要经验

（一）民生实事工程奠定"智能阳光厨房"推广基础

2019年以来，"智能阳光厨房"建设连续三年被列入台州市政府为民办实事项目，相关经费预算直接纳入财政预算，全市仅2021年就投入300多万元建设资金。"智能阳光厨房"列入民生实事项目，解决了示范点打造的建设资金问题，为餐饮业主减轻了成本压力。市场监管部门按照"标准化建设、规范化管理、长效化运作"的统一要求，积极指导、强化监督，确保"智能阳光厨房"民生实事项目发挥积极的示范作用。

（二）"一件事"集成改革推动网络餐饮迈入"阳光模式"

台州市准确把握《关于贯彻落实〈浙江省电子商务条例〉〈浙江省食品小作坊小餐饮店小食杂店和食品摊贩管理规定〉强化网络餐饮食品安全监管的意见》《关于加强网络餐饮综合治理切实维护"外卖骑手"权益的实施意见》等政策法规要求，以网络餐饮"一件事"集成改革为核心，依托"浙江外卖在线"，通过"智能阳光厨房"建设、强化平台管理、商家管理、厨房管理和配送管理等组合措施，破解网络餐饮线上交易食品安全监管难题，实现线下到线上、从后厨到餐桌、从加工到配送、从商家到骑手全链条闭环管理。

（三）"阳光街区"创建形成社会餐饮提质扩面示范效应

台州市通过实施"阳光街区"创建工作，建设"管理全方位、后厨全阳光、要素全集成、数据全应用、风险全闭环、信息全公示"的高品质餐饮街区，推动商圈自治、企业自律、社会共治，通过集聚示范作用，带动社会面餐饮质量安全水平整体提升。

（四）"三化"管理构建农村集体聚餐食品安全治理长效机制

台州市在改造提升农村家宴"放心厨房"的基础上，积极推进农村家宴转型提升工作。通过"三化"管理、"七化"路径（乡厨管理协会化、加工团队公司化、食材配送统一化、操作过程标准化、供餐方式多样化、风险防控数字化、管理责任多元化），逐步实现农村家宴规范化、市场化、产业化的长效运行机制。

【访谈实录】

访谈主题：大家的事情大家办——对数字经济时代餐饮食品安全治理的探究
访谈时间：2021 年 6 月 25 日
访谈人：张　晓　北京东方君和管理顾问有限公司董事长
　　　　林胜甫　台州市市场监督管理局党委委员、副局长
　　　　蔡武韬　台州市市场监督管理局食品药品安全协调处处长（时任台州市市场监督管理局餐饮处处长）
　　　　刘超群　台州市椒江区市场监督管理局餐饮科科长
　　　　谢　妍　台州市玉环市市场监督管理局餐饮科副科长

张晓：我记得，2020 年浙江省网络餐饮食品安全提升工作现场会在台州的玉环市召开，一直以来，台州市在"阳光厨房"建设、外卖封签推行、记分制管理等方面的做法较有特色，尤其是"阳光厨房"的推广应用，对于网络餐饮、社会餐饮、农村集体聚餐等餐饮领域的综合治理能力提升起到了关键作用。"阳光厨房"从"建"到"用"，台州市是如何做到的？

林胜甫：在餐饮食品安全治理的工作中，台州市的步调和全国基本是同步的，2014 年国家层面推广"明厨亮灶"，我们稍早一点，从 2013 年开始做，当时就叫"阳光厨房"，只不过全国很多地方的"明厨亮灶"是简单的玻璃隔断，台州市的"阳光厨房"当时就用了信息化手段。2017 年 6 月，中央社会治安综合治理委员会办公室（简称"中央综治办"）的全国"雪亮工程"建设推进会在山东临沂召开，会议通过视频连线全国各地"雪亮工程"建设经验，浙江省推选了两个典型经验，一个是丽水市的市域社会治理，一个是台州市的"阳光厨房"。在 2014—2017 年，台州市投入资金 2700 万元，在餐馆、学校和单位食堂、连锁经营餐饮总部、中央厨房、集体用餐配送等六大重点餐饮业态建成 2171 家"阳光厨房"，安装高清摄像头 9246 个，实现厨房操作公开透明，老百姓可以看到原料清洗、食品专间、切配、烹饪、餐具消毒等环节的操作。这就是台州市

"阳光厨房"的雏形。

张晓： 餐饮单位的后厨从"闲人免进"变成对外"现场直播"，相当于装上了上千双"雪亮的眼睛"。

林胜甫： 是的。我是2012年年底从部队转业到地方工作的，以前在部队，我的兵种属于信息作战部队，就是雷达部队，深感先进信息技术是现代战争的"千里眼""顺风耳"。当时我们开始推行"明厨亮灶"的时候，我想还是要用信息化的手段去做。

张晓： 以信息技术为支撑，让社会公众广泛参与，是"阳光厨房"发挥"阳光化"作用的重要条件。

林胜甫： 的确是这样！食品安全状况是动态的，餐饮单位的后厨是重中之重，在建设"阳光厨房"初期我们就提前思考，如何更好地将"阳光厨房"利用起来，"互联网+"、现代信息技术的应用是必须的。台州市早期的"阳光厨房"建设以视频直播方式为主，将摄像头以互联网专线接入台州市市场监管平台，监管人员可以实时监控餐饮单位后厨人员操作情况，店内录像可保留15天，在执法检查中，可以调取作为证据固定，倒查企业是否规范操作，这大大缓解了监管实践中人少事多的矛盾。另外，消费者对食品安全关注度越来越高，我们要向广大消费者借力，所以在向消费者公示"阳光厨房"方面采取了三项措施，一是在餐饮集中街区设立户外大型显示屏，滚动播放街区内餐饮单位"阳光厨房"的实时画面；二是建立台州阳光餐饮微信公众号，进行餐饮单位证照信息公示，接入"阳光厨房"视频，消费者可以通过微信查看"阳光厨房"单位后厨情况，发现违法违规行为，可在平台内进行举报；三是与外卖平台合作，在外卖商家页面播放"阳光厨房"视频，引导消费者选择性点餐，打击外卖黑作坊，扶持正规商家。

张晓： 看来台州市的"阳光厨房"建设得益于实施"雪亮工程"过程中的一些经验和体会。2013年至今，台州市的餐饮食品安全治理实践从"阳光厨房"到"智能阳光厨房"，从1.0时代逐步走到2.0时代，在哪些方面实现了迭代升级？

林胜甫： 首先是技术应用的迭代升级。现在的"智能阳光厨房"有物联感知能力，可以感知后厨的中央温度、冰箱温度，可以对后厨关键操作环节的违规行为进行自动抓拍，可以对非后厨工作人员的外来人员进行自动识别，健康证过期也可以自动报警，厨房有了智能化的功能。其次是应用面的拓展拓宽。比如校园食堂的"阳光厨房"全覆盖，按照国家市场监督管理总局"校园食品安全守护行动"的要求，浙江省将在 2022 年实现学校食堂、校外供餐单位"互联网＋阳光厨房"全覆盖，台州市 2019 年已实现公立学校食堂"互联网＋阳光厨房"，2021 年实现所有学校（园）"互联网＋阳光厨房"全覆盖，包括民办学校、农民工子弟学校、民办幼儿园。另外，把"智能阳光厨房"向网络订餐、街区餐饮、农村家宴三大应用场景推广，也是我们新时期的工作重点。

张晓： 公立和民办的学校（幼儿园）食堂实现"阳光厨房"全覆盖，同时"智能阳光厨房"引入农村集体聚餐食品安全治理，并在网络订餐、街区餐饮深化应用，是很不容易的事情。科技的进步与渗透，让全社会都在经历技术普惠所带来的变革，这一点，台州市的实践很有说服力。

林胜甫： 我们是一步一步走过来的，每一个阶段都有重点难点。从全国来讲，近年来网络订餐的乱象比较多，亟待治理。自 2018 年以来，台州市的人大代表、政协委员每年都有关于网络订餐的提案，除了食品安全问题，网络订餐还关系到骑手安全问题、道路交通问题，市委、市政府非常重视，这是一个民生问题。从 2018 年开始，我们就思考怎么把网络订餐的食品安全问题解决好。我们首先考虑的是：消费者点外卖和到店里堂食有什么区别？点外卖可能比堂食会有更多不满意的问题出现，实际上，网络订餐平台上的大部分商家在线下都经营堂食，为什么消费者在堂食的时候没有这个或者那个问题，但是一旦转移到线上就出现那么多问题呢？

张晓： 很多问题是由于信息不对称引起的。

林胜甫： 是的，消费者到店里来，会对餐饮店的环境有一个比较直观的感受，感觉符合自己的消费需求，就坐下来吃，如果感觉不好，可能就不会进去了。但在线上就没有这种直观、真实的体验，即使商家的菜品图片很漂亮，看起来让人很有食欲，但是外卖送出的餐食可能差别比较大。社会上关于外卖的负面新闻很多，比如，有一些商户在平台页面上展示的图片非常光鲜亮丽，实际的餐食加工可能是在环境非常差的小出租房里，网络空间的虚拟性给黑作坊提供了隐蔽的场所。因此，我们认为应该做远程的工作，通过"智能阳光厨房"让消费者看到店里的实际情况，点外卖的时候也会更加放心。

张晓： 网络订餐平台上的商家大部分是小餐饮，针对这些商家推广"智能阳光厨房"有难度吧，建设费用由谁出？

林胜甫：这项工作很难做，投入经费是首先面临的问题。这几年省市两级都把"阳光厨房"建设列入为民办实事项目，但是以前没有把网络餐饮市场主体"阳光厨房"纳入其中。台州市从2018年起在玉环市率先试点，在玉环市的全部入网商家中推行"阳光厨房"。根据《浙江省关于贯彻落实〈浙江省电子商务条例〉〈浙江省食品小作坊小餐饮店小食杂店和食品摊贩管理规定〉强化网络餐饮食品安全监管的意见》，自2022年1月1日起，全省所有实行登记管理的小餐饮店新入网从事网络餐饮服务的，都需要在上线前按规定建成"阳光厨房"，以视频形式在网络餐饮平台实时公开食品加工制作现场。这项政策对于整个网络订餐治理很有好处，有震慑作用，企业主体责任会得到更好的落实。

张晓：民生实事项目对于促进"阳光厨房"建设很有帮助，分担了商户的成本压力。

蔡武韬：在全面推广"阳光厨房"建设之前，我们首先解决的问题就是如何大幅压缩需要商家承担的成本费用，如果费用高的话，就无法全面推广。原来建设一家"智能阳光厨房"需要投入1000元，现在降到300元，商家只用花钱买摄像头，安装费和维护费都由政府打包统一支付。"阳光厨房"是存在故障率的，如果让商户承担维修费用，他对这个事情的评价就不会特别好。现在台州市的做法是，如果某家店的经营地址换了，从A地址迁到B地址，只要摄像头在，施工队可以免费上门帮助商户重新安装，这个费用全部由政府买单。商家的成本压力小了，接受度才会提高，我们推进的难度也就降低了。

张晓：在网络订餐综合治理中，"阳光厨房"建设和外卖封签两大项都是需要投入的，"阳光厨房"通过财政投入解决了商户的一部分费用问题，那么外卖封签的成本费用谁来承担？

林胜甫：外卖封签是在配送过程中保障食品安全的一个手段。"阳光厨房"解决"看得见"的问题，外卖封签解决"不能看"的问题，如果把这两个问题都解决好了，在很大程度上就解决了消费信任的问题。浙江省和全国其他地方都在大力推行外卖封签，大家普遍遇到的一个难题就是封签的成本由谁来承担。这个小小的封签，台州市花了不少心思去做。

张晓：台州市的做法是什么？如何让外卖封签的使用更可持续？

林胜甫：封签是有印制成本的，最早的时候平台提供过一些外卖封签，但是要持续形成规模效应，让平台出钱不太现实，平台要算成本；让商家出钱也不现实，除了封签印制成本，还需要人工贴封签，商家不愿意；让政府出钱也不行，封签的数量、投入很难科学精准地测算，很难立项。所以我们想来想去，决定尝试采用第三方合作机制，用广告招商的形式，让市场来运作。简单说就是鼓励第三方和有广告需求的企业合作，在外卖封签上做广告，通过广告费来运作外卖封签，让消费者得实惠。经过一年的试点，广告收入与封签投入基本上能够维持平衡。随着规模效应不断扩大，我们觉得广告运营商和广告业主的收益会越来越好，积极性也会越来越高。外卖封签可以把广告植入千家万户，这样的广告效应要高于在街头发传单的广告效应，传播面广，目标人群也更精准。这项工作在玉环市试点，目前运作比较顺畅。

张晓：把外卖封签作为一种传播媒介，像是一种移动的"分众传媒"，的确是有可行性的。玉环市具体是怎么操作的？

谢妍：玉环市一年的外卖订单总量大概是850万单，封签的使用量大概在1200万份，印制封签的费用一年约70万元，之前我们和平台沟通，平台一开始愿意承担一部分，美团外卖和饿了么各印了10万份，支持我们做试点，但是一两个星期就用完了。很多县（市、区）也都是印了一部分做宣传，后来都戛然而止了，无法长期保障。2019年，我们尝试广告招商的模式，市场监管部门充当"老娘舅"的角色，促成广告公司和美团外卖、饿了么签订协议，通过在封签上面打广告，由广告公司负责广告招商，通过广告运营获得利润，并承担封签印制费用，消费者和商家都是免费使用。目前，玉环市1800家商户实现了外卖封签全覆盖。

张晓：这是一个政府引导、市场主导的模式，很不错。广告公司与平台的协议，约定的主要内容是什么？如何保障封签落地？

谢妍：协议其实很关键，相当于规则设定。根据协议的责任约定，广告公司每个月须足量交付封签，如果不能按约定数量供应封签，广告公司按一天2000元赔付给两个平台；如果平台没有把封签发到门店或者骑手取餐的时候没有督促商家贴封签，平台须按每单20元赔偿广告公司。

张晓：这是一个互相制约的机制。但是就违约赔付条款而言，对于商家漏贴封签的责任追究是很难的，如果消费者不投诉，如何知道商家漏贴？

谢妍：如果商家漏贴了，其实我们是不知道的，广告公司没办法监督到位，也无法获得每单20元的赔付。我们想了一个全民监督的办法，在我们的微信公众号上开设"外卖封签有奖监督活动"的固定栏目，设立了专门的投诉举报奖金，发动消费者参与监督。消费者收到外卖发现没有贴封签，或者封签贴得不规范，可以通过微信小程序投诉，市场监管部门在后台看到投诉后，在1分钟内就会给他兑付话费奖励。一开始奖励标准是每单投诉20元，后来封签投诉量越来越少，标准提高到每单50元。这笔费用由平台支付，平台付了钱，会觉得心疼，才会督促骑手在取餐的时候要确保有封签，没有封签就不要取餐，如果发现商家的封签不够了，骑手可以报告平台，及时发放到位。

张晓：台州市的做法"见物又见人"，党建引领，让外卖骑手成为一支生力军。刚才我们谈了"阳光厨房"建设和外卖封签推行在持续投入上的可行性问题，现在想谈谈"阳光厨房"运行的有效性问题。"阳光厨房"建成后，怎么用起来？怎么用好？

蔡武韬：首先是打通信息公开渠道。最开始美团外卖和饿了么都没有开放端口，平台仅公示入网商户的证照信息，消费者在点餐页面不能看到"阳光厨房"。我们之前想过在市场监督管理局的微信公众号公示后厨，但是经过讨论，觉得没有可行性，因为消费者不可能在点餐的时候从平台转到另一个平台查看后厨，直接有效的方法就是在平台的点餐页面，直接进入商家的线上店铺查看后厨。经过了一年多的商讨，我们与美团外卖、饿了么打通了这个端口，在证照公示的旁边添加了一个"阳光厨房"的端口，消费者点进去就能直接看到后厨的视频。在线下门店，我们张贴了"一店一码"店铺专属二维码，如果消费者到店里堂食，扫码就可以看到这家店后厨的视频直播，也可以查看商户的证照、食材进货台账、自查报告以及我们的监督检查记录。

张晓：公开、透明、可视，让消费者能够明白消费。

蔡武韬：是的，信息公开渠道打通后，我们进一步与美团外卖、饿了么沟通，在平台设立了"阳光厨房"的公示专区，也就是品质联盟专区。这个专区把所有公示后厨的商家汇集起来，引导消费者去这个板块点餐。这对于商户来说有一定的吸引力，通过公示后厨，获得消费者信任，获得更多订单，这是"阳光厨房"最直接的实惠。对于还没有安装"阳光厨房"的商户，我们结合台州市的"食安你我同查"活动，邀请消费者代表、代表委员、媒体记者一起走进实体店，看看它们的后厨是什么样的，我们联合电视台进行现场报道，每一期活动的社会关注度都比较高，这对"阳光厨房"是很好的宣传，让商户的建设意愿进一步提高。

张晓：平台对于打造品质联盟专区的意愿如何？

谢妍：平台的订餐页面上有很多分门别类的内容，比如夜宵、烧烤，品质联盟专区只是各个类别里增加的一个小板块，比如进入小龙虾板块，里面的商户都是卖小龙虾的，那么有"阳光厨房"的小龙虾商户是其中单独的一个板块，比较有意识的消费者可以选择优先在这个板块下单，只是这个栏目的位置比较隐蔽。我们之前和平台商量，能不能把品质联盟专区放在首页或其他比较明显的位置，平台不愿，首页的位置是要对外招商付费的，我们能理解，在商言商，这是平台的经营模式。

蔡武韬：对于打造品质联盟专区这项工作，美团外卖、饿了么总体还是支持的，平台对于入网商户的品质也有要求，进入品质联盟专区的商户，就相当于平台上的品牌店。

张晓：设立品质联盟专区是一种激励手段，要做好一件事情，激励与约束机制很重要，对于做得不好的商户，如何约束？

谢妍：我们主要针对商户推行记分制管理。在监管部门的日常检查中，对于餐饮店的轻微违法违规行为，一般不会进行行政处罚立案，而是以口头告知为主。但是口头告知的效力非常小，商户如果不整改，也没办法。因此，我们借鉴驾照式记分管理办法，对有轻微违法违规行为的商户进行累计扣分，比如，检查发现1次生熟混放行为扣1分，累计扣分25分，监管部门就抄告平台，平台将该商户下架，监管部门通过"红黑榜"向社会公示。

张晓：这种公示就相当于消费预警，对于倒逼商户整改是很有效的措施。

谢妍：是的，执法人员每次检查后，执法终端里都会生成一张电子表单，记录需整改的问题，每个问题都附一张照片作为固定证据。商户可以从众食安 App 的企业端登录，查看自己本次检查被扣了多少分、累计被扣了多少分。监管部门也会给商户发送短信提醒，告知本次检查的结果、本次被扣分值以及年度累计扣分情况。累计扣分一年清零一次。以后我们准备增加一个学习模块，商户可以通过学习抵扣违法扣分。

张晓：我们不是以让违法违规的商户下架为目的，还是需要督促商户主动整改问题、主动提高食品安全管理水平。

谢妍：是的。为了推行记分制管理，我们还专门组建了一支巡查队伍，我们叫外巡组，专门负责每天对网络订餐入网商户进行巡查，发现轻微违法违规行为，就在记分软件上进行记分；如果发现较大食品安全违法线索，外巡组向监管组报告，由监管组跟进立案督察。这支巡查队伍是由监管部门聘用的合同工，是经过市委常委会专题讨论后确定组建的，专门给了8个名额，类似协管员，他们主要针对网络订餐最多的主城区专职开展商户巡查工作。

张晓：在"记分制＋红黑榜"管理过程中，信息公示是一项很重要的机制。其中，平台入网商家的证照信息是基本的公示内容，如何做到线上线下信息公示一致且准确？

谢妍：商家证照信息的线上线下匹配是一个难题。玉环市主城区共有690家入网商家，已建成"阳光厨房"的有587家，以美团外卖为例，目前该平台已有92%的入网商家上线"阳光厨房"，但只有70%的商家线上线下证照信息能够匹配，大约20%的商家证照信息无法导入，主要是因为浙江省已实行证照合一，"三小一摊"已经没有登记证了，只有一张营业执照，而全国大部分地区没有实行证照合一，美团外卖总部后台的匹配逻辑还是按照一证一照设计的，通过识别证照号进行匹配。对于证照合一的商家，后台导入数据的时候就认定为许可数据重复，不能公示两张一模一样的营业执照，所以作为问题商户不予匹配上传。还有证照及时更新的问题，小餐饮流动性大，一个店可能这个月是张三开，下个月就转给李四了，李四的证照没有及时更新，平台上还是张三的证照。因此，我们前期在平台进行排查，督促店主在平台上更新证照信息。排查的时候，我们根据平台上的地址和电话联系店主，而不能根据平台上的证照信息来排查，证照信息错误的概率比较大，但地址不可能是错的，错了骑手就取不到餐了。

张晓：这么细致的工作，你们很用心。我相信，线下的问题线上显现，线上的问题线下解决。台州市的"阳光街区"创建工作对于净化网络订餐环境起到了积极的推动作用。

蔡武韬：现在越来越多的餐饮向街区、商业综合体聚集，区域的餐饮集聚度越来越高。仅椒江区就有上千家餐饮店，按传统的监管方式，"基层人少、事多、管理不过来"的问题肯定是不可避免的。我们一直思考，要在一个街区或者商业综合体里形成网格化的共治区域，全市形成若干个这样的网格区域，用打包的方式，由商管、餐饮店、监管部门、行业组织等各方推举的代表一起结成联盟，共同参与区域内的餐饮安全治理。这项工作开始的时候，我们在椒江区试点，前期工作做得很扎实，事先针对街区和综合体餐饮治理的共性设计了规则，充分征求各方代表的意见，然后针对各个区域、各类业态的不同特点，和各方代表一起商讨、风险在哪里、怎么管好整个区域的餐饮安全，这样就提高了工作效率。

张晓：过程的质量决定结果的质量。有了共商共议的过程，各方才会达成共识、一致行动。椒江区作为试点，具体的做法是什么？

刘超群：椒江区自 2021 年 2 月开展"阳光街区"创建以来，青悦城、万达等商圈的所有餐饮单位已实现"智能阳光厨房"建设全覆盖，监管、商管、企业和公众四位一体的"数字餐饮"智治街区管理系统也已投入运行。为了推进主体食品安全责任落实，我们指导街区的商管方和餐饮单位成立餐饮单位安全自治委员会，签订自治公约，建立月考制度。具体就是，由商管、监管、协会、企业和志愿者多方选出代表组成"考官小组"。每月对街区（综合体）里的餐饮单位进行评价、排名，考虑到不同业态的可比性不强，椒江区采用"一业一标"的评价机制，按中餐、西餐、小吃、饮品四个类别分别进行评价和排名。月考的时候分成四个组，考官小组的标准工作程序是拍照、取证、打分，最后得到四张评分表、排名表。为了公平起见，每次月考都由四个业态各出一名代表加入考官小组，每个扣分点都拍照留存，餐饮单位如果对结果有异议，可以在三天公示期内申请复议。

张晓：阳光操作。评价结果怎么用呢？

刘超群：每个月的评价排名结果我们都会公示，街区和综合体里面都有集中公示的大屏，餐饮门店的门口也有公示栏，显示门店在本月排名中的名次，比如，中餐馆一共 20 家，本店本月排名第几名之类。

张晓：商管、商户怎么看待排名？

刘超群：第一次排名的时候，有些商户不重视，但是等排名公示挂在店门口之后，他们的态度就变了，第二次月考的时候，商户都来问评价到底是怎么弄的。商管也很欢迎，他们看到成效了，例如我们打了两个月的分，4 月份的平均分是 75.92 分，到 5 月份就 80 多分了，万达广场从 77.7 分提高到 80.1 分。肯德基门店有一次排到了第九名，杭州肯德基有限公司的人就过来把椒江区肯德基分店的扣分项一条一条仔细地对了一遍。从这一点来看，我们的评价和排名还是非常有用的。

张晓： 品牌连锁企业有成熟的管理模式，有很多管理体系认证，所以比较自信，但是监管部门在检查过程中还是会查出这样那样的问题，说明企业自有管理标准和监管标准之间存在差异。台州市在推行上述评价工作时有没有感受到这种差异？如何缩小这种差异？

刘超群： 有差异的，行业标准、企业标准和我们的监管要求不一定完全一致，我们的评价标准是根据法律法规、监管要求制定的。有些餐饮单位实际上不太懂什么是食品安全管理，所以我们需要做很细致的工作，月考的检查评价标准制定出来以后，首先按照"一店一策"的方式对商户进行培训、指导，让他们理解这套标准，明白自己要怎么做才能达标，培训指导工作之后才进行检查评价；检查完之后，四个业态类别组每一组还要开一次食品安全问题分析会议，最终还是要让大家能够提升食品安全管理水平。坚持做了几个月，整个商圈的食品安全状况得到了很明显的提升。

张晓： 这样的做法有利于推动政府的合规性监管与企业的监管性合规越来越同向同频，避免监管与企业主体实际"两张皮"问题。在监管实践中，"两张皮"问题普遍存在，网络订餐治理的线上线下"两张皮"，其中的关键因素是监管方与平台方是否能形成协同治理的机制，对此台州市有何解法？

蔡武韬： 网络订餐食品安全监管，我们常说"以网管网"，监管部门通过线上监测发现问题，再把这个问题推送给平台，让平台告知商户去整改，监管部门同步进行线下核查，我们每个月都有一份线上监测报告。但是这些还不足够，关键是要顺应平台经济发展的趋势，与平台合作共赢，把平台引到规范、健康的发展道路上。我和美团外卖、饿了么的有关负责人交流，正因为平台的出现，为监管部门提供了一个提升小餐饮治理工作的契机，这是我们一直以来想解决又没有解决好的问题。平台上入网经营户以小餐饮居多，分散、规模小、变化快，据统计每年小餐饮的更新淘汰比例达到39%。平台把这么多散落的商家集聚起来，就像商场里的经营户，平台的角色就像商管，它就是商户的"老娘舅"，有平台自治的责任，也有与监管部门协同共治的义务。

张晓： 平台经济是一个复杂的生态系统，需要构建与之相适应的开放共享、多元参与的良性协同治理机制。台州市监管部门与平台之间的政企合作在网络订餐治理中发挥了很好的作用，能否举个例子？

蔡武韬： 2021年，我们与美团外卖合作开展餐饮在线培训，计划每月开设一堂 45 分钟的在线培训，上个月组织了第一期，将近 9000 人在线参加，如果是线下培训，一两百人参加就不错了。这个培训是全开放的，我们和平台事先会做一个预热海报，上面有二维码，商户、外卖骑手、消费者都可以扫码进入线上课堂。美团外卖觉得这个培训对于平台的形象提升很有好处，而且那么多人参与，对平台引流、培育用户也有促进作用。从监管的监督来看，平台的食品安全管理员、入网商户负责人每年须完成 40 小时以上食品安全培训，每月一次网上培训，再加上平台、商户其他形式的学习培训，都可以算学时，40 小时以上的培训要求就不难达到了。找到了这个契合点，我们双方合作的沟通就很顺畅了，美团外卖现在很积极，把全年的线上培训计划都排好了。从与平台的政企合作中我们体会到，要从不同的方面把平台的积极性调动起来，把平台的资源充分利用起来，让它们和我们同向同行，让平台带领每一户入网商家规范健康发展，线上反哺线下、线下促进线上，

张晓：餐饮业关乎千家万户，大家的事大家办。和诸位交谈，我很兴奋，关于食品安全共治这个老生常谈的话题，我从台州市的实践中学到了新的知识，每一步所思所行，都是对我的"无知"的一种补充。

6

从农村信用体系建设到
食品安全金融联手信用工程

——"丽水山耕"十年进阶

　　社会信用体系是社会主义市场经济的基础性制度安排，也是国家治理体系和治理能力现代化的重要内容。食品领域信用建设是社会信用体系建设的组成部分，是提升食品安全治理能力的新抓手。近年来，随着食品等重点领域信用建设不断深化，实践中的难点、堵点、痛点问题日益显现，比如，信用信息标准的统一规范、数据归集责任主体的明晰、信用信息的有效共享和运用、信用等级的确认、地方信用制度的建立、信用惩戒的合理边界、征信制度的完善等。其中，建立征信体系，对于识别和监测信用风险、确保守信激励和失信惩戒机制有效运行至关重要。

　　食品安全金融征信体系建设是浙江省建设"信用浙江"、推进食品安全治理能力现代化的一项制度创新，通过探索建立食品安全征信制度，将食品安全信息纳入金融征信体系，借助金融杠杆力量，实施差异化信贷政策，强化食品生产经营主体诚信自律意识。2015 年 3 月，浙江省食品安全委员会办公室、中国人民银行杭州中心支行先行在信用建设基础较好的丽水市开展试点；2016 年 2 月，在总结试点经验的基础上，全省全面铺开；2018 年，农村信用体系建设被纳入浙江省委全面深化改革领导小组年度重点突破的改革项目，浙江省食品安全委员会出台《关于全面推进食品安全金融征信体系建设的指导意见》，全面部署农村食品安全金融征信体系建设试点作用，并推动浙江省信用"531X"工程在食品安全领域的应用实施。

2015年3月以来，丽水市充分利用全国首个经央行批准的农村金融改革试点的优势，依托丽水市信用信息服务平台，扎实推进食安金融联手信用工程试点工作，将食品生产经营者信用情况纳入金融信用体系建设，在夯实信用基础建设、拓展信用应用场景、打造特色信用品牌、完善信用监管体系、加强信用文化建设等方面进行了积极探索。

一、从农村金融改革中走出来的信用治理

（一）农村金融改革试点，为何是丽水

丽水地处浙江省西南部，市域面积1.73万平方公里，是全省陆域面积最大的地级市（占全国的1/600，全省的1/6），全市90%的辖区面积以上是山地，素有"九山半水半分田"之称。截至2021年年末，全市常住人口251.4万人，其中，城镇人口157.1万人，农村人口为94.3万人，城镇人口占总人口的比重（即城镇化率）为62.46%，低于全国平均水平（64.7%）。

丽水市是农业大市。截至2021年年末，农业产业化组织1603家，县级以上农业龙头企业403家，有效期内绿色食品达269个，地理标志农产品累计达19个，已形成食用菌、茶叶、水果、蔬菜、中药材、畜牧、油茶、笋竹、渔业九大生态精品农业主导产业；累计创建省级美丽乡村示范县5个、示范乡镇68个，特色精品村174个，共有农家乐（民宿）3507户，餐位20.26万个，床位4.43万个，从业人数2.9万人。2021年年末，金融系统涉农贷款余额1691.59亿元，较2020年增长23.6%；其中，农户贷款余额915.34亿元，较2020年增长16.3%。

丽水市也是生态大市。丽水市拥有浙江省最大的林区，森林覆盖率达81.7%，林地面积达2076.3万亩，森林蓄积量近1亿立方米，素有"浙南林海"之称。森林是最大的"富民"资源，以每亩山林价值1000元计算，理论上能够

盘活的资产总量超过 210 亿元。然而现实是，由于金融服务的缺失，山林不能流转，更无法变现，林农只能揣着林权证，"守着金饭碗讨饭吃"，这片绿色资产长期处于沉睡之中。为了让"沉睡"的森林资源成为可以变现的资产，丽水市于 2006 年启动林权抵押贷款试点，构建多层次农村金融体系，实施三项金融支农惠农工程，一是以破解农村抵押担保物缺失问题为目标、以林权抵押贷款为重点的"信贷支农"工程；二是以破解银行和农户信息不对称问题为目标、以农村信用体系建设为重点的"信用惠农"工程；三是以破解农民取现难问题为目标、以助农取款服务为重点的"支付便农"工程。

要解决金融机构创新林权抵押贷款的制度、林权的登记评估流转、政策保障等一系列体制机制问题，不仅涉及政策、资金、机构、人员等诸多要素，而且涉及党委政府、林业、银监、金融机构、农户等诸多主体。丽水市将金融创新与深化集体林权制度改革有机结合，以"多平台建设、多品种覆盖、多政策推动"的方式开展林权抵押贷款工作。针对林权抵押贷款的特点，由中国人民银行丽水市中心支行牵头，协调相关部门和金融机构，推动当地林业部门建立市、县两级林权管理中心、森林资源收储中心（下设林权担保基金，为林权抵押贷款提供担保）、林权交易中心和森林资源调查评估机构（以下简称"三中心一机构"），建立统一的林权流转与抵押贷款融资服务平台，将林权的确认、登记、变更、备案，林权流转供求及市场交易行情等信息的收集和发布，森林、林木、林地流转的招标、挂牌、拍卖等交易行为，森林资源调查及林权资产评估的组织实施，以及林权抵押和收储管理等各环节的工作，均纳入平台体系，为林权抵押工作夯实了基础。

为保障林权抵押贷款可持续发展，中国人民银行丽水市中心支行在制度建设、政策保障、信用环境等方面率先打好基础。一是构建农户信用信息数据库，将全市农户信用信息纳入数据库，实施农户信用评级；二是落实财政贴息、风险补偿、业务考核等政策措施，调动金融机构的积极性；三是搭建多层次担保体系，包括由政府出资的涉农担保公司、商业融资担保公司、行业协会或专业合作社发起的合作性担保组织、村级互助担保组织等四个层次。其中，村级互助担保组织是一个很重要的环节，以"产权＋村级担保"形式开展农村产权抵押贷款，有效发挥村集体资产可在村内流转、村干部对抵押物资产价值信息对称的优势，在当时的历史条件下，对于规避农村产权抵押贷款法律障碍、解决不良贷款处置难问题等方面起到了积极作用。担保环节不仅帮助农户解决了融资难的问题，而且降低了农户的融资成本，以龙泉市为例，农村信用合作社发放由"惠农担保合作社"提供担保的贷款，结合农户信用等级等情况实行优惠利率，按同期同档次基准利率上浮28%执行，比其他农户担保贷款少上浮了100%以上。

2009年4月，由中国人民银行总行共5个部门在丽水市联合召开全国金融支持集体林权改革和林业发展现场会，推广丽水经验。2010年7月，中国人民银行总行发文批准丽水市在全国率先开展银行卡助农取款服务试点。2010年8月，中国人民银行总行牵头多个部门在丽水市召开全国农村信用体系建设工作现场交流会，"丽水模式"基本成型。2012年3月，中国人民银行和浙江省人民政府联合发文，决定在丽水市开展农村金融改革试点，丽水市成为全国首个经中国人民银行批准开展农村金融改革试点的地区。

（二）食品安全信用体系试点，有何基础条件

根据《丽水市农村金融改革试点总体方案》，丽水市农村金融改革试点的目标是通过探索创新农村金融组织体系、完善农村金融基础设施、加强金融产品及服务创新、优化农村金融生态环境等内容，为广大山区探索出一条可持续、可复制、城乡金融服务均等化的普惠型农村金融发展之路。

长期以来，银行与农户信息不对称、农村信用体系不健全等导致了银行"难贷款"与农民"贷款难"的问题。农村信用体系建设是农村金融改革试点取得成功的决定性因素，这项工作政策性强、涉及面广，影响到农村千家万户，工作难度和复杂程度很高。2009年，丽水市成立专门工作小组，由中国人民银行丽水市中心支行牵头制定农村信用评价标准和量化指标，着力解决农户信用等级评定、农户信用数据管理中心建设和金融机构授信贷款三个问题。

1. 以农户信用信息采集为基础，实施"信用惠农"工程

银行小额信贷能够顺利抵达无抵押物且分散的农户，农村信用体系建设是不可或缺的前提条件。据调查，银行在农村增设一家物理网点，一次性投入约60万元，每年营运成本需30万元以上；若设置一个流动网点，每年成本需20余万元。另据调查测算，一名信贷员往返丽水市区到村子，需要花费一天时间，费用在500元左右，而一笔贷款从提出贷款需求到发放，还需要信贷员跑至少三趟。在此情况下，如果仅为个别农户提供贷款且贷款金额小，银行的贷款成本会

很高。并且，因为农户信用信息不健全，所以银行普遍认为放贷给农户的风险很高。

经过综合研判，丽水市认为，在市场化条件下，如何在保障金融机构商业利益可持续的同时，提高其为"三农"服务的意愿，很重要的前提是由各级地方政府搭建一系列平台来加强农村金融基础设施建设，包括支付环境、信用环境、物理网点、法治环境等，形成促进金融机构服务"三农"的体制机制和技术体系。

2009 年，丽水市协调组织相关部门抽调 17265 名机关、乡镇和村干部，组成 3453 个农户信息采集小组、198 个农户信用评价小组和 3 个业务指导小组，在全市范围内开展地毯式农户信用信息采集和信用等级评价工作。丽水市成为全国第一个实现行政村农户信用评级全覆盖的地级市。

2. 以农村信用信息服务平台为依托，推进信用体系"四级联创"

为破解银行和农户信息不对称问题，2010 年，中国人民银行丽水市中心支行研发并上线第一代"农户信用信息系统"，在全国率先建立了市、县两级联网的农户信用信息数据库。在实现农户信用信息电子化建档的基础上，丽水市提高了农户信用信息采集效率，优化了平台服务功能。金融机构依托农户信用信息数据库开展"整村批发"农户贷款业务，不仅节约了物理网点的建设成本，而且简化了贷前调查、资产评估等环节的工作，大大提高了贷款发放效率，有效拓展了面向"三农"的金融服务。

2016 年，中国人民银行丽水市中心支行对第一代平台进行全面升级，建立了一个涵盖农村居民和农村经济组织两大主体，具备信息征集管理、信用评价应用、联合激励惩戒、风险监测预警、信用综合查询、数据分析统计六大功能的第二代农村信用信息服务平台，实现了基本信息、生产经营信息、资产负债信息、公用信用信息等四大类信息的全面整合共享。2018 年 9 月，"丽水市信用信息服务平台"正式上线，进一步整合企业及居民的政务信用信息、行业信用信息和金融信用信息，构建集风险预警、融资对接、精准扶贫、企业培育等功能于一体的升级版信用信息服务平台。

截至 2021 年年末，丽水市信用信息服务平台的功能扩展至 60 多项，实现市场监管、税务、法院、社保、农村产权、电力公用事业等政府部门和银行机构信用信息共建共享，18～60 岁农户、农村企业、农村经济组织等涉农主体的信用信息电子建档全覆盖。其中的"新型农业经营主体数据管理子系统"完成了丽水市近 2 万家新型农业经营主体信用信息建档工作，并设立了覆盖市级以上农业龙头企业、市级示范性农民专业合作社和省级示范性家庭农场的培育池，同时建立涵盖 180 家主体的重点支持名录，方便了金融机构一对一精准扶持。

2020 年以来，丽水市农业农村局联合丽水市各地银行推出"免担保、纯信用、小额度、广覆盖、低门槛"的农户小额普惠贷款产品，依托农户信息采集大数据及授信模型，通过给予无差别基础授信额度，将违法、失信等负面清单以外的 18～65 岁的农民全部纳入农户小额信用贷款授信清单，成为普惠额度的享受对象，以整村授信的方式发放到信用村和信用户，每户均可享受 3 万～5 万元基础授信，让一大批"资质差、资产少"但"信用好、敢拼搏"的农民群体都能享受普惠金融，确保人人"贷得到"。截至 2021 年年末，全市授信服务农户、新型农业经营主体达 68.98 万户，全市农户信用贷款余额达到 215.94 亿元，2019—2021 年持续保持 30% 以上高增速，全市 3 万元以上额度的农户信用贷款授信行政村覆盖率 100%、符合条件农户覆盖率 100%。

丽水市建立信用户、信用村、信用乡镇和信用县"四级联创"机制，截至 2021 年年末，评定"信用户"44 万户，占比 85%；"信用村（社区）"790 个，占比 39%；信用乡（镇）街道）45 个，占比 26%；信用县 2 个（云和县、景宁县）。

3. 以绿色金融创新为引擎，拓展农村信用体系建设成果运用

自 2012 年开展农村金融改革试点工作以来，丽水市从林权抵押贷款等金融改革切入，积极推进农村信用体系建设成果运用。一方面，疏通价格机制，增加信用"含金量"，引导金融机构在农村地区广泛开展"整体授信"业务；另一方面，强化联动机制，拓展应用场景，将信用体系建设成果运用于食品安全、交通运输、乡村基层治理等领域，有效发挥信用体系建设在助推社会治理方面的积极作用。2016 年，中国人民银行丽水市中心支行与丽水市市场监督管理局就企业信用信息共享与联动协作签署合作协议，将市场监管部门的企业登记信息、行政处罚信息、经营异常企业名录、严重违法企业名单等信息纳入丽水市中心支行的信用信息数据库，扩展了征信体系的数据范畴，实现了部门资源共享和优势互补，为部门联合开展企业信用监管提供了新的模式，也为金融机构支持实体经济提供信息查询和风险预警服务。

2019 年，丽水市被确定为全国首个生态产品价值实现机制试点市，围绕生

态产品价值实现"抵押难、交易难、变现难"等核心问题，创新推出"三贷一卡"金融创新产品和"一行一站"绿色金融创新服务体系。"三贷一卡"是指将林权、生态系统生产总值（GEP）未来收益权等生态资产作为抵质押物的"生态贷"，将"绿谷分"等生态信用信息运用于信用贷款的额度、利率、准入等授信审批流程的"两山贷"，基于区块链技术的"生态区块链贷"，通过建立农资补贴资金使用结算机制、鼓励农户肥药使用对标欧盟的"生态主题卡"；"一行一站"是指对符合认定标准的银行机构授予"两山"银行称号；立足于行政村全覆盖的银行卡助农取款服务点网络体系、协助开展生态信息采集评定以及"两山贷"等信贷产品宣传发放的"两山"金融服务站。截至 2021 年年末，全市"生态贷""两山贷"余额达到 250 亿元，使丽水市山区 200 多万农户有了信用资产，实现"穷可贷""富可贷"。

2021 年 7 月，《中共丽水市委关于全面推进生态产品价值实现机制示范区建设的决定》通过，要求体系化推进"丽水山耕""丽水山居""丽水山景""丽水山泉""丽水山路"等"山"字系区域公用品牌建设，以品牌赋能促进生态产品增值溢价。"丽水山耕"是全国首个覆盖全区域、全品类、全产业链的农产品区域公用品牌，随着其影响力日渐提升，加盟商不断增加，品牌信用危机日渐凸显。丽水市基于信用信息服务平台，将信用融入区域品牌建设，发挥信用信息整合和风险度量作用，规避"公地悲剧"现象，为促进"丽水山耕"品牌持续健康发展提供信用机制保障。

二、丽水市食安金融联手信用工程的实践探索

2015 年 5 月，丽水市食品安全委员会办公室（以下简称"市食安办"）同中国人民银行丽水市中心支行制定《丽水市食安金融联手信用工程实施方案》，以信用制度建设为核心，以信用信息管理平台建设为支撑，以信用记录、共享、披露和应用为主线，按照"政府推动、部门联动、先易后难、分批实施"的工作原则，实施食品安全金融联手信用工程建设试点工作，从建立部门联动机制、界定实施范围、规范信用信息管理、建立联合惩戒机制、明确惩戒内容及规则等方面搭建了食品安全金融联手信用工程 1.0 架构。

2018 年 12 月，丽水市食品安全委员会印发《全面深化食安金融联手信用工程实施意见》，根据国家信用体系建设和政府数字化转型有关要求以及《浙江省公共信用信息管理条例》有关规定，全面深化食品安全金融联手信用工程，推动浙江省信用"531X"工程在丽水市食品安全治理领域的应用，建设公共信用信息库和业务协同、数据共享、信用产品、信用工具等核心模块，升级打造食品安全金融联手信用工程 2.0，即对企业、自然人、社会组织、事业单位和政府机构等 5 类主体全面开展公共信用评价，建立信用档案，建立健全公共信用指标体系、信用综合监管责任体系、公共信用评价及信用联合奖惩体系三大体系，全面形成"531＋食安金融联合惩戒"架构，融入全省一体化公共信用信息平台，成为精准监管和联合奖惩的重要支撑。

（一）建立食品安全金融征信体系

1. 明确征信范围

根据 2015 年《丽水市食安金融联手信用工程实施方案》，农户、家庭农场、农民专业合作社、农业龙头企业、农贸市场举办者、农贸市场经营户等六类主体纳入食品安全金融联合惩戒范围。

2018 年出台的《全面深化食安金融联手信用工程实施意见》将原六类实施主体扩大至具有完全民事行为能力的自然人、法人和非法人组织，包括全市所有规模食用农产品生产者（家庭农场、农民专业合作社、农业龙头企业）、粮食流通经营者、食品生产经营者（含网络食品经营者、进口食品经销商）、食品相关产品生产经营者、餐饮具集中消毒企业、农业投入品生产经营者等涉及食品安全的生产经营者。这一扩展与《浙江省公共信用信息管理条例》相关要求实现了无缝对接。

2. 明确征信内容及来源

丽水市食品安全金融征信体系的信息内容包含：严重失信者（法人和其他组织）信息、严重失信者（自然人）信息、行政处罚信息、刑事处罚信息、监督抽检信息、违法广告信息六大项。信息来源（发布单位）主要包括农业、林业、水利、卫健、市场监管、粮食、公安、法院等部门。

针对原六类实施主体（农户、家庭农场、农民专业合作社、农业龙头企业、农贸市场举办者、农贸市场经营户）的征信工作，相关部门的职责分工如下。

第一，市食安办（市市场监督管理局）负责全市食安金融联手信用工程的具体实施、指导和督查工作，负责制订农户、农贸市场举办者及经营户联合惩戒实施标准（惩戒项目和计分标准），指导督促县（市、区）市场监管部门按时上报本系统实施主体的食品安全联合惩戒信息（不良信息）。

第二，市农业部门负责本系统农民专业合作社、农业龙头企业、家庭农场联合惩戒实施标准，指导督促县（市、区）农业部门按时上报本系统实施主体的食品安全联合惩戒信息。

第三，市林业部门负责本系统农民专业合作社、农业龙头企业、家庭农场联合惩戒实施标准，指导督促县（市、区）林业部门按时上报本系统实施主体的食品安全联合惩戒信息。

第四，市水利部门负责本系统农民专业合作社、农业龙头企业、家庭农场联合惩戒实施标准，指导督促县（市、区）水利部门按时上报本系统实施主体的食品安全联合惩戒信息。

第五，中国人民银行丽水市中心支行负责研发丽水市农村信用信息服务平台，将各类实施主体的食品安全联合惩戒信息纳入平台共享，并将食品安全联合惩戒信息纳入相应主体的信用等级评价体系，指导、督促各金融机构运用联合惩戒成果。

2018 年以来，根据《浙江省公共信用信息管理条例》和《全面深化食安金融联手信用工程实施意见》，按照"应公开尽公开，应征集尽征集"的原则，丽水市全面征集整理全市所有涉食生产经营者（自然人、法人或其他组织）的信用信息，归总至"丽水市公共信用库""丽水信用信息服务平台"等系统，然后将信用档案、信用评价等信用产品通过数据共享机制交换至金融机构，最后金融机构将使用情况反馈至监管部门，形成信息"产生—发布—交换—使用—反馈"的全链条闭环。

（二）制定食品安全金融征信操作规程

1. 规范信用信息管理流程

（1）信息的采集和整理

丽水市按照《浙江省公共信用信息管理条例》信息归集与公示要求，各部门依据本单位职责，将已定案的食品安全监督抽检信息（含抽检合格信息及不合格信息）、违法广告信息、行政处罚信息、刑事处罚信息、严重失信者名单等信息纳入采集范围。信息内容包括：信息发布单位、监管对象名称、监管对象统一社会信用代码（身份证号码）、监管事实、监管依据、监管结论、发布期限等。

（2）信息的报送和归集

按照"谁产生、谁负责、谁报送"的原则，相关部门将审核后的信用信息（含外埠监管部门通报的本辖区范围内涉食生产经营者的信用信息）通过本级政务服务网归集到本级信用信息平台，同时归集至"丽水市公共信用库""丽水信用信息服务平台"等系统。

（3）信息的公示和共享

采集的各类食品安全信用信息通过市公共数据交换平台汇总至丽水市数据管理中心，由市数据管理中心将行政处罚等信息通过政务服务网进行公示，并同步将所有信息交换给公共信用库，将数据脱敏处理后，通过丽水市公共数据开放平台按照数据开放规则实现信用信息共享。依据现行法规监督抽检和违法广告信息属于"提示信息"，刑事处罚和严重失信者信息属于"失信信息"，各类信息全部进入信息主体的信用档案。

（4）信息的使用和反馈

完善与金融系统的数据共享机制，通过丽水市信用信息服务平台等系统，及时推送信息主体的信用档案和信用评价等；各金融机构将基于信用信息做出的金融奖惩情况按季报送至所在地人民银行，并反馈食品安全监管部门及市信用办（信用中心）。

2. 六类涉农主体的信用信息采集规范

（1）基本信息采集

农户的基本信息采集录入由金融部门负责，其他五类主体的基本信息由市食安办会同相关部门采集录入。

第一，初次采集。考虑到基层人手少、任务重，除农户外的其他五类主体的基本信息初次采集由丽水市市场监督管理局牵头负责。丽水市农业、林业、水利部门负责提供本系统全市农业龙头企业的名单；农业龙头企业基本信息采集表、个人或个体经营户基本信息采集表、经济组织（法人）基本信息采集表等基本信息采集完善后，由金融部门纳入系统管理。

第二，信息更新。各县（市、区）农业、林业、水利部门负责将新增、变更的农业龙头企业基本信息采集表报至当地市场监管部门，市场监管部门负责对后续新增、变更的其他五类主体的基本信息每半年进行一次采集，并及时将信息交报金融部门纳入系统。

（2）不良信息报送

丽水市各部门对照食品安全金融联合惩戒内容，及时将收集整理的六类主体的食品安全不良信息报至金融部门。

第一，首次报送。根据相关法律法规的要求，丽水市首次采集报送的食品安全不良信息为六类主体于2015年4月7日至6月15日产生的食品安全不良信息。个人或个体经营户不良信息按《个人或个体经营户食品安全不良信息采集表》要求采集，包括姓名、身份证号、经营地址、不良内容、处理情况、处理单位、处理时间、整改状态、扣分情况等9项信息；农村经济组织不良信息按《经济组织（法人）食品安全不良信息采集表》要求采集，包括企业名称、证件类型、证照号码、法人代表、地址、不良内容、处理情况、处理单位、处理时间、整改状态、扣分情况等11项信息。首次采集的不良信息经相关部门审核后，报送至金融部门。

第二，后续维护。丽水市将各部门报送的食品安全不良信息纳入信用评价体系，并按照信用等级评价办法执行相应的信用约束措施。丽水市在2015年6月15日后产生的食品安全不良信息，各县（市、区）、各部门均按照"时时报送、时时更新"的原则，及时采集六类主体的食品安全不良信息，并报至金融部门；金融部门及时更新六类主体的信用信息。

（3）信息的动态管理

根据《征信业管理条例》规定，丽水市农村信用信息服务平台对个人食品安全不良信息的保存期限为自不良行为或事件终止起5年，被处罚的农村经济组织或个人整改到位后，可申请有关单位提供证明资料，报送至金融部门，系统审核后自动撤销不良记录，并自撤销之日起转为后台保存。农村经济组织或个人对农村信用信息服务平台中的食品安全不良信息存在异议，并向金融部门提出异议处理申请时，由信息提供单位负责信息核实工作，并将核实结果报送至金融部门，在平台中加以处理。

3. 信息系统数据流转规程

在丽水市农村信用信息服务平台尚未研发使用前，市、县人民银行将丽水市食品安全"黑名单"上挂丽水市农户信用信息管理平台首页公示；个人（农户及其他五类主体的非法人生产经营户）的联合惩戒信息录入丽水市农户信用信息管理系统；经济组织的联合惩戒信息导入浙江省企业信用信息辅助系统，供各金融机构查询使用。

　　丽水市农村信用信息服务平台研发使用后，金融部门将所有农户和农村经济组织的信用信息导入该系统，实时更新信用信息，并向各金融机构开放，如图6-1所示。

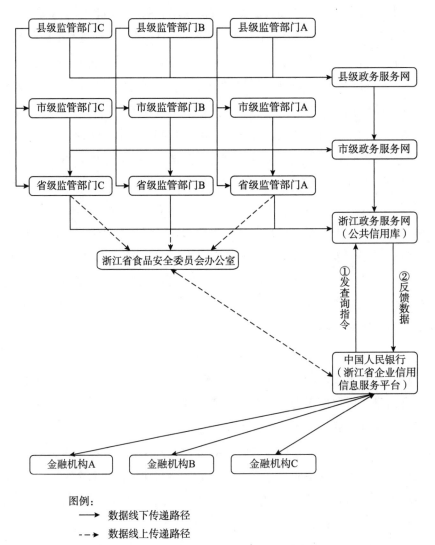

图例：
　　——→　数据线下传递路径
　　--→　数据线上传递路径

图6-1　丽水市食品安全金融征信体系（食安金融联手信用工程）数据流示意

(三) 建立食品安全金融联合惩戒机制

2015 年 4 月,《丽水市食安金融联合惩戒机制合作备忘录》发布, 提出要建立食安金融联合惩戒机制。2018 年, 丽水市根据《全面深化食安金融联手信用工程实施意见》要求, 建立失信惩戒和守信激励机制, 加大对失信主体的联合惩戒力度, 并拓展奖惩领域。

1. 制定联合惩戒的实施标准

有关监管部门针对该系统纳入联合惩戒的主体制定明确的联合惩戒实施标准 (惩戒项目和计分标准), 将食品安全联合惩戒信息纳入实施主体的信用评定体系。以六类涉农主体 (农户、家庭农场、农民专业合作社、农业龙头企业、农贸市场举办者、农贸市场经营户) 为例, 食品安全金融联合惩戒的实施标准如下。

(1) 一票否决项

上述六类主体存在六种食品安全不良行为的, 对其信用评价实行一票否决, 引导金融机构阻断其信贷渠道, 安全不良行为包括:① 非法添加非食用物质; ② 投入国家禁用的农业投入品; ③ 发生重大食品安全事故; ④ 收购、加工、销售病死、毒死或者死因不明禽、畜、兽、水产动物肉类及其制品; ⑤ 被吊销许可证或吊销营业执照; ⑥ 被追究食品安全刑事责任。

(2) 扣分项

因违反食品安全相关法律法规, 除上述一票否决的六种食品安全不良行为之外的, 被行政执法部门处以行政处罚, 按违法情节进行相应扣分 (分值 100 分, 多种处罚的按最高扣分项计, 一年内多次处罚扣分分值应累计), 金融部门根据《丽水市农户信用等级评价办法》再进行分值折算, 包括:① 被行政执法部门处以警告的, 扣 20 分; ② 被行政执法部门立案处罚, 个人罚款金额 3000 元以下的扣 40 分, 3000 元以上的扣 60 分; 经济组织罚款 3 万元以下的扣 40 分, 3 万元以上的扣 60 分; ③ 被行政执法部门处以没收违法所得, 违法生产经营的食品及食品添加剂, 用于违法生产经营的工具和设备、原料等物品的, 扣 30 分; ④ 被责令停产停业的, 扣 80 分; ⑤ 被公安机关处以行政拘留的, 扣 100 分。

2. 明确联合奖惩的应用范围

（1）惩戒食品安全失信行为

在金融惩戒方面，一是将食品安全不良信息作为一项重要指标纳入农户和企业的信用评价体系，作为相应信息主体的信用等级评定依据之一；二是通过市人民银行信贷窗口指导等方式，引导金融机构对存在食品安全不良信息的企业或个人，根据情节严重程度，实行限制贷款、拒绝办理信用卡、降低现有授信额度、提高贷款利率等惩戒措施。

在其他惩戒方面，主要措施包括：① 及时取消被列入失信等级的食品生产经营主体评先评优或申报政府资助项目等方面的资格，并对其法定代表人的各类评先评优实行一票否决；② 对失信单位在立项审批、经营准入、认证管理、专利申请、财政扶持、政府采购、科技奖励、产销对接、招投标管理、企业标准审核备案、定点合作单位审核等方面给予严格限制。

另外，丽水市食品安全委员会各成员单位依法对失信单位实行最严的监管，增加对失信单位的检查和监督抽检频次。

（2）激励食品安全守信行为

在金融服务方面，对长期诚信经营、无食品安全不良行为的食品生产经营主体，鼓励金融机构在贷款授信、费率利率、还款方式等方面给予优惠或便利。

在其他应用领域，金融部门加大对食品安全信用信息的运用，各县（市、区）、各部门以丽水政务服务网为中心，加强食品安全监管信息的互联共享，逐步探索在政府采购、表彰奖励、市场准入、基础设施和公共事业特许经营活动、专项资金奖补以及消费者信得过单位、著名商标认定、龙头企业认定、农家乐（民宿）星级评定等方面依法依规对食品生产经营者实施守信联合激励。

三、成效与经验

2015 年以来，丽水市充分利用农村金融改革试点、生态产品价值实现机制试点市、全国社会信用体系建设示范区创建等先机，持续、系统推进食安金融联手信用工程建设，全市信用信息采集主体不断扩大，信用评价方法更加科学，联合惩戒机制日益完善。丽水市信用体系建设走在全国前列，已建成较完善的信用信息共享平台，拥有一套较全面的信用评价体系，具备多部门合作推动食品安全信用监管和社会共治工作的基础。

（一）主要成效

1. 实现规范信用采集、互通共享信息

食安金融联手信用工程建设，信息采集是基础。近年来，丽水市加快构建统一规范的信用信息管理平台，完善信用信息动态共享机制，不断提高各类主体的基本信息和不良信息采集效率。丽水市信用信息服务平台建设全面涵盖个人和经济组织的信用信息，做到食品安全处罚信息跨部门同步更新、实时共享。截至2022年9月，全市6.2万余户食品生产经营主体、4574家农村专业合作社、1.444万家家庭农场被纳入丽水市信用信息服务平台管理。通过该平台，食品生产经营主体的信用报告、食品安全不良信息和金融惩戒信息均向各商业银行开放查询；同时，金融部门定期将金融联合惩戒信息抄送至当地食安办和食品安全相关监管部门，实现信用信息互联互通和实时共享。

2. 实现量化等级评定、科学信用评价

食安金融联手信用工程建设，信用评价是重点。经过近年探索实践，丽水市建立了一套科学规范的信用评价机制和操作规程，将食品生产经营企业的食品安全失信行为分为"一票否决项"和"一般扣分项"，将食品安全不良信息作为一项指数纳入信用等级量化评定，使后续惩戒工作更具可操作性。截至2022年9月，全市录得食品安全不良信用信息的生产经营企业有4015家，被实施处罚的725家具有食品安全不良信息记录至相应实施主体的信用报告，供金融机构和政府部门查询参考。

3. 实现从严联合惩戒、分类实施奖惩

食安金融联手信用工程建设，结果运用是关键。丽水市积极探索建立跨地区、跨部门、跨行业领域的联合惩戒与联合激励机制，制订差异化信贷政策，对守信的予以提高授信额度、降低贷款利率等奖励，对失信的予以降低授信额度、提高贷款利率、提前收贷、不予贷款等惩戒措施，充分发挥守信激励和失信惩戒双向引导作用，不断拓展联合惩戒的广度和深度。2017年以来，丽水市将查证属实的食品生产经营主体因被媒体曝光或被举报造成不良影响的信息纳入联合惩

戒范围。截至 2022 年 9 月，丽水市各银行业金融机构对受到监管部门立案查处的 2268 家食品生产经营主体实施金融信贷联合惩戒，其中降低授信额度 320 家，提高贷款利率 435 家，警示约谈（发出食安金融告知书）1513 份。

（二）经验借鉴

1. 组织健全

丽水市得益于全国首批农村金融改革试点、社会信用体系建设示范城市、生态产品价值实现机制试点市的先行先试，经过多年的建设与发展，基于"信用丽水"建设领导小组的组织体系和运作经验，市食安办在推进食品安全金融征信体系建设试点工作过程中，得到了地方政府、相关职能部门和中国人民银行丽水市中心支行的大力支持。成立由常务副市长任组长的食品安全金融征信工作领导小组，按照区域联合、部门协同同步推进的要求，明确全市实施食安金融联手信用工程的主要任务、时间表和路线图；建立食安金融联席会议制度，先后召开 20 余次专题会议，及时协调解决工作推进中的重点、难点问题；每年将食安金融联手信用工程纳入年度重点工作和考核的重要内容，定期将进展情况通报至各地各部门。

2. 制度保障

以《浙江省公共信用信息管理条例》《浙江省食品安全委员会关于全面推进食品安全金融征信体系建设的指导意见》《浙江省五类主体公共信用评价指引（2019 版）》《浙江省食品药品安全严重失信者名单管理办法》为基础，丽水市制定出台《丽水市社会信用体系建设"十四五"规划》《丽水市人民政府关于建立完善守信联合激励和失信联合惩戒制度　加快推进社会诚信建设的实施意见》《丽水市人民政府关于加强综合治理从源头切实解决执行难问题的实施意见》《丽水市进一步深化"证照分离"改革全覆盖试点工作实施方案》《丽水市发展和改革委员会等 4 部门关于深入推进"信易贷"工作的通知》《丽水市农户信用等级评价办法》《丽水市农民专业合作社信用等级评价管理办法》《丽水市社区居民信用等级评价办法》《关于建立食安金融联合惩戒机制的通知》《丽水市食安联合惩戒机制合作备忘录》《丽水市食安金融联合信用工程实施方案》《丽水市生态信用行为正负面清单（试行）》《丽水市绿谷分（个人信用积分）管理办法（试行）》《丽水市企业生态信用评价管理办法（试行）》《丽水市生态信用村评定管理办法（试行）》等系列规划、制度和政策文件，出台全国首个农村信用体系建设省级地方标准——《农村信用体系建设规范　第一部分：农户信用信息管理》，重点行业领域信用制度建设取得积极进展，基本形成综合性与行业性相辅相成的信用制度体系，为信用惠民便企不断扩面提供了保障。

3. 信息开放

丽水市建立健全了信用信息分类开放机制，通过"信用丽水""浙江政务服务网""国家企业信用信息公示系统"等平台向各级政府部门、金融机构、社会公众依法依规开放信用信息；"浙江省企业信用综合监管警示系统""浙江省企业全程电子化登记平台""浙政钉·掌上执法系统"等业务平台也为归集食品及相关主体的信用信息提供了便捷高效的平台。基于丽水市信用信息服务平台，建成全市信用信息"一张网"，较好解决了信息采集效率低、信用信息共享不及时等问题。"信用丽水"自运行以来，与丽水市市场监督管理局信息系统实现了互联互通，该系统通过自动抓取功能，定期从相关部门抓取食品安全不良信息，初步实现信息智能采取、同步更新、实时共享。

四、问题与展望

（一）存在问题

1. 食品安全信用信息平台有待进一步互联互通

引导各类企业主体正确认识信用价值，更好地对接信用信息标准。依托浙江省信用"531＋食品安全金融征信"框架，明确信息征集对象，规范信息征集要求，畅通信息传递路径，加快推进市场监管、农业农村、林业、水利、卫生健康等相关食品安全监管部门与金融部门完成食品安全信用信息的互联互通，实现食品安全信用信息归集规范化和标准化、信用信息共享便捷化和实时化、金融和其他领域奖惩机制运行常态化和长效化。

2. 食品安全信用评价方法有待进一步优化

食品安全信用评价机制、操作规程和方法工具仍有待优化、细化，以便更加准确地采集食品安全不良信息，更加科学地进行信用等级量化评定，使后续联合惩戒与联合激励措施更具可操作性。比如，各县（市、区）在"严重失信者"认定的操作中对标准的理解和把握尺度不一，需根据省级办法制定操作细则；另外，信用信息系统从各部门抓取的不良信息，存在不能识别是否为因食品安全处罚而产生的不良信息的问题，需加强人工智能等新技术的应用，提高信息平台的智能化水平。

3. 食品安全联合惩戒力度有待进一步加强

食品安全信用信息的应用有较大局限，主要原因是信用信息共享未得到充分保障，信用信息的基础设施建设还不够扎实。比如，食品安全信用信息尚未实现电子化存储，由于各部门平台技术水平和数据归集标准不统一，因此采集录入的主体信用信息未采用统一代码，影响信用信息的交换共享。另外，各部门推进程度不一致，金融部门已广泛运用食品生产经营主体的失信信息，并实施了相应的金融惩戒措施，但部分市食品安全委员会成员单位尚未有效运用食品生产经营主体的失信信息，导致信用信息共享不及时，或者共享不持续、不连贯，难以为实施联合惩戒提供可靠的信息支撑。因此，食品安全联合惩戒的具体标准有待进一步明晰，现阶段多数以备忘录形式进行规定，可能存在一定的法律风险。

（二）未来展望

2022年以来，我国出台多项政策推动社会信用体系建设，为深化食品安全领域信用建设提供了制度保障。2022年3月20日，《关于推进社会信用体系建设高质量发展促进形成新发展格局的意见》发布，通过创新信用融资服务和产品、加强资本市场诚信建设、强化市场信用约束三方面共同发力，强化信用机制在促进国民经济循环高效畅通方面的功能作用。2022年4月8日，《关于加强信用信息共享应用推进融资信用服务平台网络建设的通知》发布，从健全融资信用服务平台网络、推进涉企信用信息归集共享、提升融资信用服务平台服务质量、加强信息安全和主体权益保护四个方面进行全面部署，加快构建全国一体化融资信用服务平台网络，加强信用信息共享应用促进中小微企业融资。2022年4月10日，《关于加快建设全国统一大市场的意见》发布，提出要编制出台全国公共信用信息基础目录，完善信用信息标准，建立公共信用信息同金融信息共享整合机制，形成覆盖全部信用主体、所有信用信息类别、全国所有区域的信用信息网络。

在新的时代背景和政策环境下，丽水市食品安全信用体系建设应实现"三个迭代升级"。

1. 制度体系迭代升级

一是完善食品安全信用评价制度。按照"做成白盒子，不做黑盒子"的要求，依据《浙江省五类主体公共信用评价指引》和浙江省委办公厅、省政府办公厅《关于加快推进信用"531X"工程构建以信用为基础的新型监管机制的实施意见》，结合信用"531X"工程公共信用综合评价、抽查检查、抽检监测、信用承诺、履约践诺等信息，构建食品安全信用评价模型，并结合监管结果不断拓展评价指标、迭代优化评价模型。二是建立完善食品安全红黑名单制度。明确黑名单认定标准，确保红黑名单列入、移出、披露合法合规；推进全市统一的红黑名单库与省级红黑名单库实现对接，实行动态管理，确保红黑名单信息及时更新、共享。三是构建食品安全信用应用制度体系。梳理形成 3 张清单，即市县信用信息应用系统和信息产品清单、市级部门信用监管事权清单、食品安全信用联合奖惩措施清单，依法依规明确信用信息使用的边界和方式。

2. 信息平台迭代升级

建立完善食品安全信用信息库，实施涉食主体信用信息统一归集和管理，探索运用区块链技术，提升信用信息的真实性和准确性，加强对信用信息的分析和挖掘；应用大数据、云计算、区块链、人工智能等技术，对食品生产经营主体进行全生命周期信用监测、分析和预警，实现食品领域信用信息自动归集、信用等级自动评价、监管措施自动匹配；推进食品领域信用信息平台与丽水市公共信用平台对接互通，重点推进具有感知、分析、决策能力的食品安全领域特色应用场景，强化食品安全信用承诺、信用评价、信用监管的数字化支撑。

3. 信用治理迭代升级

一是在食品领域推进建立基于信用的分级分类监管机制。整合年报公示、检验检测、投诉举报、行政检查、行政处罚等信用信息数据，以及登记注册、关联关系、经营状态等基础性信用信息，分类构建食品生产经营企业信用风险监测预警模型，完善"互联网 + 信用 + 监管"机制，提高风险主体和风险事项识别能力，实施差异化监管和有效惩戒。二是以普惠金融试点为契机深化信用体系建设。2022 年 9 月，《浙江省丽水市普惠金融服务乡村振兴改革试验区总体方案》发布，丽水市正式获批普惠金融改革试点。试点工作将进一步加大信用融资服务和产品创新的政策引导力度，加强公共信用信息、重点领域行业信用信息与金融信息的共享整合，深化"事前管标准、事中管达标、事后管信用"的全流程闭环信用监管体系建设，促进食品安全治理创新。

【访谈实录】

访谈主题：食品安全金融征信体系建设的痛点和难点

访谈时间：2021 年 6 月 28 日

访 谈 人：张　晓　北京东方君和管理顾问有限公司董事长

　　　　　周纪荣　丽水市市场监督管理局党组成员、副局长

　　　　　留千惠　中国人民银行丽水市中心支行征信管理科

张晓：金融征信是社会信用体系建设的重点应用层，也是确保信用机制发挥作用的重要基础设施。丽水市在全国率先开展农村信用体系建设，并积极推进金融征信体系建设在食品安全等重点领域的先行先试，丽水市的食安金融联手信用工程是如何酝酿、发起的？

周纪荣：2014 年 12 月，浙江省食品安全基层责任网络建设现场推进电视电话会议确定"开展食品安全责任保险和农村食品安全金融体系建设试点，为基层责任网络建设添砖加瓦，探索食品安全社会共治'浙江模式'"的工作思路。2015 年 1 月 23 日，浙江省政府负责同志在"浙江省推进食品安全基层责任网络建设的主要做法问题及下一步工作思路"专题报告上作出批示："基层网络建设为食品安全工作打了个好的基础，要进一步在理念、机制、知识和人力上加以完善和充实。全省的农村信用体系建设在全国走在前列，如能够在信用评定上把农产品生产环节的突出安全隐患作为考虑事项，或许可以助力食品安全工作。"2018 年，浙江省委全面深化改革领导小组将农村信用体系建设纳入全面深化改革内容，大大加快了食安金融联手信用工程的实施步伐。

张晓：这是一项系统工程，需要政府牵头，中国人民银行、金融机构和相关部门共同参与，才能稳步推进。浙江省委、省政府的高度重视和跟进推动，在组织体系和运行体系上为实施食安金融信用工程提供了保障。

周纪荣：是的，2015年3月以来，我们依托丽水市信用信息服务平台推进食安金融联手信用工程试点，将食品生产经营主体的信用情况纳入农村信用体系建设范畴，探索"互联网＋食品＋金融"监管模式，通过差别化信贷政策等措施，倒逼食品生产经营者落实食品安全主体责任。

张晓：在实施过程中，如何有效解决多部门协调协同的问题？

留千惠：丽水市在试点过程中探索建立了一套食安金融联合惩戒"333"工作机制，一是联合惩戒机制。《丽水市食安金融联合惩戒工作合作备忘录》，对首批纳入试点的6类主体实施食安联合惩戒，包括农户、农业龙头企业、农村专业合作社、家庭农场、农贸市场举办者和农贸市场经营户。二是联合推进机制。《丽水市食安金融联手信用工程实施方案》明确了试点工作的实施步骤和推进形式，由相关金融部门推进食品安全不良信息的整合共享工作。三是协同操作机制。《丽水市食安金融联手信用工程操作规程》明确了各类食品安全问题的信用评分办法和标准，制定了全市统一的食品安全不良信息征集模板和接口规范，对信用信息的征集、报送、更新等环节作了详细说明，确保食安金融联合信用工程的具体操作有章可循、有据可依。

张晓："333"是一套很有效的工作机制，每一项机制下都有配套的规范文件做支撑。一套良好的机制要持续运行到位，信息化平台至关重要，丽水市食安金融联手信用工程实施的操作平台建设情况与使用如何？

留千惠：丽水市主要依托三大平台推动食品安全信用信息的采集和共享。一是依托食品安全基层监管平台开展信息征集。按照"谁产生、谁负责、谁报送"的原则，由市场监督管理局等食品安全委员会成员单位根据日常监管情况，按照统一的信息征集模板和接口规范进行食品安全不良信息的征集和报送。二是依托市县两级信用体系建设平台开展信息交换。丽水市有专门的机构负责信用体系工作，作为对接各县（市、区）、金融部门和食安办的中间桥梁，实时处理和反馈各县（市、区）、相关监管部门报送的食品安全信息。三是依托丽水市信用信息服务平台推进信息共享。例如"丽水市信用信息服务平台"，为全社会提供公共信用服务。

张晓：在征信体系建设中，信用信息征集是很大的难点，尤其是农村征信工作。丽水市是如何做的？

留千惠：最早的时候起步是比较难的，2009年开始，政府投入了很多人力、物力、财力，入户采集、手工采集，信息征集分为基本信息和不良信息两个部分。农户的基本信息由金融部门录入，其他实施主体的信息由相关监管部门录入。首次采集，除了农户的信息，其他类型主体的信息由相关监管部门通过数据包导入的方式进行，后期我们部署了前置系统，通过前置机进行采集，这是因为中国人民银行的系统是专门的金融局域网，与地方的政务网是不连通的，有物理隔离。2020年国家数据局成立后，这个信息推送流程就变了，各部门不能直接与中国人民银行进行征信信息交换，必须先归集到国家数据局，再从大数据的平台推送到应用部门。2021年，丽水市创建"全国社会信用体系建设示范区"，我们借此机会与国家数据局沟通，争取多个政府部门的数据全部通过国家数据局直接推给金融部门，提高征信信息交换的及时性和全面性。食品安全不良信用信息征集工作从2015年开始，首次报送采取集中报送形式，报送程序和后续的更新维护程序是一样的。根据国务院颁布的《征信业管理条例》，征信信息实行动态管理，不良信用信息的保存期限是5年。

张晓：在征信推行的过程中，如何让人们正确认识信用信息的意义？

留千惠：当时信用基础很薄弱，尤其是农村地区，很不重视信用信息。丽水市是摸着石头过河，不知道将信用信息的工作开展到什么程度，反正先做起来，让金融机构先用起来，征信信息库逐步建起来以后，我们要求丽水市的所有金融机构都要查询使用信用信息，这是很重要的风险管控手段。以前农户贷了款，逾期就逾期了，他觉得反正钱在自己手上，不按期还款也没关系，有了征信信息之后，如果这次逾期了，下次银行就不贷给他了。另外，丽水市同步开展信用农户、信用村（社区）、信用乡（镇、街道）创建工作，根据评价指标体系，创建区域内的违约户数量多寡会影响评价得分，如果因为信用指标导致创建不成功，金融机构的整村授信额度会降下来，相当于整个村都会受到连带影响，这样村民的相互监督就形成了，他们也渐渐开始重视信用问题，营造形成了"守信光荣、失信可耻"的信用治理氛围。

张晓：我们看到，丽水市自2020年4月起正式实施《农村信用体系建设规范》，标志着丽水市农村信用体系步入了标准化时代。这一地方标准对于促进农村信用体系建设起到了什么作用？

留千惠：《农村信用建设规范》包括农户信用信息采集、农户信用信息管理和信用农户以及信用村（社区）、信用乡（镇、街道）评定及运用三大部分，共有农户信息来源、采集方式、信息查询、安全管理、信用评价、成果运用等25大项若干小项，对农户信息采集、加工、存储、查询、异议处理和信用评价进行了界定和规范，明确了信用户、信用村（社区）、信用乡（镇、街道）评定的流程和指标，特别强调了信用评价结果在激励和惩戒中的运用。这项标准明确了信用丽水的信息服务平台用户权限分配、哪些信息需要当事人授权查询、哪些信息应公开、信息有误如何处理等，既有效保证了农户信用信息得到及时有效更新，也充分尊重了农户的隐私权、知情权和异议权，为全市农村信用体系建设提供了行为规范和操作标准。

张晓： 在金融征信体系中融入食品安全信用信息，在实际操作中不是一件容易的事，如何让金融机构采信食品安全信用信息，丽水市的做法是什么？

留千惠： 关于食品安全信用信息，银行怎么判断、怎么用，刚开始确实有些疑惑。首先是信用风险的观念意识问题，如果某个食品企业的经营数据非常好，但是有食品安全不良信息，比如市场监管部门的行政处罚信息，银行该不该对其采取金融惩戒措施？通过金融部门与市场监督管理局的宣传引导，越来越多的金融机构意识到，行政处罚等食品安全不良信用问题对食品生产经营主体的存续、持续经营、还贷能力都有不同程度的影响，所以我们觉得这项工作可以帮助银行进行风险识别和风险防控。其次是信用评级的评估标准问题。在信用农户的评价指标体系中，我们加入了食品安全的内容，明确了食品安全不良信用行为的判定标准。信用农户的信用评级分为非信用户、A级信用户、AA级信用户、AAA级信用户四个等级，评价标准有信用记录、经济实力、偿债能力、食品安全四项内容，评分采用百分制，食品安全占10分，相当于占了10%的权重，农户需要达到70分才能评上信用户，这10分的影响蛮大的，而且信用农户评价是以家庭为单位的，每个家庭成员的不良记录都会归集到整个家庭头上，所以这个评价还是很有作用的。银行比较认可这套信用等级评价方法，对于各方面征信数据都比较好的农户，银行更愿意放贷，如果不是信用户，贷款准入这关就很难通过。

张晓： 理解，信用农户评价解决了基本的标准问题，但是在具体操作中，每家银行还是有差异的，不同银行对食品安全不良信用的容忍度是不一样的。

留千惠： 是的，6类食品安全一票否决项记录是比较好操作的，包括非法添加非食用物质；投入国家禁用的农业投入品；发生重大食品安全事故；收购、加工、销售病死、毒死或者死因不明的禽、畜、兽、水产品动物肉类品及其制品；

被吊销许可证和营业执照；被追究食品安全刑事责任。由于其他扣分项指标的弹性较大，因此有些农户在这家银行贷款被拒，到那家银行可能就贷出来了，这个问题是我们未来要努力解决的，但很难，全国都存在这个问题。

张晓：除了将食品安全信用纳入整个信用评价体系外，还有哪些重点、难点问题？

周纪荣：在食品安全信用体系建设方面，应该进一步把企业主体信用向个人信用扩展，借鉴信用农户评级的思路方法，把激励与惩戒措施落实到企业主体和个人两者身上，整个信用体系才算完整。有些食品安全失信主体企业被关停，但是经营者往往会再办一个证照。如果联合惩戒与个人征信挂钩，他就不能另起炉灶了。

张晓：丽水市推出的个人信用积分"绿分谷"，就针对个人信用的激励措施。

周纪荣："绿分谷"推行得比较好，这个分值由浙江省自然人公共信用积分和丽水市个人生态信用积分两者相加计算而成，通过有关部门打通公共信用信息，并把"绿分谷"加进去，现在丽水市的户籍人口、常住人口都可以查询自己的信用积分，信用等级高的市民可以享受到更多优惠、便利与服务。食品安全失信行为联合惩戒方面，也应该借鉴这个方法。随着时代的发展，我们现在的工作很多都有待细化、优化、更新、升级。

张晓：顺势而为，乘势而上。丽水市食安金融联手信用工程得益于一系列先行先试的示范创建，脱胎于浙江省食品安全治理现代化的自主创新。随着浙江省食品安全信息追溯平台的上线运行，以及丽水市"丽水山耕"品牌工程的深入实施，食品安全金融联手信用工程的实践成果将日益发挥信用治理效能。

7

食品安全责任保险共保体模式

——宁波市的路径选择与创新分析

民以食为天、食以安为先。食品安全是关系人民群众身体健康和生命安全的民生问题、民心问题。我国的食品安全总体状况稳中向好，但仍处于新旧风险交织叠加、各类问题易发多发的阶段。食品安全治理是社会治理的重要组成部分，党的十九大报告提出"打造共建共治共享的社会治理格局"，《中共中央 国务院关于深化改革加强食品安全工作的意见》（中发〔2019〕17号）对推进食品安全社会共治作了专门的规定，并就"落实生产经营者主体责任"提出，"积极投保食品安全责任保险……推进肉蛋奶和白酒生产企业、集体用餐单位、农村集体聚餐、大宗食品配送单位、中央厨房和配餐单位主动购买食品安全责任保险，有条件的中小企业要积极投保食品安全责任保险，发挥保险的他律作用和风险分担机制"。

保险以风险为经营对象，是一种现代化、市场化的风险管理方法。补偿损失与分散风险是保险的两个基本功能。❶ 参考国际国内同业及异业的治理经验，我国积极探索在食品安全治理领域引入食品安全责任保险（以下简称"食责

---

❶ 杜逸冬. 英美责任保险发展对我国的启示 [J]. 北方经济，2014（9）：71-73.

险"）❶。近年来，全国多省市开展食责险试点工作。宁波市自 2013 年起探索发展食责险，逐步建立起"共保体＋风险基金""公益＋商业""服务＋防控"的运行体系，并积极推动食责险由"外化为工具"向"内化为机制"转变，针对食品安全事故的处置和防范建立了保险经济补偿机制和风险预控机制，通过发挥市场机制作用，敦促食品生产企业提升风险意识、落实主体责任，对政府监管起到了有益的补充作用，在法治化、专业化、社会化、现代化轨道上形成了共治共建共享的食品安全协同治理机制。宁波市食责险在规范与创新的良性互动中朝着可持续发展的方向不断进化，成为全国保险业深化改革和食责险领域创新的引领者，为我国建立健全食品安全责任保险制度提供了可操作的经验借鉴。

一、宁波市食责险创新实践的基础和条件

（一）把握政策机遇

食责险是承担食品生产经营者民事赔偿责任、保障消费者权益、抵御食品安全风险的一种产品责任保险，具有责任保险的经济补偿性、商业运作性、社会管理性、社会公益性四大基本特征。法治保障、政策引导是食责险健康有序发展的重要基础。❷

2012 年 7 月，《国务院关于加强食品安全工作的决定》提出要"积极开展食品安全责任强制保险制度试点"；2013 年 4 月，《国务院办公厅关于印发 2013 年食品安全重点工作安排的通知》提出要"推进食品安全责任强制保险制度试点"；2013 年 6 月，《关于进一步加强婴幼儿配方奶粉安全生产的实施意见》提出要"探索建立食品安全责任保险制度"。

2015 年 1 月，《国务院食品安全办　食品药品监管总局　保监会关于开展食品安全责任保险试点工作的指导意见》提出，要鼓励地方开展食品安全责任保险试点工作，推动建立食品安全责任保险制度，包括三项基本原则，一是坚持政府

---

❶ 崔晶晶. 中美责任保险市场比较及启示 [J]. 中国保险，2020（2）：59 – 64.

❷ 郑伟. 保险是推进国家治理现代化的重要工具 [J]. 中国保险，2020（5）：17 – 22；吴定富. 保险原理与实务 [M]. 北京：中国财政经济出版社，2005：307 – 309.

引导、政策支持；二是坚持市场运作、公平竞争；三是坚持先行先试、分步推广。该指导意见明确了食品安全责任保险的定义：食品安全责任保险是以被保险人对因其生产经营的食品存在缺陷造成第三者人身伤亡和财产损失时依法应负的经济赔偿责任为保险标的的保险；确定了试点范围，主要包括：食品生产加工环节的肉制品、食用油、酒类、保健食品、婴幼儿配方乳粉、液态奶、软饮料、糕点等企业；经营环节的集体用餐配送单位、餐饮连锁企业、学校食堂、网络食品交易第三方平台的入网食品经营单位等；当地特有的、属于食品安全事故高发的行业和领域。

《食品安全法》（2019年修正）首次赋予了食品安全责任保险制度法律地位。《食品安全法》第43条第2款规定，国家鼓励食品生产经营企业参加食品安全责任保险。

根据《食品安全法》《国务院食品安全办 食品药品监管总局 保监会关于开展食品安全责任保险试点工作的指导意见》，浙江省于2015年3月出台《浙江省开展食品安全责任保险试点工作指导意见》，明确坚持"政府推动、市场运作、分步实施、注重服务"的原则，鼓励各地根据本地区食品产业特点和发展现状，重点在关系民生的重要领域、风险等级较高的行业开展试点。

按照相关法律法规要求，在国家和浙江省的政策指导下，2015年5月，宁波市设立食责险共保体，以鄞州区为试点，在全国率先推出区域性公共食品安全责任保险，鄞州区政府出资300万元，为全区农村集体聚餐、中小学校及幼儿园食堂、建筑工地食堂以及养老机构食堂购买保险。2015年10月，宁波市公众食责险运营服务中心成立，加速建立集公共食责险、商业食责险和食品安全风险管理基金于一体的市域食品安全治理风险防护网。2015年11月，宁波市首份食责险商业险保单落地；2017年8月，宁波市实现公益险全覆盖；2018年6月，商业险进驻商业综合体；2019年12月，"宁波市食责险风控系统"与政府监管工作平台实现数据共享；2020年6月，宁波市公众食责险运营服务中心实验室正式落成，为被保险人提供食品快检服务。

2020年11月，《浙江省食品安全责任保险工作推进方案》发布，提出要推广试点成功的"宁波模式"，推动全省范围实现公益险全覆盖、商业险提质增效。

（二）借助国家试验区先发优势

2016年6月，经国务院批准，宁波市获批建设全国首个国家保险创新综合试验区。同年 6 月,《浙江省宁波市保险创新综合试验区总体方案》发布,提出要"拓展保险服务内容,完善社会治理体系","加快发展各类责任保险。推广公共食品安全责任保险,鼓励开发商业性食品安全责任保险,形成多层次食品安全综合保障体系"。

宁波市充分发挥国家级保险创新试验区"先行先试"的政策优势,截至 2022 年,先后推出近 200 项国内首创或领先的创新项目,食责险、城乡小额贷款保证保险、电梯安全综合保险、建工综合保险、跨境电商海外仓服务贸易保险、普惠医疗保险等成为宁波市获批国家保险创新综合试验区后的首批保险创新项目。其中,包括食责险在内的 30 余项已在浙江省乃至全国复制推广,"保险创新看宁波,保险创新来宁波"的品牌效应凸显,为全国保险改革创新和高质量发展提供了丰富的实践经验和成果。

宁波市市场监督管理局、市地方金融监督管理局等部门积极探索食责险参与食品安全社会共治的实现机制,合力推进系列政策出台,地方政府积极落实政策配套。截至 2022 年,宁波市在食责险体系构建方面取得了多项创新突破:一是全国率先在食品安全责任保险领域引入保险联合体(共保体)模式。吸收、借鉴共保体模式在农业、渔业等行业的应用经验,组建宁波市食品安全责任保险共保体(以下简称"共保体"),制定《宁波市食品安全责任保险共保章程》,各共保体成员按照统一保险条款、统一费率、统一理赔标准、统一服务流程、统一信息平台等共保要求开展业务。二是创立全国首家民办非企业组织"宁波市公众食品安全责任保险运营服务中心"。探索创新食责险参与食品安全社会治理的"服务+防控"机制,设立宁波市食品安全责任保险风险基金,制定《宁波市食品安全责任保险风险基金管理办法》,突出现代保险的社会风险管理功能,确保食责险真正成为防范和控制食品安全风险的有效手段。三是全国率先实现"公益+商业"食责险体系规范化、可持续运营。公益险先行突破,全市 10 个区县(市)政府、5 个功能区管理委员会均安排专项资金,为学校及幼儿园食堂、养老机构、建筑工地食堂、农村聚餐点、小餐饮、企事业单位食堂等 10 余类食品生产经营主体实行政府统保、兜底保障,实现全市全域覆盖和重点民生领域全覆盖,充分体现了食责险作为准公共产品的社会公益性;构建"1+X"食品安全商业险产品架构体系,在《保险法》《责任保险业务监管办法》等框架下稳步推进险种创新与开发,按需定制保险产品,有效扩大商业险覆盖面,充分发挥商业保险市场机制作用。

截至 2022 年，创新型保险累计为宁波市各行业提供风险保障超 10 万亿元，为实体经济发展、社会治理、民生保障增力赋能起到了积极作用。作为国家级保险创新试验区保险创新项目行列的"优等生"，食责险通过落实"保险＋服务"机制，实现保险在风险管理方面的专业化功能，宁波市食品安全风险事故发生率下降了 27%，为食品安全风险治理探索了"宁波解法"。

（三）顺应保险业发展大势

食品安全责任保险是财产保险项下的责任保险。责任保险作为保险的一种细化形式，由于其自身的独特性，使得其具备一般保险的功能，又在参与社会治理上具有比较优势。第一，责任保险能够将社会摩擦以市场化方式转化为经济关系，在给予被保险人保护的同时间接地保护了第三方受害人的合法权益，能够更为直接有效的减少社会纠纷。第二，责任保险给予社会治理更为直接的助力，避免了政府充当纠纷裁判员的情况，通过法治思维推动社会治理由"维稳"向"维权"转变，分担了一部分政府进行社会治理的压力；通过"多元参与"形成"多元协同"化解纠纷的"共治"格局，使社会治理更加专业化、现代化。❶

自 2020 年 9 月国家启动车险综合改革以来，财产保险公司在综改"降价、增保、提质"三项目标上均有突破，由于受车险综合改革影响，保费持续承压，因此普遍将健康险、农险、食责险等非车险业务视为新的利润增长点。责任保险已成为财产保险业务中仅次于车险、健康险的第三大险种。有关数据显示，2021年，财产保险公司原保险保费收入 13676 亿元，同比增长 0.67%；其中，责任保险保费为 1018 亿元，同比增长 12.99%。在主要非车险种中，责任险高速发展，创新产品涌现，涉及环保、医疗、教育、交通、食品安全、安全生产、火灾公众、养老机构等多个领域，其中，较为常见的责任保险包括公众责任险、产品责任险、职业责任险、第三者责任险等类别。❷

食责险"宁波模式"的应运而生和健康发展，高度契合了我国财产保险行业向精细化、科技化、现代化转型升级的新发展阶段，行业大趋势为宁波市创新

---

❶ 李栾凤. 浅析责任保险参与社会治理 [J]. 中国集体经济，2021 (10)：48－49.

❷ 张瑞纲，陈振宇，邓林云. 我国责任保险市场发展问题研究 [J]. 西南金融，2020 (1)：88－96.

构建"1+X"食品安全商业险产品架构体系营造了良好的商业生态。宁波食责险的"1+X"商业险产品架构中，"1"为一个主险，"X"为按需定制的附加险，比如，针对食用农产品批发市场、商业综合体、特色餐饮街等重点领域，量身设计特定商业险；针对量大面广、生产经营规范化水平较低的小作坊、小杂食店、小餐饮店定制"三小"食责险；针对中国—中东欧国家博览会等重大活动，定制重大活动食责险。与此同时，"1+X"产品体系将保险责任从食物中毒、食源性疾病扩展到食品召回、退货、补救、无害化处理、安全预防及销毁等主要食品安全风险。

二、解构食责险"宁波模式"

（一）"三大机制"构建"三大平台"

2015年，《宁波市开展食品安全责任保险试点工作方案》发布，该方案与《国务院食品安全办 食品药品监管总局 保监会关于开展食品安全责任保险试点工作的指导意见》《浙江省开展食品安全责任保险试点工作指导意见》共同构成了宁波市食责险试点工作的顶层设计文件。按照"政府推动、市场运作、注重服务、多方共赢"的原则，宁波市以食责险的政策保障机制、运营推进机制、风险防控机制为重点，探索切实可行的食品安全责任保险制度，创新食品安全社会共治方式，努力实现保障食品安全、维护公众合法权益、维护社会稳定与促进保险业高质量发展多重目标的协调发展和互惠共赢。

1. "共保体+风险基金"政策保障机制：构建规范运行平台

一是加强组织协调，强化政策兑现。宁波市确立了由多个部门联合参与的联席会议制度，加强对食责险推进工作的宏观指导、组织协调、信息汇总、宣传推广及督促督查。自2018年起，宁波市政府将食责险推进工作列入对各区县（市）年度目标责任考核中，分值比重占2分，有效发挥了考核"指挥棒"对试点工作的推动落实作用。宁波市各区县（市）政府均出台财政支持政策，对购买商业食责险的企业给予30%—50%的保费补贴，鼓励市场主体投保食责险。

二是确立共保章程，规范共保行为。2018年，宁波市对食责险服务项目进行公开招标，中国人寿财产保险股份有限公司宁波市分公司、中国人民财产保险股份有限公司宁波市分公司、中国太平洋财产保险股份有限公司宁波分公司、长安责任保险股份有限公司宁波市分公司、中国平安财产保险股份有限公司宁波分公司5家机构脱颖而出，共同组建了宁波市食责险共保体。宁波市出台《宁波市食品安全责任保险共保章程》，按照《关于大型商业保险和统括保单业务有关问题的通知》《关于加强财产保险共保业务管理的通知》对于共保体的"五个同一"认定标准及相关监管规定，对宁波市食责险共保体成员及组织机构、业务范围、承保理赔实务、财务核算办法、违约责任及处理、章程修改及退出机制等作出了明确要求，规范了食责险共保行为。

三是建立双体架构，强化保险服务。宁波市组建全国首家公益性质、民办非企业组织的食责险风险防控服务机构——宁波市公众食品安全责任保险运营服务中心（以下简称"运营服务中心"），形成食责险承保单位（共保体）＋风险防控服务队伍（防控体）的"双体架构"。运营服务中心在宁波市相关部门的指导下进行规范化建设，配备专兼工作人员，明确风险防控服务队伍开展食责险全生命周期服务的具体职责、工作规程和服务标准，落实"事先风险预防、事中风险控制、事后理赔服务"各项工作。

四是建立风险基金制度，发挥公益金源头活水作用。宁波市设立食品安全责任保险风险基金，将历年公益食责险保费扣除经营费用、赔付成本、预定利润等项目后，盈余部分全额计提进入风险基金，专项用于发生重大食品安全事故时的赔偿救助准备金，以及开展食责险宣传、食品安全知识培训、风险隐患排查、专家咨询等专项工作，在盘活风险基金、提高资金效率、发挥基金公益性作用的同时，减轻了地方政府的财政压力。宁波市出台的《宁波市食品安全责任保险风险基金管理办法》，规范了有关风险基金的来源、管理、用途范围及监督管理机制。风险基金的所有权归属作为投保人的宁波市各区县（市）人民政府，委托首席承保人中国人寿财产保险股份有限公司宁波市分公司托管。宁波市还成立食品安全责任保险风险基金管理委员会，负责建立和完善风险基金制度，支持、监督和保障风险基金的正常运转。运营服务中心是该风险基金管理委员会的办事机构，依法依规负责风险基金的日常管理工作。

2. "公益＋商业"运营推进机制：构建创新型多维实践平台

一是坚持普惠性，食责险公益险全覆盖。宁波市按照公益先行、分步实施的推进策略，先针对社会影响面广、消费人群多、食品安全风险高、主体承受能力弱的单位以及责任不明确且易发区域性、群体性食品安全事件的领域，加大食责险覆盖力度，将学校及幼儿园食堂、建筑工地食堂、养老机构食堂、企事业单位食堂、农村家宴放心厨房、农批农贸市场、小餐饮等食品安全重点领域纳入食责险公益险范围，由各区县（市）、功能区政府通过财政专项资金进行统保，在具有社会公益性、关乎民生福祉、涉及公共安全的领域率先实现食责险全覆盖，体现食责险的政策性和公益性。

二是坚持创新性，食责险商业险提质扩面。在食品生产经营主体、业态、消费方式日趋多样化、细分化的新形势下，宁波市围绕食责险业务特点及市场发展要求，积极创新实践，不断提升产品质量、丰富产品种类，构建"1＋X"食责险产品体系，为市场主体按需定制保险产品，多渠道、多层次满足市场需求，实现全市食责险产品和服务的升级跨越。截至2022年3月底，宁波市已推出保险责任涉及食品召回、退货、补救、无害化处理、安全预防或者销毁产生的费用和损失等11个附加险新产品，基本涵盖了食品生产、流通、终端消费等各环节的常见涉食风险。例如，针对宁波市牛奶集团有限公司乳制品全过程安全保障的需求，全国首创保额达1050万元的从奶源到销售的全过程保障食责险险种，并专门推出安全预防措施保险、食品质量安全保险等条款，有效满足企业实际需求；针对宁波市各商业综合体、高校美食街等主体，突破"一户一保"传统模式，推出了由商贸集团、市场管理方进行统保的方式，将全部商户纳入食责险商业保险范畴；针对青年"农创客"、农村电商等新业态，运营服务中心与宁波市农业农村局、市供销合作社联合社、市商务局等单位加强联动交流，专门开发设计了"农安险""电商险"等食责险独特险种，为农村新业态及产业发展提供风险保障服务，并提高创业者抵抗风险的能力。宁波市宁海县在全国率先试点专业合作社统一投保，全县多家农产品专业合作社为粮食、水果、畜牧、茶叶、家禽等当地特色农产品进行统保，取得了良好的经济效益和社会效益。

三是坚持公共性，发挥疫情防控保险保障功能。在新冠疫情防控期间，宁波市积极探索发挥食责险作为公共险种的保障作用，竭力为市场主体纾难解困。2020年以来，运营服务中心累计为全市投保商业险的1813家餐饮企业提供两个月的免费延期服务，并赠送传染性疾病保险，累计减免保费43.7万元，提供风险保障3000万元；向全市1.6万名外卖骑手赠送约9.6亿元风险保障的法定传染疾病"守护安心"保险，助力市场主体复工复产和防控疫情。宁波市积极创新产品，助力企业缓解疫情影响、分散经济风险，切实发挥保险"稳定器"作用，全国首创"进口冷链防疫综合保险"和"冷链食品无害化处理保险"，投保人的相关信息上传浙冷链，为进口冷链食品采购商保驾护航。此外，宁波市将展销会期间食物中毒事件、旅游景区及旅游者、农家客栈等高风险领域也纳入保险范围，针对不同对象、不同场景的特定保险需求，开发多款疫情防护综合保险，加大对市场主体的纾困帮扶力度，切实维护消费者的合法权益。

3.　"服务+防控"共建共治机制：构建风险治理平台

一是组建风险防控服务队伍。宁波市食责险共保体依托运营服务中心，组建了一支由近500名专兼职人员构成的食品安全风险防控服务队伍，经过市场监管部门的专业培训之后，对全市相关市场主体等进行全方位、网格化现场风险摸排、建档，并定期对投保单位开展食品安全风险巡查。截至2021年年底，运营服务中心已累计提交风险巡查工作简报4.5万份，既大幅降低了食责险出险率，又有效防控了食品安全风险，成为宁波市食品安全风险治理的重要社会力量。

二是精准服务食品安全监管。运营服务中心定期组织食品安全风险防控服务队伍对学校及幼儿园食堂、养老机构食堂、建筑工地食堂、农贸市场、小餐饮店、小食杂店、小作坊、农村家宴放心厨房等食品生产经营单位重点开展风险隐患排查，并形成宁波市食责险风险隐患工作简报提交市场监管部门，为监管部门提供风险预警和数据研判。针对运营服务中心食品安全风险防控服务队伍在风险隐患巡查中发现的问题，监管部门采取专项检查、增加日常检查频次、重点监督抽检等针对性措施，加强分域分类治理，提高监管的靶向性。对参保企业，发放统一的牌匾。宁波市把食责险工作与食品安全信用监管有机结合，专门制作"食品安全责任保险"牌匾，为参保单位授牌。宁波市鄞州区印象城商业广场60多家餐饮店统一投保食责险，店铺门口悬挂的"食品安全责任保险"牌匾已成为餐饮店增信的一块"金字招牌"，与宁波市餐饮行业"红黑榜"公示制度一起，成为推进信用监管的有效手段。

三是科技创新驱动食责险发展。运营服务中心自主开发"宁波市食责险风控系统"，运用云计算、大数据等新技术开展风险数据采集、汇总、分析、传递、共享等工作。全市食责险运行情况、各区县（市）食品安全风险防控服务队伍的风险巡查情况及风险隐患分析等信息，均实时汇总至食责险风控系统。该系统已实现与市场监管部门的对接，食品安全监管人员可实时共享风险防控服务队伍在巡查中发现的风险隐患和违法违规问题线索，提升食品安全风险研判和防控的效率。2020 年 6 月，运营服务中心投建的快速检测实验室正式落成，为被保险人提供食品快检服务，进一步增强了食责险的技术服务能力。

（二）"六个一"构建全过程服务体系

1. "六个一"服务规范

为规范和健全食责险承保机构的工作体系，切实落实保险服务要求，宁波市严格落实食责险承保机构"六个一"服务规范，即一支熟悉食品安全业务和相关法律法规的专兼职技术服务队伍、一份风险评估报告、一个风险数据库、一个理赔绿色通道、一套简易的食品安全损害事故鉴定流程和标准、一个资金项目。

一是承保机构需建立一支熟悉食品安全业务和相关法律法规的专兼职技术服务队伍，每年组织对投保单位相关负责人免费培训 2 次以上。

二是承保机构在承保时需强化现场勘查，对投保单位进行风险评估，向相关监管部门提交一份风险评估报告。

三是承保机构需积极开发风险管理平台，加快建立一个风险数据库，逐步实现行业间数据共享。

四是保险机构在获知保险事故发生或接到事故报案后，需在第一时间展开事故查勘和处理，积极参与事故救助，建立一个理赔绿色通道。

五是承保机构需建立一套简易的食品安全损害事故鉴定流程和标准，保证赔付过程公开、透明、方便、快捷，最大限度保障受害者的合法权益。

六是承保机构需建立一个资金项目，加大对参保企业的食品安全风险管理、业务培训、公益宣传、督促检查等方面的投入。

2. 事前、事中、事后服务体系

宁波市食责险共保体各承保机构均按"六个一"规范，建立健全食责险事前、事中、事后服务体系。

事前踏勘评估，探索风险分级。探索建立食品安全风险评级制度，在承保前强化现场勘查，对投保单位进行风险评估，向相关监管部门提交风险评估报告，根据投保单位性质、规模、管理水平及风险等级等要素合理确定费率水平，将企业的安全管理评级、信用记录、行业风险差异、历史损失情况等纳入费率调整因子。宁波市按照《国务院办公厅关于加快推进社会信用体系建设构建以信用为基础的新型监管机制的指导意见》（国办发〔2019〕35号）、《关于在部分地区开展企业信用风险分类管理工作试点的通知》（市监信〔2019〕51号）、《市场监管总局关于推进企业信用风险分类管理进一步提升监管效能的意见》（国市监信发〔2022〕6号）等国家政策文件要求，积极探索建立基于风险管理的企业分级分类监管模式，将企业是否投保纳入企业信用记录和分级分类管理指标体系，并作为企业分级分类管理措施的重要参考。

事中体检防范，提升防控能力。在宁波市有关部门的指导下，宁波市食责险共保体各承保机构依托运营服务中心食品安全风险防控服务队伍，定期对投保单位食品安全事故防范工作进行检查，提出书面整改意见，督促投保单位加强事故预防能力建设。根据投保单位类别建立风险防控服务操作规程，在每个投保周期内开展"一户一档"建档、食品安全风险巡查、风险防控问题清单报备等工作。加大对承保企业的食品安全知识培训和面向全社会的食责险公益宣传等投入，夯实防灾减损基础性工作。开发宁波市食责险风控管理平台，逐步建立风险数据库，推进行业间数据共享，提升食品安全风险管理能力。

事后减损缓冲，优化理赔服务。宁波市不断完善承保机构食责险出险理赔和应急机制。食品安全事故发生后，承保机构在接到报案后快速启动理赔应急预案，积极排查出险客户，提供理赔绿色通道，简化理赔手续，全力以赴做好事故理赔服务工作。对投保单位提出的索赔，按照辖区内食品药品安全委员会办公室出具的食品安全事故责任鉴定书和承保合同的约定，规范及时地履行保险理赔责任。对责任明确的食品安全事故，保险机构可直接对受害者先行赔付，或提供预付赔款，及时化解矛盾纠纷。规范合理使用食品安全责任保险风险基金，用于食品安全事故的超额赔付及突发事件应急准备金。

（三）创新应用场景，食责险"宁波解法"

由于食责险仍处于市场培育的早期，除了学校及幼儿园食堂、工地食堂、老年食堂、农批农贸市场等一些刚需性明显的险种，用户的需求没有特别显性，需要一定的场景去激发。宁波市把场景化融入产品设计，把满足市场需求和引导市场需求作为创新导向，积极开发适应市场发展的食责险新险种，进一步发挥现代保险社会管理功能。

1. 灾后质量保险

（1）险种特色

宁波市夏季多发台风等自然灾害，台风带来大量雨水，经常导致农贸市场受灾。水泡后的农产品存在重金属、细菌、微生物等污染风险，可能引发食品安全风险。但受经济利益驱动，有些农产品经营户会藏匿受灾食品或进行简单处理后低价出售，造成存在风险隐患的食用农产品流入市场，给人民群众的生命健康带来危害。为保证台风过境期间市民"菜篮子"不受影响，尽力减少经营者损失，在宁波市相关部门的指导下，宁波农副产品物流中心、宁波果品批发市场以及海曙区、北仑区、鄞州区3辖区内多家农贸市场投保食品安全责任保险"灾后质量险"。按照保险合同条款，经营户销毁受台风影响造成水污染、浸泡的食品并完成登记后，可向保险公司申请赔付，每家市场的经营户合计最高获赔100万元，以有效阻截受灾食品流入市场，筑牢食品安全防线。

（2）应用实例

2021年7月25日，因受6号台风"烟花"影响，宁波市海曙区信谊菜市场受灾进水，造成市场内蔬菜、水产、水果、肉类、农副食品被水浸泡污染。当地有关部门第一时间向食责险运营服务中心报案，运营服务中心迅速安排保险公司理赔人员现场查看情况，帮助经营户对受灾农副产品进行施救，将被水浸泡的产品进行封存、登记称重，并采取集中销毁处理措施，做好销毁台账记录，同时启动灾后快速理赔机制。经点算，此次销毁农产品的金额共计261413元，因此产生的标的物价值损失、施救费用和销毁清理费用均由保险公司承担理赔。❶

2. 安全预防措施保险

（1）险种特色

宁波市各批发市场及菜市场均设有快速检测室，但快检结果尚不能作为行政处罚依据，而快速检测结果呈农兽药残留超标的产品，经营户舍不得销毁，往往继续在市场销售，带来食品安全风险隐患。根据食用农产品安全预防措施保险的

---

❶ 食品遭水浸泡发生损失怎么办？这个"灾后质量险"可理赔！［EB/OL］.［2021-07-28］. https://mp.weixin.qq.com/s? src=11&timestamp=1705307041&ver=5019&signature=RydIpkq5aJ-Bu*qjvn0UQchHaAe1mfdGCL254jUPdmvYPMbYo4CPCtsIz424al4dL6eDy7M69qOkNBxzbn5z8IulGOa4W T2-lrP2X5c5E4bn0hFFP3-DqXMcGuA0wJuu&new=1.

合同约定，保险机构接受各农批农贸市场的快速检测结果，一旦发现快速检测结果有农兽药残留超标的，保险机构即协助市场管理方对该批次农产品进行集中销毁处理，并启动理赔程序；理赔时保险机构也会要求经营户提供进货票据，确认产品产地，事后采集相关信息提供给本地市场监管局，再由本地市场监管局将信息通报产地监管部门，从产地准入与市场准入两个环节加强安全预防措施，同时对经营商户进行保险理赔，减少其经济损失。

（2）应用实例

2018年8月21日，宁波市蔬菜有限公司蔬菜副食品分公司在对市场内的商户进行抽检的过程中发现某摊位售卖的包心菜农药残留超标。市场管理方向保险机构报案，运营服务中心理赔人员现场查看后确认事件属实，遂即现场将涉及农药超标的食品进行封存，并请商户出示进货台账。该食品在集中销毁处置后进行了销毁记录，对该经营户理赔2535元，既减少了经营户的经营损失，也落实了经营户食品安全主体责任，保障了当地老百姓的食品安全。

3. 冷链食品无害化处理保险

（1）险种特色

"冷链食品无害化处理保险"是指保险货物因被检测出携带法定传染病病毒，导致政府主管部门要求对保险货物进行无害化处理的，对于无害化处理造成的保险货物的损失，保险人按主险约定的保险金计算方式进行赔偿。2021年2月7日，首单"冷链食品无害化处理保险"在宁波市海曙区落地；同年3月17日，"冷链食品无害化处理保险"正式登陆"浙江省冷链食品追溯系统"，并向全国推广。截至2022年3月底，该保险累计投保企业4033家次，累计保费67.34万元，提供风险保障10.57亿元，发生理赔案件9起，累计赔偿金额约320万元。新冠疫情暴发以来，进口冷链食品须在集中监管仓对进行外包装预防性消毒和抽样核酸检测，若抽检发现阳性，根据相关规定，所有同批次进口冷链食品需就地进行无害化处理，致使企业蒙受很大的经济损失。冷链食品无害化处理保险是市场十分期待的保险产品，能切实帮助企业实现经营风险转移，也有效防止了不合格的进口冷链食品流入市场。

（2）应用实例

2021年3月8日，海关通知被保险人宁波市鄞州某贸易公司可以清关。清关后被保险人将箱体拉往台州市临海站监管仓进行消杀并检测。同年3月9日9时

38 分出港，同日在监管仓对进口商品鸡爪进行抽样。同年 3 月 10 日，被保险人收到通知，检验的鸡爪中有两个样本被检出新冠病毒弱阳性；同年 3 月 12 日，该柜内的货物复检为阳性，需按要求进行无害化处理。保险公司根据报关单价格，对货物价值、增值税及关税进行赔付。通过冷链食品无害化处理保险转移企业风险，给予企业补偿，为企业免除了经济上的后顾之忧，不仅有利于保障企业正常经营，而且有利于监管单位快速执法防止问题食品流入市场，保障国内人民群众的食品安全和生命安全。

4. 冷链防疫综合保险

（1）险种特色

2020 年下半年起，随着我国进口冷链食品携带新冠病毒输入风险加大，宁波市在加强冷链食品"物防"工作中引入保险机制。宁波中远海运冷链物流有限公司、宁波万纬冷链物流有限公司是政府指定的冷链食品公共中转仓，为解除上述两家企业及参与消杀工作人员的后顾之忧，为其投保"进口冷链防疫综合保险"，保额 4800 万元，其中，复工中断保险每家保额 300 万元，法定传染病危重症并附加法定传染病身故保险每家保额 1200 万元，食品安全责任保险附加传染性疾病保险每家保额 900 万元。"进口冷链防疫综合保险"主要包括三个方面内容：一是复工防疫营业中断保险，即企业营业场所内工作人员有感染或营业场所内查出病毒导致政府主管部门要求强制封闭消毒，造成营业场所停业，每天最高赔偿额度为 20 万元，每次事故最高赔偿 7 天；二是法定传染病危重症并附加法定传染病身故保险，即被保险企业的消杀人员如果被确诊新冠病毒感染引起危重症的，可得到 30 万元/人的保障，导致死亡的获赔 100 万元/人；三是食品安全责任保险附加传染性疾病保险，即食品引起新冠病毒感染传播所致的应有企业依法承担的经济赔偿责任，每人每次最高赔偿 50 万元。

（2）应用实例

2020 年 12 月 20 日，保险公司接到宁波中远海运冷链物流有限公司报案，快速启动响应程序，经与被保险人代表现场沟通，了解到此次涉及的冻品墨鱼从国外进口，经初筛检测疑似阳性，该企业立即按照监管部门要求停工并对场地进行封闭消杀，后经浙江省疾病预防控制中心复检为阴性，企业共停工封闭 4 天。经理赔核算，共赔付金额 178514.85 元。

5. "三小"食品安全责任保险

（1）险种特色

"三小"是指小作坊、小杂食店、小餐饮店，其数量约占宁波市食品生产经营单位总数的90%。"三小"行业量大面广，存在主体准入门槛较低、从业人员文化水平不高等现状问题，因此，在发生食品安全事故时，普遍缺乏相应的处置和赔付能力。2021年，全国首个"三小"行业食品安全责任保险落户宁波市鄞州区，根据保险合同，投保单位若发生食品安全事故，造成消费者或其他第三者的人身伤亡或直接财产损失，由保险公司负责赔偿，累计保额达900万元，每人每次赔偿限额为30万元。运营服务中心按照"保险＋服务"的运行模式，为参保的"三小"企业提供核查、培训、咨询、检验检测等四项保险配套服务，助力"三小"行业从业者提升规范操作能力和食品安全意识，有效防控"三小"食品安全风险。

（2）应用实例

2021年1月，由宁波市鄞州区政府出资，为第一批200家经营面积在150平方米以下的小餐饮单位投保食责险；2021年8月，海曙区政府为第二批2300家"三小"企业投保"三小食品安全责任保险"。截至2022年3月，运营服务中心通过风险隐患巡查发现各类问题4000余个，并提出了相应的整改建议，切实借助社会治理手段提升"三小"食品安全主体责任意识和食品安全管理水平，促进"三小"行业健康发展。

6. 境外司法诉讼保险

（1）险种特色

宁波市拥有丰富的海洋资源，出口水产品一直以来都是宁波口岸特色出口产品，出口已覆盖70多个国家和地区。因各国的法律及食品安全标准不一致，宁波市的出口产品在进口国遭遇诉讼的情况时有发生。针对这一问题，运营服务中心专门研发境外司法纠纷保险，定制保险合同的境外司法条款，一旦出口食品在出口目的地国家发生诉讼案件，保险公司认可适用出口目的地国家的相关法律条文及标准，通过委托当地专业机构就地查勘，帮助企业及时准确掌握货品问题、涉及金额，并启动理赔服务程序，为宁波市出口企业保驾护航。

（2）应用实例

2021年7月10日，宁波市某海鲜加工有限公司向日本出口一批调味鱿鱼耳，数量为 600 箱，重量为 12000 千克，货值为 108000 美元。同年 10 月，日本进口商经第三方检测，部分产品不符合约定要求，经协商退回其中的 195 箱，重量为 3900 千克，合计货款为 35100 美元。因疫情影响，上述问题产品于 2022 年 4 月 22 日退回被保险人公司签收，因此而产生的运费、报关费及消杀费，由保险公司承担。

7. 食品召回保险

（1）险种特色

2021 年 4 月，运营服务中心为浙食链应用企业量身定制"食品召回保险"，全国首张"食品召回保险"保单在宁波市宁海县落地，宁海卡依之食品有限公司投保，保费 5000 元，保额 923 万元。食品、食品添加剂、食品相关产品因抽检不合格等因素触发召回指令时，"食品召回保险"可为企业承担因实施召回而产生的必要合理的费用，兜底式支持企业依托浙食链追溯体系实施问题食品"无遗漏"召回，既确保了食品质量安全，也达到了为企业减损、维护企业品牌形象的目的。

（2）应用实例

2021 年 7 月 28 日，宁波市某啤酒生产企业接到其经销商信息，称有两个批次的啤酒存在问题，该企业收到客诉后赶赴经销商处进行调查，对经销商处库存的两个批次啤酒送检验检测实验室进行检测。检测报告显示，两个批次啤酒中的双乙酰值均超过国家标准 0.1mg/L 的限值，其中，2021 年 6 月 19 日批次的啤酒双乙酰值为 0.13mg/L，2021 年 7 月 1 日批次的啤酒双乙酰值为 0.11mg/L。保险公司理赔人员同该啤酒生产企业清点两个批次啤酒共 1560 箱，货品金额约 62400 元。该啤酒企业将问题产品全部召回。按照保险合同约定，保险公司对该批次产品核算后赔付企业 42670.95 元。

8. 中东欧进口食品综合保险

（1）险种特色

中东欧进口食品综合保险是宁波市食责险共保体根据中东欧商品采购联盟成员多元化需求，根据该区域商品特点和进口商实际需求，专为其食品进口企业量身定制的综合保险产品，主要用于减少因该区域食品及食品标签的执行标准与国内不统一产生退货、销毁等情况而对企业造成的经济损失，在促进中国与该区域食品贸易发展的同时，更有效地抵御由于不同国家或地区食品安全标准不同而产生的食品安全问题或贸易争端、消费者投诉等经营风险，让进口企业更安心、消费者更放心。该保险主要涵盖四个方面保障：一是食品安全责任保险，当消费者因食品安全问题造成人身伤亡或财产损失的，每人每次最高可获得 20 万元赔偿；二是食品质量安全保险，因不同国家或地区进口食品包装破裂、变质、食品标签错误等问题，消费者要求换货、退货及商家按监管要求进行无害化处理所产生的损失，以及该区域的食品因执行欧盟标准、产品标签标识等不符合我国标准要求而遭到海关退货或销毁而产生的损失，由保险公司承担；三是召回费用保险，当该区域食品、食品添加剂、食品相关产品因抽检不合格等因素触发召回指令时，保险公司将为进口企业承担因实施召回而产生的必要合理的费用；四是传染性疾病责任保险，由该区域进口食品及食品添加剂引起新冠疫情传播所致的，应由企业依法承担的经济赔偿责任也将由保险公司承担，最高赔偿 300 万元。

（2）应用实例

2021 年 6 月 1 日，在宁波保税区市场监管分局的支持和指导下，全国首张中东欧食品综合保险保单在宁波保税区正式落地——宁波陆美汇进出口有限公司投保，保费 4200 元，保额 500 万元。2021 年 6 月 8 日，食责险首次走进中国—中东欧国家博览会，中东欧商品采购联盟与浙江省宁波市食品安全责任保险共保体签订食品安全责任保险战略合作协议，共同向联盟内约 130 家进口食品企业推广该区域进口食品综合保险，通过保险手段转移进口贸易企业经营面临的风险，同时为该区域食品顺利进入中国提供保险服务。

宁波食责险共保体和运营服务中心组建专家团队，为相关进口企业提供定制食品相关保险、开设理赔绿色通道、简化理赔手续、缩短理赔时间等一系列保险服务；积极为中东欧商品采购联盟设立的"雅滋云"供应链综合服务平台提供系统建设、运营管理、风控体系等方面的资源互通和支持。"中东欧食品综合保险"项目荣获 2021 年第二批中国（浙江）自由贸易试验区宁波片区最佳制度创新案例，也是唯一获得此项荣誉的保险产品。该险种的推行，分散了进口贸易企业的经营风险，优化了营商环境，有利于宁波市深化与该区域的经贸合作。

9. 隔离送餐综合保险

（1）险种特色

2022 年 3 月底以来，在新冠疫情中本地及外省人员来宁波市隔离的压力陡增，在由政府指定配送餐单位为隔离点人员提供送餐服务过程中，送餐人员因近距离接触隔离点人员而感染的风险较高。为降低隔离点配送餐单位风险，保障隔离点人员用餐安全，宁波市开发了"隔离送餐综合保险"，该保险的保障对象为集中隔离点的配送餐单位，属于商业险，主要包含两个部分风险保障：一是疫情防控保障。配送餐单位因经营场所内突发疫情直接导致必须按相关部门要求暂停营业的，暂停营业期间可获部分经济赔偿，根据企业员工人数制定不同的保费与赔偿限额。二是食品安全保障。隔离点配送餐单位提供的食品造成隔离点发生食品安全事故的，保费按食品安全责任保险相关标准测算。

（2）应用实例

疫情防控期间，中小餐饮企业被迫停业无法开工，因此造成经营损失、租金损失怎么办？集中隔离点配送餐过程中可能存在风险隐患，如何让送餐者、用餐者安心放心？宁波市通过引进特色保险产品"隔离送餐综合保险"来化解上述风险。首批保单在宁波市宁海县落地，覆盖当地全部4家隔离点配送餐单位；截至2022年3月底，全市已有50多家隔离送餐定点单位投保该产品。该保险主要分两部分：一是疫情防控保障，该部分保费198元/年，配送餐单位因突发疫情暂停营业期间每日可获赔3000元，累计最高获赔9万元；二是食品安全保障，隔离点配送餐单位提供的食品造成隔离点发生食品安全事故的，每人每次最高可获赔30万元，同一隔离点累计最高获赔900万元。

10. 附加赔偿金责任保险

（1）险种特色

根据对宁波市食品安全责任保险理赔案例的数据分析结果，在发生食品安全事故时，消费者通常主张按照《食品安全法》第148条进行赔偿，赔偿金以商品的价款进行计划，医药费等费用仅占据消费者索赔的极小部分，而食责险目前可补偿部分主要是医药费，与第148条的规定相差较大，容易造成消费维权事件，既不利于维护消费者的合法权益，也给企业造成"食责险保障度较低"的困扰。宁波市依据《食品安全法》《消费者权益保护法》，研发了"食品安全责任保险附加赔偿金责任保险条款"，通过附加险模式扩展食责险的保障范围。

（2）应用实例

附加赔偿金责任保险已向国家有关部门注册。该产品服务的引入，有助于更好地保护消费者合法权益，降低食品安全相关维权成本，营造放心消费环境。

11. 虚假消费恶意索赔保险

（1）险种特色

近年来，我国以"打假""维权"为名发起的"职业索赔"恶意投诉举报每年超过 100 万件，对市场经营秩序造成不良影响。如何防止"职业索赔人"对企业经营造成伤害，维护良好营商环境，不断改善消费者购物体验，宁波市积极发挥保险理赔大数据分析的作用，通过对历史同类理赔数据进行统计分析，为监管部门提供证据，确定合法、合理赔偿，保障消费者合法权益；认定虚假消费、恶意索赔行为，帮助企业规避恶意求偿造成的经济损失。

（2）应用实例

2019 年 6 月 20 日，宁波市海曙区高桥镇某超市向保险公司报案，反馈消费者周某和韩某购买了该超市销售的某款饼干有过期问题，向超市提出索赔。经运营服务中心介入协调，超市店长陈某通过微信转账的形式支付给消费者韩某 400元现金作为赔偿。2019 年 6 月 25 日，周某和韩某又来到该超市，周某称店内还有问题食品，向店长陈某索要 400 元赔偿。保险公司介入后认定周某和韩某系职业打假人，其行为有通过恶意投诉而牟利之嫌，店长陈某随即向当地派出所报警，保险公司协助超市向派出所提供相应证据。保险公司调取自 2018 年至 2019年 6 月的报案赔款记录，证明周某曾以相同方式向多个门店提出索赔要求。根据保险公司提供的证据，当地派出所认定，周某购买索赔行为频繁，已超出正常消费者的购买需求，其虚假消费、恶意索赔行为有敲诈勒索的嫌疑，后对周某采取了 1 个月的行政拘留措施。

三、宁波市食责险运行成效

自 2015 年试点开启以来，宁波市食责险大幅拓展展业地域、保险标的和险种范围，运行呈现"量稳、质优、效增"的良好发展态势。以共同体模式运营的食责险展业地域，已实现宁波市 10 个区县（市）全覆盖，并扩展至浙江省的台州市、衢州市。

一是发展规模居全国前列。截至 2022 年 3 月底，宁波市投保单位 72514 家，食责险保费规模 1.23 亿元，保单保额 518.29 亿元；处理理赔案件 3881 起，累计赔付 683.52 万元。

二是保险产品结构优化合理。宁波市食责险的保险标的已覆盖食品生产、流通、餐饮三大环节，产品品种（承保内容）涵盖了：①食品生产和加工；②食品流通和餐饮服务；③食品添加剂的生产、经营；④用于食品的包装材料、容器、洗涤剂、消毒剂和用于食品生产、经营的工具、设备等食品相关产品的生产、经营；⑤保险人认可的其他食品生产、经营活动。全市食责险投保类型主要有财政统保、企业自保、补贴合保三种方式。截至 2022 年 3 月底，公益险规模占比 29.09%，商业险占比 70.91%。参保业态/品种的具体覆盖情况为：重点民生领域（农村集体聚餐、食用农产品批发市场、中小学校及幼儿园食堂、建筑工地食堂、中央厨房和集体用餐配送单位）食责险覆盖率 100%；肉蛋奶企业覆盖率 65%；白酒生产企业覆盖率 50%；大型食品生产企业覆盖率 67%；综合商业体餐饮单位、商业街餐饮单位覆盖率 80%。从全市各类型保险产品及服务的发展情况来看，宁波市食责险基本实现了"政策引导、政府推动、市场运作、科技创新"的实施原则。

三是保险服务创新升级。宁波市食责险有效发挥了风险保障作用，针对的主要食品安全风险类型包括：食物中毒、食源性疾病、食品污染，食品中有异物、保质期内发霉变质，食品农残超标等。其中，"冷链食品无害化处理保险"已为全国 87 家企业开出 1351 张保单，提供 4.99 亿元风险保障；"灾后质量险"在台风"烟花"过境后向 810 家受灾经营户理赔 68.91 万元，成功阻断 396.3 吨受灾农副食品流入市场。通过发挥食责险参与食品安全社会共治的作用，宁波市食品安全风险管控能力逐步提升，近年来均未发生重大食品安全事故。

四是食责险运营体系不断完善。宁波市食责险共保体的组织与运作遵循严格的风险分散原则，共保体由一家首席承保人和 4 家共保人联合组成，成员各方就政策性食责险项目商定共保比例，制定共保章程，签订明确责权利的法律文本。设立风险基金，规范基金管理，提高资金使用效率，最大限度发挥风险基金在支持食责险公益险项目发展中的积极作用。截至 2021 年年底，宁波市食责险风险基金总额达 2642 万元。江北区、宁海县等 9 个区县（市）利用风险基金为统保形式的商业险提供补助，共补助金额 321.37 万元，降低企业成本负担，扩大商业险覆盖率。

四、宁波经验对我国食责险制度建设的重要启示

（一）主要经验

经过 10 年实践探索，宁波市已形成一套稳定、成熟的食责险共保体组织与运营模式，从组织类型看，属于区域综合性食责险共保体；从经营体制类型看，属于非合伙企业式合伙型联营。宁波食责险共保体模式试点的起点较高，具备政府强烈治理意愿、快速发展的现代保险业、政企联动、普惠式食品安全保障政策等部分重要条件，保险的经济"助推器"和社会"稳定器"作用日益加强，同时积累了一些宝贵经验。

一是改革推动，创新驱动。宁波市落实国家加快发展现代保险服务业的要求，注重深化改革和创新驱动，紧抓保险创新高地契机，加大食责险产品、服务、渠道、管理和技术等各领域创新，释放发展潜力，成为全国保险业创新发展的良好示范。

二是先行先试，重点突破。坚持从实际出发，聚焦食责险发展最紧迫、有影响、可实现的关键举措，大胆先行先试，积极探索更高效、更便捷、可持续的保险服务方式，丰富和健全保险市场体系。

三是问题导向，紧贴需求。紧紧围绕食品安全治理的重点和难点，从经济社会和人民群众对保险服务的多元化需求出发，持续推动食责险创新发展，努力使保险在改善民生保障、创新食安治理方式、促进食品产业提质增效、保障社会稳定运行等方面发挥更大作用。

四是政策引导，市场主导。正确处理政府与市场的关系，坚持政府引导与发挥市场机制相结合，尊重市场规律，使市场在保险资源配置中发挥决定性作用。更好发挥政府在统筹规划、组织协调、政策扶持等方面的引导作用，营造有利于食责险创新发展的良好环境。对于食责险发展的可持续性问题，宁波市在三个方面进行了制度设计：①政府引导、商保推动，最大限度做大参保基数；②建立可回溯机制，保证定价科学；③成立食责险运营服务中心，负责统一受理和处理理赔、客服等相关事项。

五是依法合规，风险可控。按照"守住底线、试点先行、成熟一项、推进一项"的原则，在严格遵守国家法律法规和保险监管要求的前提下，稳步推进食责险的组织体系、产品创新、机制体制改革等各项试点工作，渐次推进不同规模、不同层次的改革创新，强化风险控制措施，做到依法合规试点，切实守住不发生系统性、区域性风险的底线。

（二）重要启示

自 2013 年以来，宁波市食责险共保体模式试点以问题为导向，创造责任保险有效供给，为责任保险的创新提供了范本，对我国食责险制度建设的全局具有十分重要的启示意义。

一是成为政府服务提质增效的"助推器"。借助政府服务购买等形式，实现政府和市场的合作互通，助力政府优化资源配置，降低行政成本和监管压力，打通政府服务升级和食安治理效能优化的关键节点。

二是成为助推保险业态发展的"新引擎"。以食品安全责任保险实践为契机，拓宽了责任保险服务领域，探索保险参与公共性项目的新路子，从而激发保险业产业升级潜力，提高区域责任保险的密度和深度。

三是成为保障区域民生安全的"稳定阀"。探索"事前防范、事中减损、事后快赔"的运作机制，使食责险切实发挥保护消费者合法权益的作用，体现了保险参与社会管理的职能。公益险与商业险同步推进，有效弥补商业性投保企业负担较重、承保标的分散、信息不对称等缺陷，最大化覆盖辖区人群，提高人民群众特别是弱势群体的食品安全风险应对和自我保护能力。

五、有待探讨的问题

2022 年 5 月，《关于银行业保险业支持城市建设和治理的指导意见》发布，该指导意见围绕民生事业、城市建设和治理、服务实体经济等领域，提出"把金融资源更高效地配置到人民城市发展的重点领域和薄弱环节，更好满足人民群众对美好生活的需求，推动建设人民满意的社会主义现代化城市"，引导银行业保险业更好支持城市建设和治理。2023 年 1 月，《关于财产保险业积极开展风险减量服务的意见》发布，其指出"风险减量服务是财险业服务实体经济发展的有效手段之一，对于提高社会抗风险能力、降低社会风险成本具有积极作用"，明确提出"拓宽服务范围。各公司在安全生产责任保险、食品安全责任保险、环境污染责任保险等责任保险以及车险、农险、企财险、家财险、工程险、货运险等各类财产保险业务中，要积极提供风险减量服务"。

上述两项政策为保险业更高水平参与社会治理和食品安全治理现代化建设、更好发挥保险的风险管理功能提供了发展指引，提出了更高要求。然而，在实际操作中，食品安全责任保险的落地实施在法律法规、配套政策、技术体系、服务能力、食品行业风险意识等不同层面仍面临诸多困境。未来，以下五个因素将深刻影响食责险的发展质效。

一是强化食责险发展的法律支撑。随着《民法典》的颁行实施，对于民事权利保护的力度不断加大，一些与公众利益密切相关的领域立法工作持续推进，有利于责任保险相关配套法律体系的建设和完善。例如，依据《民法典》对于侵权责任的规定，对相应的民事赔偿责任有望进一步划分明确，使侵权损害赔偿的计量有明确的法律依据。❶ 在健全而严谨的法律制度下，企业面临赔偿责任压力，分散自身风险的意识进而提高，主动投保责任保险的意愿也随之增强；而民事责任制度的落实，使责任保险为解决民事赔偿责任事故提供了有力保障和支持渠道，这既有助于提升消费者的维权意识，也利于从多方面催生责任保险的有效需求。

二是规范食责险实施的技术体系。开展食责险业务涉及的环节众多，包括确定承保的食品类别及其承保的方式，企业食品安全责任风险评估，食品安全责任事故认定及赔付率、再保险、诉讼和仲裁等。我国食责险还没有建立统一规范的操作体系，需要建立健全相关的技术规范，明确保险范围、确定经营原则、厘定费率标准、规范操作规则，按照统一规范、分类渐次的原则推进该险种真正落地。针对奶及奶制品、肉及肉制品、食用油、白酒等消费量大或风险高的食品种类，建立完善食品安全追溯体系，为企业食品安全责任风险评估和保险产品回溯管理提供可靠的数据支撑。

三是加强食责险发展的政策支持。①税收优惠政策。2018 年 10 月 31 日，

---

❶ 陈振宇. 我国责任保险市场发展现状分析［J］. 广西质量监督导报，2019（7）：210－211.

国家税务总局发布《关于责任保险费企业所得税税前扣除有关问题的公告》，明确企业参加雇主责任险、公众责任险等责任保险，按照规定缴纳的保险费，准予在企业所得税前扣除。应将食责险保费也纳入企业税前扣除的范围，鼓励企业投保。②中小微企业扶持政策。针对中小微企业采取开发定制化责任险综合产品服务、扩展食责险责任范围、延长保险期限、合理下调保费、灵活调整保费缴纳方式、开展线上投保、优先安排食品安全事故预防服务、开设绿色通道提供先行赔付资金等多种措施，提高食责险的覆盖率。③财政奖补政策。针对学校（幼儿园）、养老机构、工地、农村集体聚餐、食用农产品批发市场等关乎民生和公共安全的场所（环节），为投保人提供财政奖补，遵循"财政激励引导、市场机制运作、公开公平公正"原则，合理运用政府的公权力，利用市场机制平衡政府、企业、保险机构、消费者四方利益，促进食责险经济效益和社会效益最大化。

四是提升保险机构的食责险运营水平。在保险机构供给不足和食品企业需求不足的双重制约下，我国食责险进展缓慢，而食责险经营技术滞后是其进展缓慢的重要原因之一。客观上，由于食责险的险种范围较小，历史数据和经验积累十分有限，且承保人缺乏必要的信息核实机制，对保险经营的大数法则带来很大的挑战，保险机构难以进行科学定价和风险控制；主观上，国内食品生产经营企业投保的意愿普遍较低，食责险的保费收入较少，保险公司新产品开发的意愿和动力不足，产品同质化严重，资源向政府兜底的公益险集聚，无法满足投保人的多样化需求。保险机构应注重专业性人才储备，加强食品安全责任风险研究，研究食责险细分市场目标，加大产品创新力度，提高食责险运营的整体技术创新水平和管控水平。

五是提升科技在食责险中的参与度。"保险＋科技"是我国保险业发展的一大战略趋势，在食责险参与食品安全治理的过程中引入"保险＋科技"，进而构建"保险＋科技＋服务"食品安全风险减管理模式。利用先进科技和专业力量，推行"事前风险预防、事中风险处置、事后风险赔偿"的全生命周期风险减量管理，践行保险服务食品安全治理全新理念。运用大数据、人工智能等新一代信息技术，建立食品安全责任风险数据库，依法依规披露风险信息，建立信息核查机制，减少信息不对称，方便保险机构利用大数据进行精算，进而实行差异化费率，并为投保人提供定制化食责险方案。

【访谈实录】

访谈主题：保险服务食品安全治理的逻辑

访谈时间：2021 年 6 月 22 日

访 谈 人：张　晓　北京东方君和管理顾问有限公司董事长

　　　　　陈元刚　宁波市市场监督管理局党委委员、副局长

　　　　　傅谷琪　宁波市公众食品安全责任保险运营服务中心主任

张晓： 从 2015 年宁波市食品安全责任保险试点至今，已有 7 个年头。各位现在还记不记得当时的情形？

陈元刚： 当然记得！每个细节都历历在目。宁波市食责险的试点是 2015 年 5 月从鄞州区开始的。当时鄞州区政府出资 300 万元，为辖区内的幼儿园及中小学校食堂购买食品安全责任保险，这是我们最早的公益性食责险的尝试。同年 10 月，海曙区推出商业性食责险，由区政府拨款 100 万元对辖区内自愿投保的食品生产经营单位进行补贴。在随后的一年时间里，我们逐个区域推进，2016 年年底实现了全市 10 个县（市、区）全覆盖，除了学校（幼儿园）食堂，大型餐饮服务和配送单位、农村集体聚餐等食品安全重点领域都纳入了食责险范围。政府把学校、养老机构食堂、工地食堂都纳入进来，因为农民工伙食相对来说比较差，万一发生事情可能是一群农民工倒下了，会造成整个社会的不稳定，所以我们对公众领域，包括农贸市场，都是政府出资购买保险。

张晓： 当时学校对于食责险的态度如何？

陈元刚： 学校的态度比较积极。一方面，学校食责险的试点是采用公益险的方式，由政府兜底，当时保额是 1 亿元，每次事故每人赔偿限额 20 万元，一旦发生食品安全事故，通过保险公司做好理赔，能有效减轻学校的经济负担，也能化解纠纷，对于引导舆论舆情、维护社会稳定很有帮助。另一方面，在食责险实施过程中，宁波市公众食品安全责任保险运营服务中心要派专门人员，和市场监督管理局、卫生健康委员会等单位一起开展校园食品安全风险排查、巡查，包括春秋两个学期开学的专项检查和其他食品安全专项检查，当然有专项的，有开学初的，以及政府指定性的，每学期开学这些检查是为了排除食品安全隐患，将检查中发现的食品安全风险隐患及时反馈给学校和教育局，方便政府督促落实整

改。这项工作比较有成效，无论是作为食品安全第一责任人的学校，还是教育部门，都在这种闭环的工作中养成了食品安全"零隐患"思维方式。

张晓：对食品生产经营主体而言，通过食责险的推行树立风险理念是首要的目标。风险减量服务，也是现代保险业的重要使命和价值。

傅谷琪：是的。风险减量，其实就是风险防控。

张晓：宁波市推行食责险采用了共保体模式，当时是怎么考虑的？

傅谷琪：作为国家保险创新综合试验区，宁波市的一些保险创新项目，基本上是采用共保体模式来做，比如医疗责任保险，由5家保险公司联合成立宁波市医疗责任保险共同体，共保体下设医疗纠纷理赔处理中心，负责全市医疗纠纷补偿，既保障了患者的合法权益，又较好解决了"医闹"问题。在农业保险上，宁波市也是采取"政府推动，共保经营"的模式。2006年最早试点时，由10家商业性财产保险公司共同组建宁波市政策性农业保险共保体；2010年起，农业保险共保体的保险公司先后又增加了5家。2015年，宁波市组建食责险共保体，共保体下设食品安全责任保险运营服务中心。共保体按照章程约定的比例，分摊保费，承担风险，享受政策，共同提供保险服务，其中，中国人寿保险股份有限责任公司宁波市分公司是食责险共保体的首席承保人。

张晓：共保体这种运营组织模式的优势是什么？

傅谷琪：食责险是责任保险里的一个新险种，创新的东西是需要慢慢培育的，从一开始就要注意避免恶性竞争。如果各家保险公司各自推广食责险，为了占据市场份额，很有可能低价竞争，你的保费定20元，我的保费定10元，最后保费收取不合理，服务就跟不上了。另外，共保体的财力比较大，共保体的成员按照章程约定的条款共同投入、共同承担，可以集中资源、集中力量办大事、办好事。

张晓：我的理解是，食责险是一个特别需要培育的险种，保险公司不可能马上从这个险种的经营上赚到钱，但是服务又必须做，做服务就需要投入，不管采用哪种运营组织模式，只要保险公司愿意投入，把风险评估、风险管控、理赔等服务做好，就有利于食责险长期经营、持续发展。

傅谷琪：是的。你讲到服务，我认为非常关键。宁波市食责险工作的推进，主要得益于"保险+服务"的思想得以贯彻落实。宁波市成立食责险共保体，不是为了垄断市场，而是为了在宁波这块优质的土壤上让食责险的发展健康有序，共保体的所有保险公司同平台接轨，由食品安全责任保险运营服务中心提供统一规范的服务标准，这对于各家保险公司都很公平，对投保人的服务质量也有保障。

张晓：宁波市在食责险方面做了很多创新，推出了不少产品组合，比如在全国率先推出了"进口冷链防疫综合保险""冷链食品无害化处理保险""灾后质量险"。在全国食责险市场普遍产品供给不足的现状下，这样的保险产品创新无疑是难能可贵的。我很想知道这些产品创新是如何诞生的？

陈元刚：我们一直在努力创新"1＋X"食责险商业保险体系（"1"为一个主险，"X"为定制附加险），按需定制保险产品。按照"成熟一个，发展一个"的思路，先是发掘用户需求，然后组织专家论证，进行保险产品设计，每一个保险产品都经历了从调研到试点再到全面铺开的发展过程。2020年年底，宁波市建立了两个集中监管仓，全市的进口商品都必须进仓统一监管。这种情况下，企业的压力很大，所有的货都集中到一起，一旦发现阳性就得封起来，货主的经济损失会很大。我们考虑，是不是可以利用保险来帮助企业分担一点风险，让它们放心地配合做好集中监管仓的疫情防护工作。于是，我们就和保险公司一起研发这个产品，加班加点，只用一个星期的时间产品就成型了。2020年12月1日，两个集中监管仓正式运行，我们的"进口冷链防疫综合保险"开始生效。

张晓：这个险种具体是怎么设计的？

陈元刚："进口冷链防疫综合保险"的保费是35万元，承保的内容包括三个方面：一是复工防疫营业中断保险，即企业营业场所内工作人员有感染或在营业场所内查出病毒感染导致政府主管部门要求强制封闭消毒，造成营业场所停业，产生的经济损失由保险公司承担，每天最高赔偿额度为20万元，每次事故最高赔偿7天，一年可以赔付两次；二是法定传染病危重症保险并附加法定传染病身故保险条款，即被保险企业的消杀人员被确诊新冠病毒感染引起危重症的，可得到30万元每人的保障，导致死亡的获赔100万元每人；三是食品安全责任保险附加传染性疾病保险条款，即食品、食品添加剂引起新冠病毒感染的传播所致的应由企业依法承担的经济赔偿责任，由保险公司承担，每人每次最高50万元。

张晓："进口冷链防疫综合保险"推出后，有没有赔付过？

陈元刚：推出不久就有了一起赔付。2021年1月，有家企业的进口商品在抽检监测中发现弱阳性，被封了10天，获赔18万元。这家企业很满意，减少了损失。

张晓：宁波市的"冷链食品无害化处理保险"也很有针对性，为企业因标的物被政府相关部门检测出携带法定传染病病毒而进行无害化处理造成的损失提供了风险保障。

陈元刚：是的，浙江省对联防联控工作的要求很严格，冷链食品一旦检出新冠病毒核酸阳性，就必须按规定进行无害化处理，相关采购商将不可避免地蒙受损失。为降低企业在采购冷链食品过程中可能面临的疫情风险，2021年3月，我们在"进口冷链防疫综合保险"的基础上又研发了"冷链食品无害化处理保险"。这个险种在上海市注册，这样就实现了面向全国用户。浙江省政府很支持我们，2021年4月就在浙冷链系统上开了个窗口，全省所有冷链食品采购企业都可以通过浙冷链系统线上快速投保，实时生成保单；无法在浙冷链系统注册的省外企业可以通过线下专项通道投保。

张晓：我记得看过中央电视台播放的一部专题片，讲宁波市一个保险纾困的故事。

陈元刚：这是一个真实的事情。2021年4月，鄞州区有家外贸公司从俄罗斯进口了一批冷冻鸡爪，当时宁波市的两个集中监管仓进仓排队的时间比较长，这家企业货品进了台州市的监管仓。所以货品在台州检测出来阳性，第二次在省里检测也是阳性，意味着这批货肯定要进行无害化处理。这家企业负责人非常好说话，他说你销毁掉好了，保险公司会赔的。他投了"冷链食品无害化处理保险"。这批货的货值是37万元，把关税和增值税都算上，总共赔付了40多万元。这家企业的负责人是从农村考到宁波大学的，毕业后在一家外贸公司打工，后来夫妻两人创业，开了自己的外贸公司，那批冻品进货的钱还是抵押房子从银行拿的贷款，如果没有保险的话，损失就非常惨重了。2021年5月，中央电视台了解了这个事情，专门来宁波拍摄了三天，把这位年轻人的故事拍成了一部专题片。

张晓：这款附加险种的设计应该是很考验专业度的，我曾经看过货运保险的资料，好的保险产品，适用性很重要。

傅谷琪：是的，在设计保险产品过程中一定要考虑的需求，这是推广食责险的核心。没有人买保险，再好的服务也没有用。产品组合及定价策略是核心中的核心，我们采用"1+X"模式设计食责险，定价很关键，价格低了，保险公司亏损，意愿不强，价格高了又没市场。所以在设计"冷链食品无害化处理保险"

时，我们实行差异化保费测算模式，根据检出新冠病毒核酸阳性概率，对不同进口地的产品划分低、中、高三个风险等级，设定 0.8、1、1.2 三档风险系数；并根据整柜货值，细分 0.065%、0.07%、0.075%、0.08% 四档费率系数，系统根据系数自动测算保费，有效提高了保险保障的精准度和科学性。

张晓： 按需定制保险产品，对不同用户群体精准画像，快速上线产品，丰富市场供给，宁波市的做法有创新、有实效。

陈元刚： 我们希望能做到这样！2022 年，我们在走访企业的过程中发现一个需求，很多企业反映，中东欧地区的国家基本上以欧盟标准来生产，大部分产品也是供应欧洲市场的。欧盟与我国的标准不太一样，比如，欧盟对维生素产品的添加没有限制，但是我国对维生素的添加是有限制的，如果欧洲的维生素在我国的海关检测出添加剂超标，就面临两种结果，要么退货，要么无害化处理，不管怎么做，商家都要承担经济损失，严重的还会造成贸易争端。针对这个问题，我们开发了"中东欧进口食品综合保险"，企业的反响很好，减少了贸易商的经营风险，为中东欧地区食品进入我国市场提供了有效的保险服务。

张晓： 宁波市在食责险的创新应用方面，现在和将来的主要方向是什么？

陈元刚： 宁波市将持续推动食责险覆盖至市域内主要菜篮子供应企业，更好提升全市食品安全保障水平。现在我们很多企业已经被纳入浙食链，溯源越来越方便，对企业来说挑战会增加。打个比方，一包饼干可能由大麦、糖等多种原料制成，有了完善的溯源，如果发现大麦有问题，从原料一路追溯到工厂，用问题大麦做的这批次饼干，也是要召回的。以后溯源体系对企业的要求会非常高，但这对食品安全保障是非常好的，这就是说，并不只是抽检饼干时才会有风险，即使抽检到饼干的原辅料也会导致其他产品被召回、销毁，如果有无害化处理保险，这部分损失就由保险公司来理赔。

张晓： 浙食链系统以后会发挥更大的作用。

陈元刚： 是的，以后我们会依靠浙食链系统进行理赔，举个例子，超市进了300 包饼干，卖掉了 200 包，库存还有 100 包，如果抽检发现这批次饼干不合格，需要召回的，包括卖掉的和剩余的，去向很清晰，卖出去的，由保险公司先行赔付，通过支付宝把钱原路退回给消费者，非常便利，对消费者来说权益有了及时保障，对超市来说增加了诚信度。

张晓： 看资料，宁波市针对农产品批发市场、农贸市场推出了一款"食品安全预防措施保险"，这个险种的设计当时是怎么考虑的？

傅谷琪： 我们到农产品批发市场、农贸市场巡查的时候，发现一个问题，所有农产品批发市场、农贸市场现在都有快速检测室，快速检测每天都是合格的，但是每次省市场监督管理局、市市场监督管理局抽检的时候总有不合格的，如农残超标问题，这说明快速检测的效用没有发挥出来。和市场开办方、经营户沟通下来，感觉他们其实不太愿意快速检测发现不合格情况，因为不合格的要销毁，有很多蔬菜是小农户地产的，他们舍不得销毁。针对这个源头食品安全风险控制的难题，我们开发了"食品安全预防措施保险"，快速检测、监督抽检发现的不合格产品都按规范进行销毁处理，由保险公司理赔，赔付的标准按市场平均价格计算，保险公司先统一转账到市场管理方，再在规定时限内转账给经营户。这个险种最早在鄞州区的蔬菜批发市场试点，现在已经扩展到全市的食用农产品批发市场和农贸市场。

张晓： 在鄞州区试点时，"食品安全预防措施保险"是作为公益性险推行的，现在的运营方式是什么？

陈元刚： 现在都是按市场化方式运作了，由农产品批发市场、农贸市场开办方购买保险，统一为入场经营户投保自己交保费，市场开办方与经营户协商，每家每户多收200元租赁费，这样对经营户来说压力不大，遇到快速检测、抽检不合格的问题，对处置工作都很配合。我们最多一次销毁了大约一吨抽检不合格的蔬菜，前两天又销毁了30斤抗生素超标的牛蛙。

张晓： 这是一件惠及民生的好事。在农产品批发市场、农贸市场环节的食品安全风险治理方法上有突破，很有现实意义。

陈元刚： 是的。我们在调研的时候，宁波市有一家生鲜超市连锁店的负责人说，他们从外地进的鱼都要先运到一个专门的鱼塘里养10天，10天以后进行药物残留检测，看看养殖或运输过程中药物残留有没有代谢，如果检测合格，就进店销售。这家企业的做法给我们很大的启发。按照总局的要求，水产品药物残留治理是一项重要任务，特别是黑鱼、黄鳝、甲鱼、牛蛙之类，抽检时比较容易出现药残超标问题，所以我们正在筹划一个新的合格水产品保险治理方案。在日常监管中，如果批发市场进来一车鱼，在进行水样、鱼体的抽样检测后，发现检测报告不合格该怎么办？集中销毁，经营户的损失惨重；退回，肯定不行；宁波不能卖，卖到别的地方，还是损害老百姓的利益。我们考虑把这些鱼放到一个指定的水库里养 10 天左右，经过一段时间的代谢后再检测，如果合格了，这批鱼就可以上市销售。我们和水产批发市场负责人沟通，在暂养过程中可能有部分鱼会死掉，那么这些死鱼的损失，连同运费、人工费、饲料费都由保险公司赔付，经营者是比较愿意的，但运输、饲料等经济价值没有鱼本身高，一车鱼销毁可能要损失几十万元。

张晓：从您的讲述中，我感觉宁波市食责险在设计、推行过程中始终注重与市场主体的需求沟通，这一点很重要，市场机制是食责险可持续运营的根本所在。

陈元刚：宁波市一直是按这个思路在推进，目前全市商业性食责险的投保主体有 5100 多家，餐饮企业投保的增长比较快。我们在操作中摸索出一条经验，按商圈来布局，一个商圈一个商圈地覆盖，效果很好。现在宁波市的商业综合体在招商的时候，把食责险作为一个明示的条款，投保的商户，我们都制作一块有着"本单位已承保食品安全责任保险"字样的牌子，让老百姓放心消费。

张晓：这对于餐饮店和商业综合体来说，都在无形中起到了一种增信的作用。

陈元刚：是的。宁波市有家五星级宾馆，有家单位要开年会，过去接洽时会问这家宾馆有没有买过食品安全责任保险，如果买了，就可以放心在这里开年会。

张晓：这是一个意识和理念的事情，只有不断地宣传，人们的意识才会慢慢提升。

陈元刚：我们这几年的实践体会是，保险机制是一种食品安全社会共治的有效方法，不是简单的赔钱问题，更重要的是风险预防。

张晓：宁波市的食责险工作已形成了良性发展态势，在浙江省乃至全国处于领先水平，真正做到让消费者得实惠、让食品生产经营主体和政府得民心、让保险公司得发展，走出了一条多方共赢的食品安全共治之路。善作善成、唯实惟先、进而有为，在此过程中，我感受到了宁波"书藏古今、港通天下"的历史文脉在食品安全治理现代化探索中的传承。

8

浙江省"肥药两制"数字化改革

——永康市试点的经验与成效

"庄稼一枝花,全靠肥当家"。化肥、农药是农作物的"粮"和"药",是重要的农业生产资料。科学施用化肥农药、推进化肥农药减量化是全方位夯实粮食安全根基、加快农业全面绿色转型的必然要求,也是保障农产品质量安全、加强生态文明建设的重要举措。近年来,我国围绕质量兴农、绿色兴农这一现代农业主旋律,创新机制、强化措施,持续推进化肥农药减量增效行动,大力实施农业品种培优、品质提升、品牌打造和标准化生产提升行动。2021年,我国农业面源污染治理取得了积极进展,化肥和农药使用量连续5年负增长,农作物秸秆综合利用率、农膜回收率、畜禽粪污综合利用率分别超过88%、80%和76%,分别比2020年提高0.4个、1个和1个百分点;农业生产"三品一标"水平稳步提升,新认证绿色、有机、地理标志农产品2.6万个,农产品质量安全监测总体合格率97.6%。

浙江省作为全国首个全省推进的国家农业可持续发展试验示范区暨农业绿色发展试点先行区,坚持抓住农药化肥投入品减量增效这一关键核心问题,于2019年年初在全国率先实施"肥药两制"改革(即化肥农药实名制购买和定额制施用),重点支持"肥药两制"改革综合试点县、示范区、农资店和试点主体建设,集成推广绿色高效的新技术、新装备、新模式,不断健全农业绿色发展的制度机制和要素支撑,促进农业增产保供、绿色生态、提质增效,高水平推进农业农村现代化。2021 年,金华市所辖县级市永康市被列入浙江省"肥药两制"改革综合试点县创建,按照从县域层面向主体层面下沉、由末端处置向源头减量前移、由传统监管向数字治理升级的总体要求,建立农业投入品减量增效、生物质资源利用、包装废弃物回收新机制,建设保障优质产地环境的全链条数字化管理系统,深入推进农产品绿色安全行动,截至 2022 年年底,已实现"肥药两制"改革县域全覆盖,从"我要生产农产品"向"我要买好农资""我要生产优质农产品""我要销售优质农产品"转变和跃升成为当地涉农主体的普遍共识,为推动农业绿色发展和乡村振兴战略探索了"永康经验"。

一、"肥药两制"改革的背景

(一)食品安全与生态安全面临的挑战

1. 中国农业面源污染的压力长期存在

科学施用农业投入品是避免农业生态进一步恶化和保障农产品质量安全的重要手段,利用率则是衡量化肥农药科学施用水平和减量增效的重要指标。2019 年,我国的农用化肥施用量达到 198 千克/公顷,远高于美国 72 千克/公顷、加拿大 66 千克/公顷、澳大利亚 43 千克/公顷。据农业农村部测算,2022 年我国水稻、小麦、玉米三大粮食作物化肥利用率达到 41.3%,比 2020 年提高 1.1 个百分点,比 2015 年提高 5 个百分点;2022 年我国农药利用率达到 41.8%,比 2020 年提高 1.2 个百分点。截至 2021 年,我国的化肥和农药施用强度仍超过国际公认的安全上限,也高于世界农业强国的施用量。

从化肥使用情况来看,我国的耕地面积仅占有世界耕地面积的 7%,化肥使用量却占到了全世界的 1/3,单位面积用量是世界平均水平的 3.7 倍。中国统计年鉴的数据显示,2019 年我国化肥施用量为 5400 万吨,粮食总产量为 66384 万吨;1978 年我国化肥施用量为 884 万吨,粮食总产量为 30477 万吨。通过横向对比,在 1978—2019 年,我国化肥施用量增长了 6 倍之多,粮食产量大体翻了一番,说明化肥的施用效率不高。以氮肥为例,我国氮肥利用率在水田为 35%—

60%，旱田为 45%—47%，平均为 50%，约有一半损失掉了。据统计，我国每年施用的氮肥在被农作物吸收前，通过挥发、淋溶和径流逸失，损失超过 1000万吨，既浪费了资源，又污染了环境。2001—2019 年我国农业化肥施用情况如图 8-1 所示。

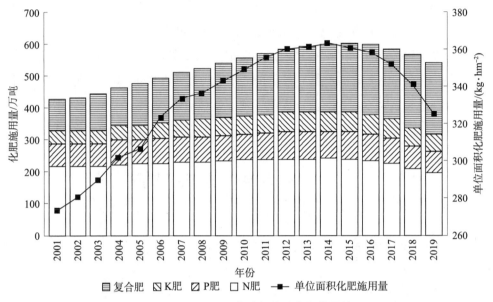

图 8-1　2001—2019 年我国农业化肥施用情况

来源：农业农村部种植业管理司。

从农药使用情况来看，我国农药施用总量从 2001 年的 127.5 万吨增长到 2013 年的峰值（180.8 万吨），此后逐年降低，2019 年农药施用总量为 139.2 万吨，较 2013 年降低 23.0%。在单位面积农药施用量方面，2011—2012 年达到平衡点，为 11.1kg/hm²，2019 年为 8.4kg/hm²，降低幅度为 24.3%。据统计，2010—2020 年，全国种植业生产上农药使用量（折百量，下同）从"十二五"期间的年均 29.98 万吨下降到"十三五"期间的年均 27.03 万吨，降幅 9.84%。2021 年我国农药使用量 26.8 万吨，比 2015 年的 29.95 万吨减少 16.8%。

长期以来，化肥、农药等农业投入品的不合理施用，造成农业面源污染，对农业可持续发展、生态环境保护、人类健康均产生了不利影响，带来食品安全、生态安全问题。传统农业生产方式中"大水冲肥"等施肥方法，尤其是氮、磷、钾主要养分化肥使用量猛增，导致耕地严重缺乏"营养"，不仅无法持续增加农作物产量，而且造成土壤、地下水、地表水和空气的污染，比如水生生态系统富营养化、土壤和地表水酸化以及空气质量降低等。以土壤酸化为例，中国农业大学的研究表明，自然条件下土壤 pH 下降一个单位需上万年，但我国耕地 pH 下降 0.5 个单位仅用了 30 年。2010—2020 年我国农业农药施用情况如图 8-2 所示。

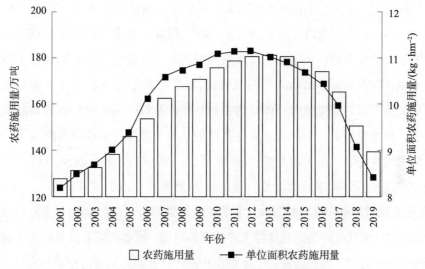

图 8-2   2010—2020 年我国农业农药施用情况

来源：农业农村部种植业管理司。

2. 从国际视野看化肥农药管理趋势

在世界范围内，除草剂、杀虫剂、杀菌剂三大类农药，特别是化学农药大规模使用，使农药污染成为影响范围最大的一类有机污染，且具有持续性和农产品富集性。随着农药使用量和使用年份的增加，农药残留不断增加，据统计，农业生产中使用的农药约 95% 以上进入环境，呈现点—线—面的立体式空间污染态势。一方面，进入土壤和水体的农药残留会使土壤无脊椎动物种群、微生物种类和数量以及水生生物的种类和数量急剧减少，破坏农田及水生生态系统的生物多样性，害虫天敌数量随之减少、抗药性害虫大量繁殖，导致农作物病虫害高发。另一方面，有毒有机物富集会引发土壤污染，出现农作物重金属含量超标、重茬死苗烂根严重等现象，直接威胁农产品质量安全；农药残留附着在农作物表面或进入农作物体内，通过饮用水或土壤—植物系统经食物链进入人体，严重威胁人类的身体健康和生命安全。

联合国粮食及农业组织（FAO）发布的《2022 年世界粮食和农业统计年鉴》数据显示，全球农药使用量在 2000—2020 年增长了 30%，在 2012 年达到顶峰，并在 2017 年开始下降；2020 年全球无机肥料（亦称化学肥料）的使用量约为 1.9 亿吨，其中 57% 为氮肥。随着人口增长带来对粮食及农产品需求的不断增长，也将带来化肥农药使用的同步增长。另据联合国粮食及农业组织发布的《2021 年世界粮食和农业领域土地及水资源状况：系统濒临极限》报告，世界上许多生产性土地及水资源生态系统已面临极大风险，未来的粮食安全在很大程度上取决于人类对土地、土壤及水资源的保护。联合国粮食及农业组织总干事屈冬玉博士在报告的前言中指出，"……成败将取决于我们能否管理好土地及水资源生态系统所面临的质量风险，如何将创新性技术及制度性解决方案因地制宜地相互结合，最重要的是，如何重点关注打造更好的土地及水资源治理体系"。

化肥减量提效、农药减量控害势在必行。2021 年 1 月，联合国环境规划署（UNEP）发布了与联合国粮食及农业组织和世界卫生组织（WHO）合作撰写的《农药和化肥对环境和健康的影响以及最大限度地减少这些影响的方法》报告，强调，随着农药和化肥产品的全球需求和使用的增加，有必要采取变革性行动和更好地管理农药和化肥。该报告提出了加强农药和化肥管理的 6 项优先变革行动：①鼓励健康和可持续的消费者选择和消费；②从根本上改变作物管理，采用基于生态系统的方法；③促进循环和资源效率；④利用经济手段为更环保的产品和方法创造公平的竞争环境；⑤采用综合和生命周期方法进行健全的农药和化肥管理；⑥加强可持续供应链管理的标准和企业政策。报告还提出了 7 项加强农药管理的优先行动和 5 项加强化肥及养分管理的优先行动，其中包括优先开发和获得低风险农药和生物保护剂、扩大对所有利益相关方在化肥和养分管理方面的培训等。

根据经济合作与发展组织（OECD）与联合国粮食及农业组织于 2022 年 6 月联合发布了《2022—2031 年全球农业展望》报告，提出要实现联合国 2030 年可持续发展目标的"零饥饿"（营养不良发生率低于 2.5%；在中低收入国家，每人每天增加 10% 的卡路里；在低收入国家，每人每天增加 30% 的卡路里）和"减排"（农业直接温室气体排放减少 6%）两项目标，全球平均农业生产水平需要在未来十年提高 28%，其中，全球作物平均单产需增长 24%，这是过去十年增长（13%）的近两倍；全球平均动物生产水平需增长 31%，远超过去十年的增长纪录。这就意味着世界主要国家和地区需要综合施策，通过技术变革和机制性改革加快推进可持续农业发展，实现农业生产力可持续增长和向可持续粮食系统转型。其中，加强农药和化肥管理，促进农业投入品科学施用的政策、工具和方法,既是应对气候变化给农业带来的巨大挑战、提升农业生产力水平的重要路径,也是保护和修复生态环境、保障食品安全与营养健康的关键举措。

(二) 我国化肥农药减量化发展的重要规制与措施

1. 从零增长行动到减量化发展

为有效控制化肥农药使用总量,保障农业生产安全、农产品质量安全和生态环境安全,我国自 2015 年以来组织实施到 2020 年化肥农药使用量零增长行动计划,于 2015 年 2 月下发《到 2020 年化肥使用量零增长行动方案》和《到 2020 年农药使用量零增长行动方案》,围绕"三聚一创"出台"政策包"。一是聚焦重点。突出果菜茶等用肥、用药量大的作物,重点在优势产区、核心产区和品牌基地推广有机肥替代化肥、绿色防控替代化学防治等关键技术,推进化肥农药减量增效。二是聚集资源。充分利用中央和地方各级财政,重点支持新型经营主体、社会化服务组织开展化肥统配统施、病虫统防统治等服务,支持化肥农药减量增效、畜禽粪污综合利用、有机肥替代化肥等项目实施,加快新肥料、新农药及高效机械的推广应用。三是聚合力量。构建政府引导、企业主体、涉农部门参与,上下联动、多方支持的工作格局。四是创新机制。推行政府购买服务,创新金融服务,支持农民、企业和新型经营主体开展化肥农药减量等社会化服务,鼓励研发新型高效肥料、缓控释肥料、水肥一体化等技术。

2015 年 4 月,《农业部关于打好农业面源污染防治攻坚战的实施意见》发布,提出围绕节水农业、化肥农药使用规模控制、养殖污染防治、解决农田残膜污染、秸秆资源化利用和耕地重金属污染治理等六个方面,确保到 2020 年实现"一控两减三基本"的目标,即控制农业用水总量和农业水环境污染,化肥、农药使用实现零增长,畜禽粪污、农膜、农作物秸秆基本得到资源化利用和无害化处理等。

2016 年 12 月,《生态文明建设目标评价考核办法》《绿色发展指标体系》《生态文明建设考核目标体系》发布,在《绿色发展指标体系》的"环境质量"一级指标下,"单位耕地面积化肥使用量""单位耕地面积农药使用量"被纳入二级指标。化肥农药减量工作绩效与地方党政领导干部的年度考评及领导干部五年任期生态文明建设责任考评挂钩,对于提高央地政策的一致性和协调性大有裨益。

2018 年,国家发展和改革委员会、生态环境部、农业农村部、住房和城乡建设部、水利部联合印发《关于加快推进长江经济带农业面源污染治理的指导意见》，要求到 2020 年，重点治理区域主要农作物测土配方施肥覆盖率达到 93% 以上，病虫害绿色防控覆盖率提高到 30% 以上，专业化统防统治率提高到 40% 以上，化肥农药使用量比 2015 年减少 3%—5%。

2021 年 2 月，《中共中央 国务院关于全面推进乡村振兴加快农业农村现代化的意见》发布，提出要推进农业绿色发展，持续推进化肥农药减量增效。2021 年 11 月，国务院印发《"十四五"推进农业农村现代化规划》，其中第六章第二节"加强农业面源污染防治"中再次明确"持续推进化肥农药减量增效"，要求"深入开展测土配方施肥，持续优化肥料投入品结构，增加有机肥使用，推广肥料高效施用技术。积极稳妥推进高毒高风险农药淘汰，加快推广低毒低残留农药和高效大中型植保机械，因地制宜集成应用病虫害绿色防控技术。推进兽用抗菌药使用减量化，规范饲料和饲料添加剂生产使用。到 2025 年，主要农作物化肥、农药利用率均达到 43% 以上。"

2022 年 1 月，生态环境部会同农业农村部、住房和城乡建设部、水利部、国家乡村振兴局等部门联合印发《农业农村污染治理攻坚战行动方案（2021—2025 年）》，进一步明确实施化肥农药减量增效行动的路径。一是实施精准施肥，分区域、分作物制定化肥施用限量标准和减量方案，依法落实化肥使用总量控制，推动有机肥替代化肥和测土配方施肥；二是推广应用高效低风险农药，淘汰高毒农药，推进农作物病虫害绿色防控及统防统治。

2022 年 5 月，国务院办公厅印发《新污染物治理行动方案》（国办发〔2022〕15 号），对于"强化农药使用管理"和"规范抗生素类药品使用管理"提出了具体要求。一是加强农药登记管理，健全农药登记后环境风险监测和再评价机制，2025 年年底前完成一批高毒高风险农药品种再评价；严格管控具有环境持久性、生物累积性等特性的高毒高风险农药及助剂。二是持续开展农药减量增效行动，鼓励发展高效低风险农药，稳步推进高毒高风险农药淘汰和替代；鼓励使用便于回收的大容量包装物，加强农药包装废弃物回收处理；加强兽用抗菌药监督管理，实施兽用抗菌药使用减量化行动，推行凭兽医处方销售使用兽用抗菌药。该行动方案与"国际化学品三公约"，即《关于控制危险废物越境转移及其处置的巴塞尔公约》、《关于在国际贸易中对某些危险化学品和农药采用事先知情同意程序的鹿特丹公约》和《关于持久性有机污染物的斯德哥尔摩公约》对于化学品和农药尤其是化学农药的管理战略方针高度一致。

2022 年 9 月，第十三届全国人民代表大会常务委员会第三十六次会议表决通过了新修订的《农产品质量安全法》，于 2023 年 1 月 1 日起施行。《农产品质量安全法》首次在法律层面提出绿色优质农产品这一概念，指出国家引导、推广农产品标准化生产，鼓励和支持生产绿色优质农产品，其中第四章对农产品生产作出了具体规定。

2022 年 11 月，农业农村部出台《到 2025 年化肥减量化行动方案》和《到 2025 年化学农药减量化行动方案》，标志着我国新一轮化肥农药减量化行动拉开帷幕。《到 2025 年化肥减量化行动方案》围绕进一步减少农用化肥施用总量、进一步提高有机肥资源还田量、进一步提高测土配方施肥覆盖率、进一步提高化肥利用率的"一减三提"目标，部署实施测土配方施肥提升行动、"三新"集成配套落地行动、化肥多元替代推进行动、肥效监测评价行动、宣传培训到户行动等五大行动。《到 2025 年化学农药减量化行动方案》围绕化学农药使用强度、病虫害绿色防控、病虫害统防统治三大目标任务，部署实施病虫监测预报能力提升行动、病虫害绿色防控提升行动、病虫害专业化防治推进行动、农药使用监测评估行动、安全用药推广普及行动、农药使用监督管理行动等六项行动。

2. 生物多样性取向下的化肥农药政策

化肥农药治理是《生物多样性公约》履约过程中的重要内容，涉及污染、有害补贴、可持续供应链、主流化等多个议题。2010 年在日本名古屋召开的《生物多样性公约》第十次缔约方大会（COP 10）上，制定了联合国生物多样性 2020 年目标（以下简称"爱知目标"）。据世界生物多样性和生态系统服务政府间科学政策平台（IPBES）2020 年对爱知目标进展情况的评估，与污染密切相关的爱知目标 8 下设"污染不产生有害影响"和"营养过剩不产生有害影响"两个要素，均无进展。

2021 年 10 月在我国云南省昆明市召开的联合国《生物多样性公约》第十五次缔约方大会（COP15）第一阶段会议上，通过了《2020 年后全球生物多样性框架》的草案初稿（也称"壹号案文"），壹号案文包含 21 个行动目标，其中的行动目标 7 与化肥农药紧密相关，如表 8-1 所示，即把所有来源的污染降低到对生物多样性和生态系统功能以及人类健康无害的水平，包括为此把进入环境的营养物流失至少减少一半，把进入环境的农药至少减少 2/3 和消除塑料废物的排放。另外，行动目标 7 与农业生物多样性（行动目标 10）、主流化（行动目标

14）、可持续供应链（行动目标 15）以及激励措施（行动目标 18）密切相关、协同增效。

表 8-1 壹号案文行动目标 7 中有关定性和定量指标

目标组成	一般指标	具体指标
减少营养过剩造成的污染	氮污染变化趋势	沿海富营养指数（SDG 指标 14.1.1） 氮平衡 氮沉降趋势
	磷污染变化趋势	磷平衡
减少杀菌剂造成的污染	杀虫剂过量使用趋势	单位面积杀菌剂用量变化情况
	除草剂过量使用趋势	单位面积除草剂用量变化情况
	其他杀菌剂过量使用趋势	单位面积其他杀菌剂用量变化情况
减少塑料造成的污染	海洋塑料污染趋势	沿海塑料碎屑密度（SDG 指标 14.1.1）
	陆地和淡水生态系统中塑料污染趋势	农田塑料薄膜残留量
减少其他来源的污染	有机废物污染趋势	土地有机污染面积比例
	重金属污染趋势	土地重金属污染比例
	噪声污染趋势	城市噪声强度
	人造光污染趋势	城市人造光强度
	危废污染趋势	（a）人均产生的危废；（b）分类处理的危废比例（SDG 指标 12.4.2）

来源：《生态与农村环境学报》。

近年来，我国采取持续而有力度的举措，推进农业绿色可持续发展，实施化肥农药减量增效和废弃物循环利用，高毒高残留农药逐渐退出舞台，化肥使用更趋合理，农业面源污染治理成效显著，为推动全球生物多样性治理作出了积极贡献。尤其是《到 2025 年化肥减量化行动方案》和《到 2025 年化学农药减量化行动方案》的出台，提出了技术标准更高、治理系统性更强的"双减"技术方案，对于推动农业农村绿色低碳发展、履行生物多样性公约具有重要意义。其中，《到 2025 年化肥减量化行动方案》提出了现代科学施肥技术体系"精、调、改、替、管"的技术路径，一是"精"，精准施肥减量增效；二是"调"，调优结构减量增效；三是"改"，改进方式减量增效；四是"替"，多元替代减量增效；五是"管"，科学监管减量增效。《到 2025 年化学农药减量化行动方案》提出了"替、精、统、综"的技术路径，即推进生物农药替代化学农药、高效低风险农药替代老旧农药，高效精准施药机械替代老旧施药机械；精准预测预报、精准适期防治、精准对靶施药；培育专业化防治服务组织，大力推进多种形式的统防统治；强化综合施策，推行农作物病虫害可持续治理。

二、浙江省改革的"永康模式"

（一）浙江省：改革先行者

2017 年，浙江省被确定为第一批国家农业可持续发展试验示范区暨农业绿色发展试点先行区，并于 2018 年 7 月出台《浙江省农业绿色发展试点先行区三年行动计划（2018—2020 年）》，围绕产业、资源、产品、乡村、制度和增收"六个绿色"目标，高标准构建生产基础、质量管理、控源治污、循环利用、技术装备和人文支撑"六大体系"，推进产业结构、生产方式、经营机制三大"调整"和养殖业污染、农业投入品、田园环境三大"治理"。

2019 年，浙江省发布《农业绿色发展试点先行区 2019 年实施计划》，提出要实施农业绿色发展先行创建、化肥农药负增长、畜禽养殖综合治理再深化、渔业综合治理再提升、整洁田园再推进、绿色经济培育等"六大行动"，正式启动化肥使用定额制和农药购买实名制改革（以下简称"'肥药两制'改革"）。

2020 年 8 月，《浙江省农业农村厅关于开展"肥药两制"改革试点主体培育工作的通知》发布，提出要用三年时间培育万家基础条件好、培育潜力大、示范作用强的新型农业主体，按照种植业、畜牧业、渔业三大产业分类，精准施策推动试点主体的生产方式实现"六化"转型，即投入减量化、资源高效化、生产标准化、过程规范化、管理数字化、产出优质化。

2020 年 10 月，浙江省政府办公厅下发《关于推行化肥农药实名制购买定额制施用的实施意见》，推动"肥药两制"改革从化肥使用定额制和农药购买实名制向化肥、农药"双实名、双定额"深化拓展。同时，将"肥药两制"改革列入乡村振兴工作和生态文明建设的年度重点任务，并纳入乡村振兴综合考核督查和农业绿色发展评价体系。

2021 年 2 月，"肥药两制"数字化改革被列为浙江省深化数字化政府系统建设中"打造乡村振兴应用"的一项重要内容，浙江省农业农村厅以"农民生产生态绿色农产品、政府实现化肥农药减量化"双向需求为导向，构建"肥药两制"改革数字化管理系统，重点完善农业主体信息管理、农业生产在线记录、肥药施用强度测算等功能，以数字化应用加快推进农业生产方式绿色转型。

2021年4月，《浙江省农业农村厅关于开展"肥药两制"改革综合试点县创建工作的通知》发布，提出要立足县域，突出数字化改革和体系化建设，重点开展"一创三转五提升"工作。"一创"即"肥药两制"改革综合试点创建，包括"肥药两制"改革综合试点县创建、化肥定额制施用示范区建设、农药定额制施用示范区建设、"肥药两制"改革农资店建设和"肥药两制"改革试点主体培育五个专项；"三转"指生产方式三大转型，包括农业投入源头减量增效、农业资源循环高效利用、农业生态环境修复改善；"五提升"指支撑体系五大提升，包括强化生产过程监管能力建设、加强长效常态制度机制创设、建立健全绿色生产标准规范、加大绿色高效技术推广应用、巩固提升公共基础设施水平。

2022年11月，《浙江省人民政府办公厅关于推进现代农资经营服务高质量发展的意见》发布，提出要进一步推进绿色农资普及化、标准化、农资门店规范化和农资废弃物回收体系化，实现肥药减量、绿色高效、优品优价；进一步完善支持推广施用配方肥和有机肥的补贴政策，鼓励农药企业加大新品种、新剂型绿色农药开发和引进力度，推进农资企业参与土壤改良与修复、肥药施用等标准的制修订工作，健全农资废弃包装物回收体系。

截至2022年，浙江省采取积极措施，将化肥农药治理纳入"三农"及生态环境政策，将可持续农业发展与绿色发展、循环经济等战略相结合，构建了一套协同协调的制度体系，成为推进高水平县域试点的纲领性文件和技术框架。

（二）永康市：实践排头兵

永康市位于浙江省中部，是典型的"七山一水两分田"低山丘陵地区，总面积1049平方公里，现辖11个镇（象珠、芝英、龙山、石柱、古山、花街、唐先、舟山、前仓、方岩、西溪）、3个街道（东城街道、西城街道、江南街道）、2个功能区（浙江省永康经济开发区、城西新区）、186个行政村，人口97.2万人（根据第七次人口普查数据）。永康市素有"中国五金之都""中国红富士葡萄之乡""中国方山柿之乡"的美誉，是工业反哺带动农业链式发展、先进制造业支持农业"双强"（科技强农、机械强农）的典型县域。2021 年，全市实现地区生产总值 722.23 亿元，综合实力连续 15 年位列全国百强，县域投资竞争力、全面小康指数、高质量发展水平分别列全国第 23 位、第 28 位和第 53 位，获评国家卫生城市、国家园林城市、国家森林城市、省示范文明城市；农村电商工作获国务院正向激励；财政管理、质量提升、"亩均论英雄"改革、批发零售业改造等工作获浙江省政府正向激励。

近年来，永康市以"绿水青山就是金山银山"绿色生态发展理念为指引，以"肥药两制"改革为切入点，探索农业绿色发展的实现路径。2020 年，永康市启动"肥药两制"全程数据化"一件事"改革，重点推进数字化系统建设、示范性农资店创建和试点主体培育，打通浙江省农产品质量安全追溯平台农安永康子平台和浙江省农资购销系统永康子系统，开发永康农业主体 App，全市 63家农资店全部纳入实名购销、农资使用、农废回收、检测信息、生产档案、合格证管理等肥药全流程"一件事"管理，试点农业主体建立"一户一档"、实现农事档案电子化。

2021 年，永康市被列入浙江省首批"肥药两制"改革综合试点县（市），重点围绕"扩面、提档、联通"三大目标任务，推进"肥药两制"数字化系统迭代升级，进一步完善肥药全程管理"一件事"追溯体系，全面推行规模农业主体农业投入品"进、销、用、控、回、管"全流程闭环管理，集成推广测土配方施肥、缓控释肥、有机肥替代和绿色防控、统防统治等绿色技术，在全市域实现肥药"来源可寻、去向可追、使用可查、农废可收、农残可控、全程可管"。

2022 年，永康市将深化"肥药两制"改革与浙农优品 App 建设相结合，推动"浙农优品"数字化应用在全市规模追溯主体和农资经营店全覆盖，依托"浙农优品"实名购买、定额施用、质量安全、一标一品、产销对接、农废回收、双碳账户七大应用场景，进一步打通肥药购销、农事操作、产品检测、质量认定、产销对接、农废回收等从农田到餐桌全环节业务流和数据流，并创新开发"共享发码机""农废回收数字化管理""真假农资识别""农作物病虫害智能化防控"等功能模块。其中，"共享发码机"在永康市 8 个特色农产品产区和蔬菜基地落地应用，有效解决了非规模主体开具合格证不方便的问题。

2020—2022 年，永康市"肥药两制"改革三年三步走、实现三个跃升，形成了一套在现实操作层面有较强可行性的做法。

1. 重构肥药全程"一件事"管理流程

永康市农业农村局对化肥农药进货查验、购销登记、规范使用及废弃物回收等环节管理和技术推广上的难点、堵点、断点进行梳理、分析，按照肥药"进、销、用、控、回、管"全流程"一件事"的管理方针，优化和完善相关业务流程、控制节点、管理制度和监管工作规范。

一是归集进货数据，全面录入实现来源可寻。针对肥药农资店购买和厂家购入两种主要来源途径，分别采用数据推送和自主填报两种方式，全面归集进货数据。一方面，平台推送实现应录尽录。打通农安永康子平台和浙江省农资购销系统永康子系统，将农资店进货数据推送至农安永康子平台，对购入农药和化肥进行线上登记，建立采购台账。截至 2022 年年底，平台已推送肥药数据 5188 条，涉及农药 7 种、化肥 9 种。另一方面，自主填报实现源头把控。针对直接从厂家购买的农药、化肥，要求农业主体通过农安永康子平台农业主体端自主录入购买信息，记录产地、批次、编号等，实现肥药来源可寻。截至 2022 年年底，农户自主登记 198 户次，涉及农药 103 种、化肥 79 种。

二是售卖即时登记，靶向分析实现去向可追。建立"亮证购买、门店记录、平台汇总、部门监督"的肥药销售机制，农资店全部通过农资购销系统接入农安永康子平台，并配备身份证读卡器，建立农药、化肥销售电子台账，即时录入售卖信息。利用农安永康子平台的销售信息、主体信息、检测信息、质量追溯等数据进行靶向分析，实现肥药底数清、信息准、去向明、可追溯。截至 2022 年年底，已开展实名购药、定额购肥异常数据分析比对 3319 次，约谈农资经营单位 60 多次。

三是施用全程记录，精密追溯实现使用可查。农户使用农安永康子平台农业主体端，按照农产品种类分别登记农药、化肥的品种、数量等信息，形成完善的农产品生产过程全链条数据。施用后，平台自动核减农户农药化肥库存。产品成熟时，平台生成农产品质量安全"追溯码"，一品一码，打印后粘贴于产品包装上，监管部门和消费者扫码即可查看农产品生产全过程施肥用药信息，实现靶向监管、明白消费。2020—2022 年，各主体共打印并使用质量安全"追溯码"11.7 万余张，市级以上示范性农民专业合作社、农业龙头企业和示范性家庭农场实现肥药使用全程可追溯。

四是设置自动预警，精细定量实现农残可控。农业生产主体在农安永康子平台上记录肥药使用情况，包括施用时间、品类、剂量等，设置农药安全间隔期自动预警机制，平台发现农药异常数据会自动预警，实现农药使用安全间隔期智能化设置、农药使用精细化定量；全市主要农产品的定量检测和定性检测数据实时上传至农安永康子平台，实现农产品质量安全监测信息和检验检测数据的资源共享，对未达到用药安全间隔和检测不合格的农产品，限制打印食用农产品合格证。

五是"五位一体"推进，多措并举实现农废可收。永康市系统构建了完整的"五位一体"农废回收处置模式。建立以永康市兴合农资有限公司及 63 家农资店为基础的"一心多点"全域回收网络体系，覆盖全市 16 个镇街区，收储能力达 60 吨；建立回收记录"农废一本账"，回收网点录入废弃农药（肥料）包装、废弃农膜等回收信息，并通过浙农优品 App 的"质量安全"模块同步关联至农业生产主体端，截至 2022 年 12 月，已有 62 家回收点完整记录"农废一本账"电子台账；建立一套农户收集、农资店回收、定期收储运、集中处置、核验补贴的回收储运处置流程，回收补贴按回收工作费用（含网点回收材料和手续费、集中处理费、仓贮费）的 60% 计，回收网点、第三方回收利用单位分别按25%、35% 兑现补贴款；建立一套包括财政资金补助、回收处置工作流程、示范性农资店创建等内容的回收政策体系，对规模农业主体农废回收与其他财政奖补政策相挂钩；建立一套由农业农村局牵头、相关部门协同、属地责任落实的农废回收工作机制，2020—2022 年，市农业农村局、市供销合作社联合社、市财政局、市行政执法局、金华市生态环境局永康分局等部门召开协调会 10 余次，协调资金、审核方案、推进联合执法协同监管。

六是强化执法和指导，闭环智治实现全程可管。强化农安永康子平台应用，开发手机端永康农业主体 App，肥药实名购销、农产品生产施肥用药、质量安全、农废回收等信息实现整合对接。各镇（街道、区）相关部门层层落实责任，明确分工，做好一对一、面对面帮扶，指导农业主体注册永康农业主体 App，加强对规模农业主体使用 App 情况的巡查和指导，对没有生产记录或生产记录不全、不按规定使用化肥农药等行为加大执法处罚力度。App 实时记录工作人员巡查轨迹，视频监控监督主体施肥用药情况，实现肥药使用全程可管。截至 2022 年年底，共注册安装永康农业主体 App 用户 870 家，省"肥药两制"平台示范主体 426 家，其中肥药施用活跃指数 100%；实名制农资主体 63 家，活跃 63 家，活跃指数 100%，两项指标均位于全省第一。记录肥料进货信息 6324 条，销售信息 304508 笔，农废回收信息 3098 条，农药进货信息 14374 条，销售信息1007331 条，向农业主体端推送的购买信息 17993 条，农业生产记录数量 1233

条，巡查农业主体 595 次。"农药全程管理一件事"改革前流程如图 8 - 3 所示，"农药全程管理一件事"改革后流程如图 8 - 4 所示。

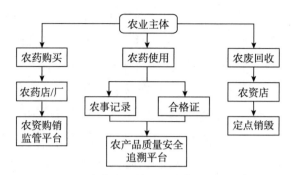

图 8 - 3 "农药全程管理一件事"改革前流程

来源：永康市农业农村局。

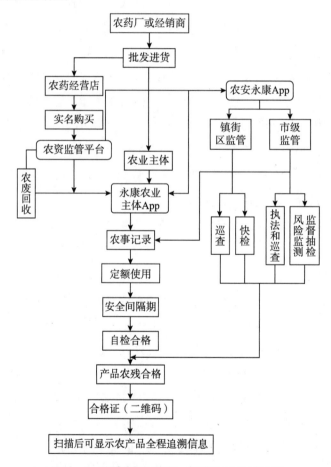

图 8 - 4 "农药全程管理一件事"改革后流程

来源：永康市农业农村局。

2. 建设"肥药两制"数字化管理平台

永康市围绕肥药实名购销、肥药在农产品生产过程中定额施用、农药废弃包装物回收等农业投入品全程监管的业务环节持续建设"肥药两制"数字化管理平台，已建成并运行永康"肥药两制"数字化综合平台、永康农业主体 App（主体端）、省农资购销系统永康子系统（销售端）、省农安永康子平台（农安永康 App，监管端）4 个核心模块，实现面向全市农业监管部门、农产品生产经营主体、农资经营门店以及社会公众等多个端口用户的应用，形成农资"进、销、用、控、回、管"等环节数据链闭环管理。

一是完善系统平台。升级和打通全省农资购销系统永康子系统、省农产品质量安全监管平台永康市子平台数据链接，在全市范围内实现两大系统之间的业务互联互通、数据实时共享，将系统产生的实时实名购销数据、废弃包装物回收记录与省农产品质量安全追溯平台的种养殖模块投入品使用记录实现数据对接，即将农药肥料购买回收记录与使用记录进行绑定。开发农安永康子平台智慧监管，增加农业生产主体购买农药和化肥的统计和预警、每月使用情况（主要是农事管理和合格证开具）统计、小散户合格证开具等功能，将农资产品实名购销管理信息采集、农产品生产施肥用药、质量检测、质量安全信息电子化档案等业务流程进行梳理，实现整合对接和功能升级改造。"肥药两制"改革思路框架如图 8-5 所示。

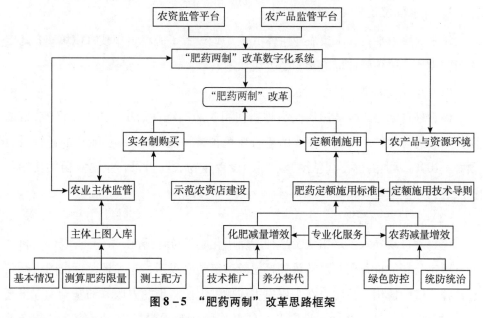

图 8-5 "肥药两制"改革思路框架

来源：《南方农业》2021 年 7 月上旬刊。

二是开发浙样施·永康 App 智慧施肥。为实现测土配方施肥技术服务数字化，在浙江省耕地质量与肥料管理总站的指导下，永康市耕地质量服务中心开发浙样施·永康 App，于 2020 年 9 月上线运行。浙样施·永康 App 的主要功能有：发布土肥资讯、规模主体（种植业）信息展示、主体种植针对性作物的定额施肥咨询、面向种植业主体和各级农技管理人员的实名定额购肥信息查询、主体施肥档案记录（施肥反馈）等。农户可通过手机端接收最新土肥资讯，根据需求查询田间的土壤特性，获取基于定额制的不同作物施肥方案，有助于种植主体科学施肥、减少不合理用肥。浙样施·永康 App 已打通与"肥药两制"数字化管理平台的数据链接。

三是开发特色应用场景。永康市结合地域特点，利用省级平台开发个性化应用，率先探索省农产品质量安全追溯平台与浙食链对接连通，应用浙江特色的"一证一码"（食用农产品合格证和追溯码）实现了食用农产品"三前"（从种植养殖环节到进入批发、零售市场或生产加工企业前）数据在永康市域范围内的统一闭环管理。相关部门将农业主体的工商登记信息、法人信息等导入农安永康子平台，在永康农业主体 App 中设置"产品销售"模块，对接邮乐网，自动将农业主体信息和产品信息推送到"邮乐网"，既实现了食用农产品在生产阶段的全程可追溯，也为农业主体的品牌建设提供了窗口。

3. 科学合理设置定额控制模块

农安永康子平台和永康农业主体 App 中均设置了肥料定额预警模块和农药定额预警模块。定额管理标准和预警方法如下。

（1）农药定额管理

该管理自动导入生产田块及品种所使用农药的统计情况，并与 567 克/亩的限额用量进行比较，80%—90% 的进行蓝色预警，达到 90%—100% 的进行黄色预警，100% 以上的进行红色预警。专门设置生物农药目录，生物农药的使用不计入农药的预警统计中。

（2）肥料定额管理

该管理自动导入生产田块及品种所使用化肥的统计情况，并与省农业农村厅和永康市公布的推荐用肥量数量进行比较确定预警级别，超过推荐标准的进行红色预警。鼓励使用有机肥，在为规模主体提供免费测土配方服务的基础上，根据土壤质量信息、种植结构，设定各主体及作物化肥限量标准，该管理已制定毛芋、五指岩生姜等8个主要作物化肥定额制施用标准参考指标。

（3）农药、肥料定额预警

通过农安永康子平台智慧监管系统动态监控农药化肥实名购销数据，发生超量超限超额购买的情况即触发预警提醒。自动设置化肥农药安全预警值。根据肥料施用地方标准自定化肥测算，将地力、化肥测算结果细化配置至具体农业主体对应主体端和农资购销端实现超额购买提醒；根据农药施用地方标准定制禁限用目录，系统对应主体端违禁、超限施用自动进行预警提醒，对应农资店端主体超范围购买自动预警提醒，农业生产主体可对每一种农药在不同的农作物上的安全间隔期进行自行设置。

（4）"红转绿"处理

对化肥和农药显示红色预警的农业生产主体，农业技术人员或监管人员及时进行调查了解，提出监管建议或技术措施，农业生产主体接受后红色预警转变成红转绿，消除红色预警。"肥药两制"改革场景应用流程如图8-6所示。

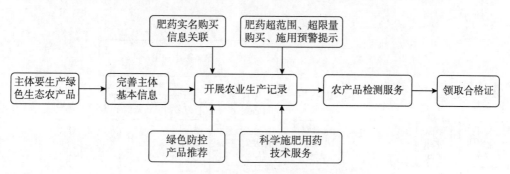

图 8-6 "肥药两制"改革场景应用流程

来源：浙江省农业农村厅。

4. 完善"肥药两制"推广工作机制

永康市印发《关于建立"肥药两制"推广机制的通知》，成立"肥药两制"推广工作专班，建立全员推广机制。

一是明确责任，一对一帮扶。采取分行业分镇街区负责制，建立一对一联系责任清单，每个科室单位负责指导相应行业或镇街区的农业生产主体熟练掌握和应用永康农业主体App和智慧施肥系统，每个科室单位指定一名工作人员负责联系包干区域内的一个农业生产主体，指导其熟练掌握永康农业主体App和智慧施肥系统的应用，指导完善生产记录、合格证开具、定额预警处置等工作。

二是政策激励，正向引导。利用农业产业化政策的引导作用，把正常农事生产档案完整（永康农业主体 App 正常使用）作为项目建设、验收的重点环节，对没有农事生产档案（永康农业主体 App 应用记录）的项目一律验收不合格。针对农事生产档案记录比较难的蔬菜，对农事生产档案完整（永康农业主体 App 正常使用）且年度产品质量抽检二次以上均合格的农业主体给予奖励；制定《永康市深化两化建设、推进"肥药两制"改革农资店创建行动方案》，对农资实名销售做得好的农业主体给予奖励。

三是信息化管理，规范高效发放补贴。开发有机肥补贴 App，为农业主体申请有机肥补贴、政府部门统计和兑现补贴提供了便利，促进了有机肥的推广普及。在移动端，以小程序方式植入有关 App，主要功能包括肥料企业备案、农户用肥申请、肥料交接监管、投诉建议、补助资金兑付；在电脑端，主要功能包括：镇级补助申请审核、汇总、公示，县级肥料企业备案审核、镇汇总表审核，数量与品种统计查询，投诉建议查看及处理等有机肥补贴推广业务流程如图 8 - 7 所示。

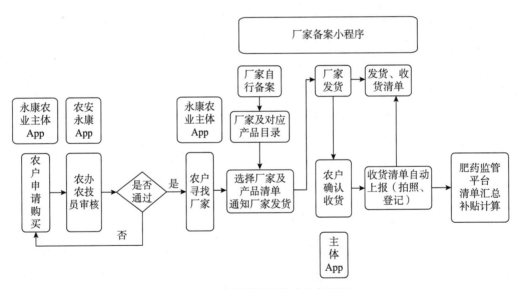

图 8 - 7 有机肥补贴推广业务流程

来源：永康市农业农村局。

三、主要成效

2020 年以来，永康市以创建省"肥药两制"改革综合试点县（市）为抓手，大力推进"肥药两制"全程数据化"一件事"改革，围绕农业生产全过程闭环智治目标，建立完善"肥药两制"全程数据化管理体系，全市实现"农资购买—农资使用—农产品追溯—农废回收"全数据链互通，"来源可寻、去向可追、使用可查、定额可控、农废可收、全程可管"的农业生产追溯体系基本建立，追溯率达 90% 以上。

（一）全市实现肥药实名制购销

永康市创建 63 家"肥药两制"改革示范农资店，培育"肥药两制"改革试点主体 152 家。全市 63 家农资店全部配备身份证扫描仪，融合身份证识读和人脸识别技术，农户只需完成首次"身份信息 + 人脸识别"的身份核实后，即可实现全市任意农资门店"刷脸实名购买"。全市有 180 家农业生产主体配备了固定的合格证打印机，15 家试点主体配备了移动合格证打印机，肥药定额施用活跃指数 82%，肥药实名购买活跃指数 100%，两项指标均居全省第一。2020—2022 年，永康市连续三年在省级农产品质量安全例行抽检中合格率 100%，未发生重大农业面源污染事件和农产品质量安全问题。

（二）"肥药两制"集成技术实现县域全覆盖

永康市完成化肥、农药定额制示范区建设任务，2020—2022 年三年轮回取土测土 793 个，主要农作物取土测土全覆盖；完成配方肥和按方施肥推广 5277 吨，主要农作物测土配方技术覆盖率 90.5%，化肥施用强度控制在（折纯量）26 公斤/亩以下。培育示范性植保服务组织 2 家；统防统治面积 64325 亩，统防统治覆盖率 50.3%，农药施用强度（折百量）0.17 公斤/亩，绿色优质农产品比率 56%，实现初级农产品质量省级检测抽查合格率 98.5% 以上。

（三）成功推广"肥药两制"改革数字化平台

永康市通过打通全省农资购销系统永康子系统和农产品质量安全监管平台永康市子平台，开发永康农业主体 App，实现农资和农产品质量安全全程数据融通，农安永康子平台已覆盖全市 830 多家农业主体。肥药全程管理数据化，提高了监管部门对农资实名制购买、农资安全使用和废弃农资及包装回收全流程的监管效能；合格证与肥药使用、检测记录、农事操作等信息关联，达到农药安全间隔期要求、农产品质量检测合格、农事记录正常的农产品方可开具食用农产品合格证，为产地准出和市场准入衔接机制提供了可靠的技术支撑。农业生产主体实名购买农资信息同步推送到永康农业主体 App，自动与库存信息比对，无须另行录入，既减少了农业主体的工作量，又方便其通过手机 App 进行施肥用药、耕作播种、修枝疏果、收获等生产信息记录，有效推进了农事档案电子化进程。

（四）从单项突破向系统集成演进

永康市把"肥药两制"改革综合试点与"无废农业"改革试点、兽用抗菌药减量化和饲料环保化"两化"试点等相结合，重点开展"一创三转五提升"工作，即"肥药两制"改革综合试点创建、生产方式三大转型和支撑体系五大提升，为系统推进以"肥药两制"集成改革、稳产保供集成改革、产供销一体化服务体系集成改革三大环节为核心的新时代乡村集成改革打下了良好基础。2022 年，永康市成功创建浙江省第三届"河姆渡杯"粮食生产先进县、省级农产品质量安全放心县、省级农产品质量安全可追溯体系县、省级农业绿色发展先行县、省级渔业健康养殖示范县，唐先葡萄、生姜特色农业强镇跻身第三批省级特色农业强镇之列，培育打造了一批具有地方特色的农业品牌。截至 2022 年年底，全市畜禽养殖规模化率 85%，畜禽粪污资源化利用率和无害化处理率 92%，秸秆综合利用率 96%。全市粮食生产功能区无公害农产品产地整体认证 1.07 万亩，绿色优质农产品比例达 66.14%，共有 5 个绿色食品、67 个无公害农产品，在浙江省公布的 2022 年度第一批无公害水产品名单中，永康市有 6 家养殖主体榜上有名；已获国家地理标志保护产品 4 个（永康方山柿、永康五指岩生姜、永康舜芋、永康灰鹅），唐先红富士、葡萄也于 2021 年进入国家地理标志产品地标申请环节。

四、经验与启示

（一）积累了"肥药两制"先行先试经验

1. 推进技术模式集成

一是系统"多合一"，全程闭环管理。根据"肥药全程一件事"闭环管理流程，永康市农业农村局开发永康农业主体 App（主体端）和永康"肥药两制"数字化综合平台（指挥端），集成打造数字化管理系统，实现流程对接、数据共享、闭环管理。

二是操作"繁化简"，台账电子记录。在永康农业主体 App 应用中设置农事电子记录，农业主体可灵活记录耕作播种、施肥用药、作物收获等关键性环节，对农事记录完整且产品抽检合格的农业主体给予奖励。

三是功能"散聚合"，集成优化服务。不断完善数字化系统功能、优化服务。推行一对一服务机制，指导开展生产记录、合格证打印、超额预警消除等工作。

四是设备"旧换新"，强化硬件支撑。全面开展"肥药两制"改革农资店创建，重点抓好与数字化系统相匹配的硬件设施建设，在全市 63 家农资店配备读卡器、扫码枪、摄像头等设备，确保所有农资店均能正常使用数字化系统。

2. 构建长效运行机制

按照"建、管、用"并重要求，建立财政基础投入、主体市场运行的常态化运行机制，主要包括十大类机制："肥药两制"推广应用机制、农资经营两化建设机制、浙样施和浙样防应用示范机制、"一证一码一应用"推广机制、农业投入品减量示范推广机制、生物质循环利用推广机制、农产品产地环境监测机制、耕地地力保护保险机制、包装废弃物回收利用机制、"肥药两制"政策激励机制。

3. 发挥政策引导作用

2020 年以来，永康市围绕"肥药两制"改革构建配套政策体系，相继出台

"肥药两制"管理、化肥农药减量增效、农业产业化、耕地安全利用、美丽生态牧场创建、畜禽养殖粪污资源化利用、渔业绿色高质量发展、农田环境美化提升、提升绿色农业品牌、创新垃圾分类等近20项政策，鼓励农业绿色发展，全面加强生态保护。建立试点主体化肥减量跟踪监测调查制度、农业主体绿色发展评价管理制度、农产品产地环境监测体系。以地方特色主导产业——地理标志产品五指岩生姜为试点，打造五指岩生姜生产全过程的"肥药两制"数字化应用场景，在生产指导、政策补助、绿色认证、创优评先、金融授信、商超对接等方面形成了"一揽子"产业扶持政策。

4. 强化质量安全监管

永康市"肥药两制"数字化综合管理平台融合农产品质量安全追溯系统和"农安永康"子平台智慧监管，绑定农业规模生产主体，记录肥药施用管理，将农资废弃包装物回收系统纳入数字农资，实现农药化肥经营、使用、回收全程可追溯监管，开启农产品质量安全智慧监管新机制。

（二）对推动肥药治理转型变革的启示

肥药治理是一项复杂的系统工程，涉及法律法规、管理体制、监管体系、供应链体系、科技支撑、新型职业农民培育、资源配置等诸多层面问题。永康市在推进"肥药两制"改革过程中重点围绕夯实基础、构建体系、增强能力三个方面，发挥试点对全局性改革的示范、突破、带动作用。

1. 农业生产理念转变是"肥药两制"改革的重要先导

"肥药两制"是一套推进农业绿色生产、加强生态环境保护、保障农产品质量安全的制度安排，其中，化肥农药购买实名制是一种肥药生产经营的管理体制，化肥农药施用定额制则是一种农业生产标准化的制度规范，其根本目的是实现肥药安全高效利用和农业绿色生产，构建资源节约、环境友好、绿色导向、农民增收的现代农业体系。"肥药两制"改革首先是观念的变革，政府部门对农业肥药的治理方式从粗放式向精细化转变，监管部门对农产品的质量安全监管从末端监管向源头治理转变，农业产业从单一追求产量向注重质量、产量和效益并重转变。

2. "制度＋技术"集成是"肥药两制"改革的科学路径

伴随着信息技术的发展，将"肥药两制"改革与智慧三农、数字乡村建设及数字政府建设实践相融合，紧扣农业基础数据采集和农业投入品、农产品质量安全监管工作，通过数据共享机制实现"肥药两制"改革数字化管理系统与数字乡村、智慧农业、农产品及食品监管等各系统间的互联互通、整合利用，是浙江省"肥药两制"改革的方向。从永康市试点的实践看，从"监管"转向"治理"的"肥药两制"数字化改革过程，并非对肥药管理简单的技术赋能，而是在技术与制度不断双向调试的过程中逐渐实现的制度重塑。实现农业绿色发展全方位智慧监管，并且进一步健全农业绿色发展科技创新体系，加速推动农业科技成果转化和产业化进程，永康市以数字化改革为牵引，增强"肥药两制"改革配套技术支撑，构建与技术应用和数字化管理相适应的政策体系，较好地解决了有关肥药治理的一系列难点堵点问题。例如，通过制定肥药以化肥、农药定额施用的限量标准，构建定额制技术支撑体系，为肥药减量工作提供了科学依据；通过肥药实名制购买信息实时传送、农事档案电子化、肥药定额数字化和自动预警、废弃农资及包装回收数据化等，实现农业生产过程中肥药"购买—使用—回收"完整闭合管理；通过优化"一证一码"（合格证、追溯码），将追溯码全面升级为"浙农码"，实现"多渠道展示＋跨平台查询"，强化合格证与农产品检测结果的刚性关联。

3. 农业主体参与是"肥药两制"改革的根本动力

浙江省"肥药两制"改革在指标、标准、考核等方面已形成较为完善的自上而下的框架体系，而农业主体自下而上积极参与"肥药两制"改革的意愿和能力则是确保改革成功实施的持久动力。永康市在改革试点中注重发挥规模主体的示范、引领作用，引导小农户自愿参与"肥药两制"改革。一是建立"肥药两制"推广工作机制，一对一指导农业生产主体对永康农业主体 App 和智慧施肥系统的应用，提高农户用电子化方式记录农事的能力，培养其按定额标准施肥用药的习惯；二是完善农业科技服务体系，为农户提供农业绿色生产技术培训和指导，提高农户知识素养，培育新型职业农民；三是出台绿色农业生产补贴政策，探索农业绿色生产保险模式，提升农户践行农业绿色生产的信心；四是将"肥药两制"改革与浙农优品数字化应用相结合，融入新时代乡村集成改革，推进农产品品牌化经营、加强地理标志农产品保护、打造"一村一品"微型经济圈，提高农户农业绿色生产收益水平，共享农业绿色发展成果。

【访谈实录】

访谈主题：小切口与大牵引——从"肥药两制"改革谈起

访谈时间：2021 年 6 月 30 日

访 谈 人：张　晓　北京东方君和管理顾问有限公司董事长

　　　　　林剑锋　金华市市场监督管理局食品安全协调处处长

　　　　　成其仓　永康市农业农村局党委委员、总农艺师

张晓： 浙江省在全国首创"肥药两制"改革，永康市作为全省首批综合试点，围绕"肥药全程一件事"，探索实践农业生产全过程闭环智治，推动食用农产品质量安全源头治理。2023 年，国家提出绿色发展理念将成为未来农业发展的主导，要让更多农产品贴上绿色有机标签。在此背景下，我们应该如何理解这项改革的意义和实质？

林剑锋： "肥药两制"最早的概念是农药购买实名制、化肥施用定额制，目的是生产优质农产品和保持良好的生态环境。2020 年 9 月，浙江省分管农业的负责人提出，化肥、农药都要推行购买实名制和施用定额制，这就是"肥药两制"改革"双实名、双定额"的基本内容。2021 年 3 月 16 日，省政府召开全省数字化改革专题会议，"肥药两制"数字化改革是其中一项重要内容。浙江省数字化改革贯穿了一种独特的思路，就是"瞄准小切口，扣动大牵引"，"肥药两制"改革就是小切口，大牵引就是通过这项改革，促进农业生产方式转型升级，助力农业绿色发展，提升农村生态环境，以环境友好型产业推动乡村振兴。

张晓： 建立肥药"全程管理一件事"追溯体系，是"肥药两制"改革的重要技术路径。永康市的主要思路是什么？

成其仓： 永康市从 2019 年开始以"肥药全程一件事"管理为抓手推进农产品全程溯源工作，应该说永康市的基础是不错的，这主要得益于 2017 年永康市被纳入省级农产品质量可追溯体系示范，当时建了两个系统平台——农资购销监管平台和农产品质量安全追溯平台，这两个系统原来是不连通的，2020 年启动"肥药两制"改革后，我们就努力推动两个系统串联起来。

张晓： 通过什么方式实现串联的？我们知道省级层面推动了农资监管信息化系统和农产品质量安全追溯系统融合贯通，然后依托省"无废城市"数字化改

革试点场景农废 e 站综合应用，把农废回收数字化管理系统与农资、农产品质量安全两个系统打通了，形成肥药"进—销—用—回"全程可追溯体系。在市县层面的先行先试中，永康是怎么做的？

成其仓：在省级层面两大系统互联互通的基础上，永康市做了一个升级，两项自主开发。升级了全省农资购销系统永康子系统，一是配置身份证系统，经过与追溯平台上农业主体的从业人员进行关联，农户实名购买的农资数据同步推送关联到农业主体的库存信息；二是增加农废回收录入系统模块，废弃农药包装和废弃农膜可通过农资店进行回收，回收录入的信息同步上传。两项自主开发，一是永康农业主体 App，主体信息、地块和产品（品种）、农事记录、农药安全间隔期和肥药定额施用、农产品检测、合格证（二维码）等数据都归集在这个App，再上传到农安永康子平台，农业主体的生产数据与农资、农废回收两个系统实现互联互通。另一个是开发农安永康子平台，实现实时读取永康农业主体App、省农资购销系统永康子系统的数据信息，同时实现农资购买和使用信息、生产过程信息数据、检测数据的智能化采集，监管部门利用全市农资贮备、销售、使用信息、生产过程、产品信息、合格证使用等数据进行靶向监管，公众通过扫描二维码了解主体信息、产品信息以及生产过程信息。这样，我们围绕农产品"一证一码"（合格证、溯源码）进行全链条的业务流程重塑，产前是肥药购销环节，产中是定额施用环节，产后主要是质量安全检测、合格证环节。2021年，浙农优品 App 应用上线运行后，产后又增加了一标一品、产销对接的内容。

张晓：各个应用模块之间功能互联、数据互通，从肥药购销到使用、农废回收处置，再到农产品合格证打印，这就是"肥药全程一件事"吧？

成其仓：是的，这些模块最后集成为"肥药两制"数字化综合管理系统，我们叫"指挥舱"。在这个综合平台上，不同的应用方都有各自的端口，监管部门通过"指挥舱"对农资购销、使用、农废回收、农产品质量安全进行全程智慧监管；永康农业主体 App 是农户用的，可以记录主体信息、农资购买、地块和产品（品种）、农事记录、农药安全间隔期和定额管理、农产品检测信息等信息，也可以与合格证打印关联，进行农资使用统计。目前，我们监管端的"农安永康"子平台已接入浙江省政务协同平台浙政钉，永康农业主体 App 接入浙江省政务服务平台浙里办，现在农户既可以用永康农业主体 App，也可以用浙里办，更方便了。

张晓： 得益于数字化手段的应用，浙江省的农业技术指导工作很有实效也很有特点，比如浙江省耕地质量与肥料管理总站推出的浙样施 App，为精准施肥施药管理决策提供了实时、有效的信息，对农业主体和监管部门都很有帮助。

成其仓： 是的，浙样施 App 有个"语音播报"功能，点击即可对施肥方案进行按批次逐条播报，这对于一些上了年纪的农户来说方便了许多。还有一个"我的定制"功能，可以根据主体地理方位、耕地地力、种植作物等基本情况，精准推送病虫害测报等技术服务，并将主要作物肥药定额标准和技术导则录入应用，实现对农业主体超限量、超范围施肥用药的预警提示。我们在实际运用过程中，根据永康市的产业结构特点和地形地貌特征，升级开发了浙样施·永康 App 智慧施肥，2020 年 10 月，在全省水稻化肥减量增效暨化肥定额制工作推进现场会进行了发布。有了智慧施肥 App，农户可以通过手机端接收最新土肥资讯，根据需求查询田间的土壤特性，获取基于定额制的不同作物施肥方案，科学施肥，减少不合理用肥。另外，我们开发了永康市农产品质量安全全程追溯企业应用平台，设计了肥药定额使用预警功能，自动导入生产田块及品种所使用化肥、农药的统计情况，与限额用量标准进行比较后设定预警值，超过限额标准的，系统自动预警；农业生产主体根据每种农药在不同农作物上的安全间隔期自动设置安全间隔期，施药时系统自动进行安全间隔期预警。这些功能与合格证管理相关联，达到农药安全间隔期要求、农产品质量检测合格、农事记录正常的农产品才能开具食用农产品合格证。

张晓： 我理解，实现"肥药两制"改革目标的一个关键环节是永康农业主体 App 的使用，永康市采取了哪些措施，让更多主体参与其中、从中获益？

成其仓： 我们首先重点突破三类主体：一是当前享受财政补贴的对象；二是省"肥药两制"系统 127 个试点示范主体；三是当地现代农业示范主体。我们要求这三类主体率先应用永康农业主体 App 和智慧施肥系统，熟练掌握农事档案电子化记录、合格证打印、超额预警消除等关键业务流程。到 2021 年上半年，全市 63 家农资店、832 家规模农业主体已全部注册使用永康农业主体 App。后来，我们指导散户在手机端安装永康农业主体 App，配备了 100 多台移动打印机，解决了散户开具合格证难的问题。

张晓： 规模主体和散户有了"一证一码"，食用农产品产地准出和市场准入的有效衔接就向前迈了一大步。

成其仓：是的，各个系统平台的互联互通和系统的自动化功能帮助很大，特别是解决了主体信息录入量大、烦琐的问题。在搭建农产品质量安全追溯平台的时候，全市进行了一次农业主体普查，永康农业主体 App 上线后，数据从产品质量安全追溯系统里导入，不用重新采集。基础信息在系统里是菜单式的，比较方便操作，每年的生产安排要输入一下，比如早稻几亩、中稻几亩、当季稻几亩、蔬菜大棚几亩，操作都很便利。像地块信息，农户在使用过程中点到定位地图就有记录，不用手工去输。我走访了一些农户，刚开始的时候有点抵触，后来就好了，他们说难倒是不难，就是没有主动去用的习惯。

张晓：让农户学会并养成习惯去用 App，培训指导很重要。

成其仓：培训指导有两个方面，一方面是教他们用 App，对年纪大的、文化程度低的农户，要手把手地教；另一方面是肥药使用的技术培训，没有合理使用肥药的知识，会用 App 也是没用的。所以我们推行"一对一""面对面"的服务，组织工作人员开展农业技术指导和"肥药两制"App 应用的巡查检查，两个方面一个都不能少。

张晓：永康市 63 家农资店全部实现肥药购买实名制，是怎么做到的？

林剑锋：我认为有四个方面的措施起到关键作用，第一是宣传好，第二是服务好，第三是奖惩机制到位，第四是基础条件改善。比如，农业农村部门免费为农资店安装身份证读卡器，很好地解决了实名制的意愿问题。

成其仓：配备好软件和硬件很重要，要方便农资店和农户。比如，我们给农资店统一安装了身份证读卡器，农户第一次来，把身份证放在读卡器上，他的信息就自动传到他的档案里，不需要抄写或手工输入。而且农户只需要第一次来时带身份证，第二次来输入名字，身份证信息、上次购买肥药的信息就跳出来了。以前农户如果没带身份证，记个电话号码也算实名，现在实现了真正的实名。另外，以前农资店只能看到自己的销售数据，系统打通以后，单店的实名销售数据可以传输出去，各个店都能看到，这样的实名销售对于农资店、农户、监管方才有意义。

张晓：便捷化很重要，但是要让农资店和农户自觉自愿地使用"肥药两制"App，还是取决于他们的观念转变，以及改革是否真正带来红利。

成其仓：的确如此！两年多来，"肥药两制"的改革红利逐渐释放出来，农业主体在三个方面明显获益，一是农业主体对自己购买和施用的化肥农药心中有数，有利于降本增效；二是生产记录电子化，有助于实现农产品质量全程追溯；三是肥药标准化、科学化管理，帮助农业主体生产出安全优质的产品，有利于优质农产品的品牌营销和价值提升。但是万事开头难，一开始大家并不知道改革有什么好处，所以宣传引导很重要，需要我们做非常具体、细致的工作，宣传到位，营造氛围。举个例子，我们采取了一个统一时间、统一步调的措施，从某一天开始，全市的农资店统一挂出横幅，让老百姓都知道要实行实名制了；统一开始实名销售，大家都不要争吵了，谁都不例外，谁也不会有意见。我们还通过报纸、电视、海报等方式广而告之，提示老百姓购买肥药时出示身份证，能用的方式都用上了。最有效的措施就是统一时间、统一步调，横幅都挂在店门口，从那天起每家店都实名销售，没有观望、等待的。

张晓：这就像一种行业自律行为，63家农资店都要遵守统一规则。肥药实名销售、销售台账记录等工作，如何让农资店养成习惯、形成长效机制？

成其仓：我感觉激励与约束机制很有用。我们每年对农资店进行评比，对于肥药实名销售、销售记录完整的农资店给予一定的奖励，主要是以精神奖励为主、物质奖励为辅，设置了三个等级的奖励，一等奖是"示范单位"，二等奖是"优秀单位"，三等奖是"良好单位"，奖金分别是3000元、2000元、1000元，农资店的经营者很看中获奖的牌匾，店门口挂上"优秀单位""示范单位"的牌匾，对他们有一定的激励作用。我们每年都要开个会，以会代训，会上表彰先进，把牌匾发给做得好的农资店；对后进的也要拿出来晾晒，排名靠后的经营者要站起来，讲讲自己为什么没做好，他们都会有压力，回去就会好好整改。对于屡次整改不到位的，我们就依法进行处罚，或者吊销农资店经营许可证。平时，我们建了一个交流群，全市所有农资店都进群，我们把做得好的和做得不好的都截屏分享在群里，大家可以互相借鉴、学习。现在实施"肥药两制"改革，农资店将会变得"高大上"，大家做的工作对社会、对农产品质量安全很有意义，今后农资经营者在社会上的地位也会越来越高。我们把农资经营的远景描绘出来，让他们感觉到这个事业非常崇高、非常高大，他们也就会去行动了。

张晓：农资店的经营者有这种荣誉感吗？

成其仓：他们有的。有一次开会，我说感谢所有农资店为永康的农业生产所作出的贡献，当时我记得他们眼睛一亮，都看着我。农资店是经营主体，除了营利之外，他们也是支撑起永康农业生产的供应体系的一部分，没有他们，永康的农户就要到外面去买农资。从技术层面讲，他们是农业技术推广的"最后一公里"，我们以前的体系是，从省到市，再到有关的农业技术推广站、农技员，现在的体系是管理型的，从县农业技术推广中心往下直接就到农户了，所以农资店对于技术推广的贡献率是最大的。在这种情况下，我们的管理方式要转变，以前是做不好就罚，现在我们尽量不去罚，尽量让农资店自觉行动，怎么让他自觉呢？一方面我们要让农资店了解怎么做是合规合法的，指导他们会做、做好；另一方面要敬重他们，做得好的就把荣誉给他，让他生意越来越红火，他也会主动配合我们。农资店知道我们把他当朋友，该管的时候依法监管，不该管的时候真心实意扶持他，让他走上正轨，建立这种互动与合作的关系非常关键。

张晓：老子说，"天下难事，必作于易；天下大事，必作于细。"大道至简，做好数字化转型的顶层设计与底层逻辑；俯身实践，立足实际激活创新要求，我认为这两点是浙江省"肥药两制"改革和永康市试点成功的决定性因素。祝愿永康市从试点到示范，持续迭代升级，贡献具有浙江辨识度和全国影响力的改革样板。

数字化改革重组执法流程

——以湖州市"简案快办"掌上执法模式为例

食品安全监管领域的执法对象复杂而庞大，涉及面广，长期以来都存在执法压力大、程序耗费时间长、处罚效率低等难题。2020 年年初，浙江省湖州市在安吉县率先开展食品安全监管"简案快办"执法模式试点，迈出了食品安全监管领域利用数字化改革重组执法流程的第一步，针对违法行为一般程序案件创建了快速办理机制，在全国打响了该领域数字化简易程序创新的"第一枪"。2021年 3 月，"简案快办"掌上执法模式在湖州市全域推行实施，同年 6 月正式在浙江全省推行，覆盖 11 个设区市的 90 个县（市）、区和 65.9 万家食品"三小一摊"（食品小作坊、小食杂店、小餐饮店及食品摊贩）经营主体，对 57 项食品违法行为进行全程掌上现场执法。❶

一、"简案快办"掌上执法模式的制度背景

"简案快办"的核心思想就是要实现行政执法的繁简分流。繁简分流是行政

---

❶ 佚名."简案快办"领跑食品安全治理［EB/OL］.（2021 – 09 – 24）［2023 – 06 – 20］. https：//www. sohu. com/a/491726114_162758.

执法改革乃至司法改革的重要内容，是解决日益激增的案件和有限的国家行政及司法资源这一冲突的必然产物。行政程序和司法程序的公正性是办理案件追求的最终目标，而正如法律谚语所言，"迟来的正义非正义"，即对于效率和效益的追求正是对正义之要求的一个部分。但是，对效率的追求是以保证基本的公正为基础的，不可为了效率而牺牲程序的公正性。为此，行政执法和司法领域一直在探索案件处理繁简分流的道路。而湖州市的"简案快办"掌上执法模式既有司法领域和其他行政领域的探索经验作为支撑，又有相关政策的支持，同时也契合了数字化改革的时代潮流。

（一） 司法领域和其他行政执法领域的"繁简分流"探索经验

最早在制度设计上开始案件繁简分流尝试的是在司法领域。简易程序的设计和改革一直是"三大诉讼"（民事诉讼、刑事诉讼和行政诉讼）司法改革的重点和难点，这方面的探索从未停止。比如，2016年发布的《最高人民法院关于进一步推进案件繁简分流优化司法资源配置的若干意见》，确立了"简案快审、繁案精审"和"努力以较小的司法成本取得较好的法律效果"的目标，从立案、审理以及裁判文书、人案配比、专业化审判和多元化纠纷解决机制等方面提出了宏观的解决方案。2017年5月，《最高人民法院关于民商事案件繁简分流和调解速裁操作规程（试行）》发布。

2019年1月，习近平总书记在中央政法工作会议上指出："要深化诉讼制度改革，推进案件繁简分流、轻重分离、快慢分道。"2019年5月，《关于政法领域全面深化改革的实施意见》发布，将"推进民事诉讼制度改革"确定为重大改革任务。2019年12月28日，《全国人民代表大会关于授权最高人民法院在部分地区开展民事诉讼程序繁简分流改革试点工作的决定》发布，授权在北京、上海、江苏、浙江、安徽、福建、山东、河南、湖北、广东、四川、贵州、云南、陕西、宁夏等地的中级、基层人民法院和部分专门法院开展为期两年的试点工作。2020年1月15日，最高人民法院印发《民事诉讼程序繁简分流改革试点方案》和《民事诉讼程序繁简分流改革试点实施办法》，明确了民事诉讼程序繁简分流的实施路径。2021年，时任最高人民法院院长周强在第十三届全国人民代表大会常务委员会第26次会议上作最高人民法院关于民事诉讼程序繁简分流改革试点情况的中期报告，指出试点工作启动以来，最高人民法院印发《民事诉讼程序繁简分流改革试点问答口径（一）》、文书样式、数据指标体系等5个配套性文件，细化试点程序规则，统一文书体例，规范试点运行；各试点法院严格落实试点要求，在优化司法确认程序、完善小额诉讼程序、完善简易程序规则、扩大独任制适用范围、健全电子诉讼规则五方面取得了重要突破。

在刑事诉讼领域，繁简案件分流的探索也一直在艰难进行。《刑事诉讼法》（1996年修正）首创"刑事简易程序"，简易程序仅适用于轻微刑事案件，其科刑范围原则上以3年以下有期徒刑、拘役、管制、单处罚金为限。《刑事诉讼法》（2012年修正）扩大了简易程序的适用范围，程序上也和普通程序作出了更为明确的区分。但这些变化仍然不足以应对案件量不断增大的现实难题。《刑事诉讼法》（2018年修正）正式设定了刑事速裁程序，同时引入了认罪认罚从宽制度，对于事实确实清楚、证据确实充分、被告人认罪认罚并且民事赔偿方面已经解决的案件，经被告人同意可以适用速裁程序，一般应当在受理后10天内审结。2020年以来，新冠疫情倒逼刑事诉讼程序繁简分流的创新，网络远程审判进入了人们的视野，而这在原来的刑事案件办案体系中是完全不可能的。与此同时，不少地方检察院和法院开始了自己的创新试点，比如河南省洛阳市人民检察院制定刑事案件繁简分流方案，在宜阳县、涧西区进行试点。宜阳县在河南省率先设立政法一体化办案中心，2022年，《宜阳县"一站式"办理刑事速裁程序案件实施细则（试行)》发布，其就各单位工作职责、运作流程、案件分流标准、软硬件配备等作出规定，搭建"一站式简案快办"通道。涧西区人民检察院将办案人员分为简案组和繁案组，结合该院刑事办案人数、案件数量和类型等实际，根据案件性质、案件情节、刑罚轻重、当事人认罪情况等，明确简案、繁案认定标准及繁简案件转化机制；推行简案"集约化"办理，通过"集中受理、集中告知、集中具结、集中听证、集中起诉、集中开庭"，简化重复性环节；推行"表格化"文书，使案件要点、关键证据一目了然，大大缩短了办案时间。❶

在行政诉讼领域，长期以来普遍存在简易程序适用率较低、适用的案件类型较单一（主要集中在政府信息公开类案件）、上诉率较高、案件审理程序及文书简化程度较低、当事人对适用简易程序审理案件的接受度不高等状况。2021年5月，《最高人民法院关于推进行政诉讼程序繁简分流改革的意见》发布，明确提

---

❶ 申利超. 洛阳市检察机关试点开展刑事案件繁简分流改革工作［EB/OL］. （2022－03－29）
［2023－06－20］. http：//news. lyd. com. cn/system/2022/03/29/032318140_01. shtml.

出"简案快审"概念，旨在通过深化行政诉讼制度改革实现"当简则简、简案快办、轻重分离、快慢分道"目标。该意见规定了行政争议诉前分流程序（诉前和解、调解）、快审程序，简案和繁案分别适用不同的审理程序，建立不同的审理规则，通过建立繁简分流制度，既能将不同繁简程度的案件分流到最适宜的诉讼程序之中，最大限度节约司法资源，又能将当事人诉权保障分层落实，推进社会综合治理与多元解纷机制建设的深度融合。❶ 根据该意见，各地纷纷探索行政诉讼简易程序的制度构建，扩大简易程序适用范围，例如将简易程序的适用扩展到行政机关适用简易程序作出的行政许可案件；数额在人民币 1 万元以下的行政征收案件；诉行政机关不予受理申请等程序性的行政案件等。❷ 另外，该意见提出要"推动电子诉讼的应用"，加强电子信息技术与行政审判工作融合，节约诉讼成本、提高诉讼效率，促进法治化营商环境建设。

三大诉讼领域的探索无疑积累了诸多有益的经验，为行政执法的繁简分离实践提供了协同改革、推进创新的参照系。尤其是行政诉讼领域的改革经验和成果，更是值得行政执法领域借鉴，因为行政执法从某种程度上而言，就是诸多行政诉讼案件的前置程序。而行政执法案件衍生出的民事案件和刑事案件也屡见不鲜。

近年来，随着"大综合一体化"行政执法改革的推进，行政执法领域的繁简分离探索取得了长足进展。例如，浙江省宁波市海曙区综合行政执法局自2021年开始探索建立行政执法繁简分流机制，细化简案分类标准，制定《执法案件快速办理规定》《优化案件办理程序的通知》，将侵占城市道路、损害城市绿地、店铺燃气执法等12类26项执法事项纳入"简案快办"范围，要求在5个工作日内办结。同时建立数字预警机制，依托执法数据分析平台，对简案办案时效、案件质量、当事人权利保障等情况进行监督、通报，做到"简案提速不减质"。2022年，海曙区综合行政执法领域办案总数同比增长7.39%，运用"简案快办"模式办理案件4085件，一般程序案件的平均办案时间从20天缩短到3—5天；2023年1—6月，运用"简案快办"模式办理案件1817件，执法人均月办案量

❶ 花秀艳，宋君. 行政诉讼繁简分流 让案件与程序繁简相宜［EB/OL］.（2021 - 08 - 02）［2023 - 06 - 20］. http：//legal. people. com. cn/n1/2021/0802/c205462 - 32177781. html.
❷ 全蕾. 构建行政案件繁简分流机制的系统化路径［J］. 人民司法，2020（7）：41 - 45，80.

从 2 个增加至 4.5 个，"简案快办"模式办理的案件无一起被行政复议、诉讼。❶

2022 年 6 月，杭州市上城区应急管理局颁行《杭州市上城区应急管理局行政案件快速办理工作规定（试行）》，明确了 10 种案情简单、违法事实清楚、当事人自愿认错认罚的安全生产违法行为属于适用范围；优化办案流程，简化调查取证、行政审批、行政处罚流程，实现案件快办快裁；执法办案全程电子化，当事人实现"零次跑"。针对"简案快办"自由裁量和幅度比较大的实际情况，上城区应急管理局制定了《执法办案十不准（试行）》，对简案办案期限、办理效果、当事人权利保障等情况，及时回访跟进、监督、通报，做到"简案提速不减质"。2022 年 6 月至 2023 年 4 月，上城区应急管理局共办理适用"简案快办"程序的行政处罚案件 20 起，占行政处罚案件总数的 10%，对企处罚"简案快办"建议采纳率 100%，认错认罚率 100%。❷

2023 年 5 月，浙江省嘉兴市综合行政执法局出台《嘉兴市综合行政执法系统开展"简案快办"工作指导意见（试行）》，明确了优先适用简易程序办理的案件条件，原则上适用"简案快办"方式办理的 10 类高频行政处罚案件，以及对符合"简案快办"条件的一般程序案件应在受理后 48 小时内立案，立案后 3 个工作日内快速办结等内容。嘉兴市综合行政执法局按照依法快办、质效并重、权益保障的原则，明确了简案快办的定义、工作目标、适用范围、时限要求、程序要求、证据要求、监督要求和适用事项等方面，以"简案快办"工作为抓手，优化执法资源配置，集中精力查办精品案、大要案，提高综合执法事项覆盖面，推动综合行政执法队伍执法能力和执法效率双提升。

综合而言，从宁波市海曙区综合行政执法局、杭州市上城区应急管理局、嘉兴市综合行政执法局的实践看，行政执法"简案快办"的适用对象包括但不限于：属于简单行政案件范畴的案件；案情简单、违法事实清楚、当事人自愿认错认罚的行政案件；可以通过简案模式办理的案件；可以通过"简案快办"系统实现快速办理的案件；符合"简案快办"条件的案件等。此外，"简案快办"也适用于一些特定的行政处罚案件，例如涉及款额 2000 元以下的案件和属于政府

---

❶ 郑迪璐. 海曙持续推行简案快办 实现案件办理"分道提速"［EB/OL］. （2023－06－12）［2023－06－20］. http://zjjs.cztv.com/m/10238070.html.

❷ 浙江省杭州市上城区应急管理局. 全省试点！全市唯一！上城区推行简案快办打通执法办案"快速路"［EB/OL］. （2023－04－03）［2023－06－20］. http://www.hzsc.gov.cn/art/2023/4/3/art_1229249651_4154297.html？eqid＝c1c99fb800028157000000004646ef61b.

信息公开的案件等。以上信息的获取是通过无筛选型网络新闻查询所得，由此可以看出，浙江省在此领域的探索走在全国前列。笔者此次实证所聚焦的湖州市市场监督管理局食品安全违法案件"简案快办"掌上执法模式，从制度设计到实践操作都是对上述司法领域和行政执法领域改革探索的深化和拓展，也是在食品安全监督执法方面的突破性举措。

（二）食品领域"简案快办"执法模式的法律规章依据

1. 《行政处罚法》

《行政处罚法》（2021年修订）自2021年7月15日起施行。其第51条规定："违法事实确凿并有法定依据，对公民处以二百元以下、对法人或其他组织处以三千元以下罚款或者警告的行政处罚的，可以当场作出行政处罚决定，法律另有规定的，从其规定。"行政处罚的简易程序是一种特殊的程序，适用于违法事实确凿、有明确法定依据、处罚较为轻微的违法行为。适用简易程序必须符合以下条件：①违法事实确凿。即当场能够有充分的证据确认违法事实，无须进一步调查取证；②有法定依据。对于该违法行为，法律、法规或者规章明确规定了有关处罚的内容，实施处罚的人员当场可以指出具体的法律、法规或者规章的依据，如果没有法定的依据，即使违法事实确凿，也不能当场处罚；③后果较轻微、处罚较轻微，符合《行政处罚法》所规定的处罚种类和幅度。

2. 《公安机关办理行政案件程序规定》

《公安机关办理行政案件程序规定》（2020年修正）是公安机关适用行政诉讼法和有关法律办理行政案件的重要规章，规范了公安机关办理行政案件程序，对保障公安机关在办理行政案件中正确履行职责，保护公民、法人和其他组织的合法权益具有重要意义。其第40条规定："对不适用简易程序，但事实清楚，违法嫌疑人自愿认错认罚，且对违法事实和法律适用没有异议的行政案件，公安机关可以通过简化取证方式和审核审批手续等措施快速办理。"第42条规定："快速办理行政案件前，公安机关应当书面告知违法嫌疑人快速办理的相关规定，征得其同意，并由其签名确认。"第44条规定："对适用快速办理的行政案件，可以由专兼职法制员或者办案部门负责人审核后，报公安机关负责人审批。"

3. 《国务院办公厅关于加快推进"一件事一次办"打造政务服务升级版的指导意见》

2022 年 9 月，国务院办公厅发布《国务院办公厅关于加快推进"一件事一次办"打造政务服务升级版的指导意见》，旨在优化政务服务流程，实现政务服务的集成化办理，大幅减少办事环节、申请材料、办理时间和跑动次数，通过"一件事一次办"改革，提升政务服务效能。

4. 《法治市场监管建设实施纲要（2021—2025 年）》

2021 年 12 月，国家市场监督管理总局发布《法治市场监管建设实施纲要（2021—2025 年）》，提出"健全完善法治实施体系，提升市场监管执法效能"，要求"积极参与全国一体化政务服务平台建设，市场监管领域政务服务事项全部纳入服务平台办理"。

5. 食品安全监管部门的行政处罚规范

《食品药品监管总局关于印发食品药品行政处罚文书规范的通知》第 32 条规定："《当场行政处罚决定书》，是执法人员对案情简单、违法事实清楚、证据确凿，适用简易程序的违法行为，当场作出行政处罚决定的文书。"这一规定是食品安全监督执法领域"简案快办"执法模式实施的直接权力来源。

《食品安全法》《行政许可法》《产品质量法》等法律对此更是作出相关规定。此外，《食品安全法实施条例》《国家"学生饮用奶计划"推广管理办法》《食用农产品市场销售质量安全监督管理办法》《食品药品监管总局关于印发食品生产经营风险分级管理办法（试行）的通知》《卫生部关于印发〈食品卫生许可证管理办法〉的通知》《食品召回管理办法》《国家食品药品监督管理局关于印发餐饮服务食品安全监管执法文书规范的通知（一）》《食品相关产品质量安全监督管理暂行办法》《食品生产许可管理办法》等规章制度也是有关执法的直接规范性指引来源。

6. 参考或深化同期其他行政执法领域规章制度的发展

湖州市在实施"简案快办"模式前后，其他行政执法领域也纷纷颁布了有关简案处理的规范性文件，推进了不同行政部门执法所依据的制度精神的一致性和协同性发展步伐。相关条款兹简要列举如下。

《民用航空行政处罚实施办法》（2021 年修正）第 25 条规定："对同时符合

下列条件的违法行为，可以适用《行政处罚法》第五章第二节规定的简易程序：（一）违法事实清楚、情节简单、后果比较轻微；（二）证据确凿或者当场发现行为人违法；（三）对公民处以200元以下、对法人或者其他组织处以3000元以下罚款或者警告的行政处罚。"

《市场监督管理行政处罚程序规定》（2022年修正）第67条规定："适用简易程序当场查处违法行为，办案人员应当向当事人出示执法证件，当场调查违法事实，收集必要的证据，填写预定格式、编有号码的行政处罚决定书。行政处罚决定书应当由办案人员签名或者盖章，并当场交付当事人。当事人拒绝签收的，应当在行政处罚决定书上注明。"

《交通运输行政执法程序规定》（2021年修正）第61条规定："执法人员适用简易程序当场作出行政处罚的，应当按照下列步骤实施：（一）向当事人出示交通运输行政执法证件并查明对方身份；（二）调查并收集必要的证据；（三）口头告知当事人违法事实、处罚理由和依据；（四）口头告知当事人享有的权利与义务；（五）听取当事人的陈述和申辩并进行复核；当事人提出的事实、理由或者证据成立的，应当采纳；（六）填写预定格式、编有号码的《当场行政处罚决定书》并当场交付当事人，《当场行政处罚决定书》应当载明当事人的违法行为，行政处罚的种类和依据、罚款数额、时间、地点，申请行政复议、提起行政诉讼的途径和期限以及执法部门名称，并由执法人员签名或者盖章；（七）当事人在《当场行政处罚决定书》上签名或盖章，当事人拒绝签收的，应当在行政处罚决定书上注明；（八）作出当场处罚决定之日起五日内，将《当场行政处罚决定书》副本提交所属执法部门备案。"

《司法行政机关行政处罚程序规定》第11条规定："司法行政机关实施行政处罚，根据情况分别适用简易程序和一般程序。"

《交通运输部海事局关于印发〈海事行政执法全过程记录管理办法〉的通知》第36条规定："行政执法活动按规定适用简易程序的，按简易程序的环节进行记录。"

2009年发布的《著作权行政处罚实施办法》第10条规定："除行政处罚法规定适用简易程序的情况外，著作权行政处罚适用行政处罚法规定的一般程序。"

《农业农村部关于印发〈渔政执法工作规范（暂行）〉的通知》第37条规定："实施渔业行政处罚，除适用简易程序的外，应当适用普通程序。"

（三）行政执法领域数字化执法的发展要求

1. 我国行政执法领域的数字化发展

在我国，数字化执法最初并不是在行政领域开始的。20 世纪 90 年代，随着计算机和互联网的普及，企业开始使用各种数字化工具和平台来管理和运营其业务。这种数字化趋势逐渐影响到政府的各个领域，包括行政执法。数字化转型在政企领域得到了蓬勃发展。政府招采领域作为数字化具体应用场景，数字基础设施建设作为数字化实现条件，都在数字化转型的立法和执法中发挥了重要作用。❶

随着数字化转型在公共管理和服务中的广泛应用，数据开放共享成为提升政务服务能力、助力智慧城市建设、促进数据要素市场发展的重要前提，其中政企数据开放共享尤为关键。

行政领域的数字化执法经历了三个阶段的发展。首先是行政许可法、行政强制法和行政处罚法的出台，完成了行政执法程序制度建设的"三部曲"。其次是行政监察法的出台，将行政监察条例上升为法律，实现了行政监督救济制度的升级。最后，行政立法执法正处于完善深化阶段，重点是协同推进、纵深拓展法治政府建设，推动行政立法执法框架体系更加完善、针对性更强。

从执法手段的发展而言，在初始阶段，政府部门开始使用计算机和互联网技术来处理行政执法事务，例如审批、监管和执法等，提高了行政执法的效率和准确性，减少了人为错误和舞弊的可能性。接着是移动执法阶段。随着智能手机和平板电脑等移动设备的普及，政府部门开始使用这些设备进行现场执法，例如检查、取证和处罚等，使得执法人员能够更加灵活地处理事务，提高了执法的及时性和效率。我国正处在数字化执法的升级阶段，在这个阶段，人工智能、大数据和云计算等先进技术的运用已经成为主流。这些技术帮助政府部门更好地分析数据、发掘信息和做出决策，从而提高了行政执法的精准性和效果。

行政领域数字化执法已经普及各个领域和环节。比如在市场监管领域，通过数字化平台可以及时查处各类违法违规行为；在城管执法领域，数字化技术帮助

---

❶ 赵显龙，林嘉，王涛. 数字转型，方兴未艾：中国数字化转型领域 2022 年度立法与司法回顾及展望（政企数据开放共享篇）[EB/OL].（2023-01-16）[2023-06-20]. https：//www.kwm.com/cn/zh/insights/latest-thinking/legislation-and-law-enforcement-of-digital-transformation-in-china-2022-government-data-sharing.html.

提高巡查和监管的效率；在文化旅游和农业农村领域，数字化执法的应用也逐渐得到推广。

在具体的实践中，浙江省走在数字化执法的前列。针对重复执法、交叉执法、监管缺位和执法效能低等问题，浙江省于2021年公布《浙江省综合行政执法条例》，提出要加快推动构建"综合执法＋专业执法＋联合执法"的"大综合一体化"行政执法体系。湖州市的探索正是在这一数字化执法迅猛发展的态势下应运而生的。

2. 食品安全领域数字化执法的发展

食品安全领域数字化执法实践的历史可以追溯到20世纪90年代。当时，随着信息技术的迅速发展，一些发达国家和地区开始将数字化技术应用于食品安全监管领域。例如，美国食品药品监督管理局（FDA）和欧洲食品安全局（EFSA）等机构开始使用数字化技术收集、分析和共享食品安全数据，提高监管的效率和精准性。在数字化执法实践之前，食品安全执法主要依赖于人工检查和监管，这种方式效率低下，容易出现疏漏。

进入21世纪，数字化执法实践在食品安全领域得到了更广泛的应用和发展。许多国家和地区都加强了在食品安全领域的数字化建设，通过建立数字化平台、运用大数据和人工智能等技术手段，提高食品安全监管的效率和精准度。同时，联合国粮食及农业组织、世界卫生组织等组织也在积极推动食品安全领域的数字化发展，制定相关标准和规范，加强国际合作，共同应对全球性食品安全问题。

我国食品安全领域的数字化执法实践近年来得到了广泛的关注和推动，特别是加速了政府数字化转型的步伐。政府部门开始加快数字化发展步伐，构建以"互联网＋监管"为基本手段的新型监管机制，实现线上线下一体化监管，推进监管能力现代化。2020年10月29日，《中共中央关于制定国民经济和社会发展第十四个五年规划和二〇三五年远景目标纲要》公布，其中与市场监管领域相关的内容主要集中在：加快数字化发展，推进监管能力现代化，健全以"互联网＋监管"为基本手段、以重点监管为补充、以信用监管为基础的新型监管机制，推进线上线下一体化监管。

在政府端，职能部门借助数字化全链条监管食品安全，将食品安全相关领域工作纳入食品安全责任制范畴，整合监管职能，加强监管协同，形成市场监管合力。❶ 在企业端，食品生产、流通、餐饮等主体积极探索食品安全智慧管理，利用大数据、云计算、区块链等新技术，打造精准、高效、闭环的"数字食安"管理体系。❷

随着食品领域新产品、新业态、新模式的快速发展，食品安全监管部门特别是基层监管队伍面临监管力量不足、专业能力欠缺等问题，食品安全信息不对称问题加剧，加大了食品安全监管的难度。❸

面对问题、难题，各地区积极探索数字化监督执法的路径和方法。例如，上海市在食品安全领域全面实施智慧监管，依靠市场的力量和科技的力量提高监管效能。2017 年，《上海市建设市民满意的食品安全城市行动方案》发布，其对加强基层食品安全监管规范化建设提出要求，即基层市场监管所全覆盖、标准化配备基本执法装备，并充分应用现场监管执法记录仪、移动执法、远程视频监控等技术手段加强监管。2021 年，上海市先后发布《关于全面推进上海城市数字化转型的意见》《上海市国民经济和社会发展第十四个五年规划和二〇三五年远景目标纲要》，后者提出要加快提高数字化治理水平，升级拓展市场监管等管理事项的数字化解决方案，把城市安全的防线筑得更牢，同时依托"互联网 + 监管"系统开展跨条线跨部门联合抽查，推行远程监管、移动监管、预警防控等非现场监管。上海市松江区市场监督管理局甚至早在 2015 年 12 月就启动实施了"全球眼"远程视频监控项目，通过搭建专用网络，借助视频监控终端、电脑、手机等远程视频传输、储存技术与设备，采用远程查看实时视频或回放视频等形式，对食品经营者开展食品安全巡查工作，包含集体用餐、中央厨房和农村会所等单位，实现食品经营重点单位相关场所 24 小时监控。❹

---

❶ 万静. 专家建议　借助数字化全链条监管食品安全［EB/OL］.（2021 - 11 - 25）［2023 - 06 - 20］. http：//www. news. cn/fortune/2021 - 11/25/c_1128097398. htm.

❷ 共建、共享、共治，数字化如何赋能食品安全［EB/OL］.（2021 - 06 - 11）［2023 - 06 - 11］. https：//www. sohu. com/a/471707088_384789.

❸ 韩青. 构建新时代的食品安全监管体系［EB/OL］.（2021 - 11 - 10）［2023 - 06 - 20］. https：//theory. gmw. cn/2021 - 11/10/content_35300457. htm.

❹ 杨彬，詹奕，狄晶晶. 数字化转型为食品安全监管赋能：以上海市松江区市场监管局食品安全监管数字化转型为例［EB/OL］.（2021 - 10 - 31）［2023 - 06 - 20］. https：//m. thepaper. cn/baijiahao_15166513.

二、解构湖州市"简案快办"掌上执法模式

2020 年 5 月 19 日，湖州市安吉县市场监督管理局印发《安吉县食品生产经营违法行为便捷快速办案模式指导意见（试行）》（安市监发〔2020〕48 号），开启了食品违法案件"简案快办"掌上执法模式的先行先试和探索实践。该指导意见的制定依据主要包括《食品安全法》《行政处罚法》《市场监督管理行政处罚程序暂行规定》《浙江省食品小作坊小餐饮店小食杂店和食品摊贩管理规定》等，其目标是落实"互联网＋"智能执法要求，通过探索利用信息化手段开展网络执法和掌上执法，方便当事人能够快捷地处理违法行为，加快食品案件办结速度，提升食品行业监管效能，进一步深化综合行政执法改革。

在安吉县试点的基础上，湖州市市场监督管理局于 2021 年 1 月起草了《食品违法案件"简案快办"执法模式适用事项清单》征求意见，并向市级有关单位、各区县市场监管局征求意见，对相关意见建议予以探讨并吸收采纳。2021 年 2 月 22 日，湖州市市场监督管理局、湖州市财政局、湖州市大数据发展管理局、湖州市人民检察院等四部门联合发布《关于在全市推广实施食品违法案件"简案快办"执法模式的工作方案（试行）》（以下简称《工作方案》）发布，并于 2 月 25 日召开实施工作新闻发布会；3 月 4 日，全市市场监管部门开始使用"简案快办"执法模式正式办理案件。

（一）执法目标

《工作方案》明确指出，"简案快办"的执法目标是"以提升数字治理能力现代化为导向，坚持'高效、便捷、智能、精准、透明'的原则，建立完善'互联网＋办案'的创新举措，推动全市'简案快办'执法模式实施工作，实现食品领域常见违法行为快速办理、当事人违法行为处理全程'零跑'"。

数字化治理是湖州市"简案快办"执法模式的核心，其顶层设计的重点是：建立健全与"简案快办"执法模式相适应的程序制度、办案规则和执法体系，构建食品类案件高效处置的新模式和新机制，全面提升食品安全治理现代化水平。如何在数字化模块适用过程中既保证效率，又确保程序的正当化以及执法的

公正性和透明性，是整个模式设计的灵魂。

（二）多部门协同工作

《工作方案》指出，为有序开展"简案快办"执法模式的湖州市实施工作，明确部门职责分工，决定成立市食品违法案件"简案快办"执法模式实施工作领导小组，由市市场监督管理局主要负责人任组长，市检察院、市司法局、市财政局、市市场监督管理局、市大数据发展管理局等部门分管负责人为副组长。这说明，"简案快办"掌上执法并非是市场监督管理局单独就可以完成的工作，整个模型构建涉及多部门协作，其实是将线下执法所可能涉及的多个部门用一套线上体系一协调起来。这不仅需要技术人员的研发设计，而且需要各个部门无缝衔接，协同作战。近些年来的工作成效也说明湖州市乃至整个浙江省的多部门协调和交叉工作效能极高。

（三）智慧执法系统应用

2020年6月，浙江省市场监督管理局将安吉县"简案快办"掌上执法探索纳入全省市场监管系统的数字化改革典型应用场景。经过近些年的区域试点和改革试验，"简案快办"掌上执法模式从"安吉试点"到"湖州模式"，进而发展到浙江全省实施阶段，开启了浙江省市场监管执法数字化改革的新征程。2021年年初，湖州市实现与浙江省市场监管案件管理信息系统、浙江省政务协同平台"浙政钉"、浙江省政务服务网公共支付平台、支付宝等系统平台的数据对接与交换，完成了打通数据壁垒、实现数据共享等基础性、关键性工作。

实际上，"简案快办"掌上执法模式是以"互联网＋办案"的创新思维重塑传统执法办案流程、推进食品违法案件执法数字化管理升级，即将大数据、人工智能等新一代信息技术深度融入案件办理环节，通过违法行为智能分析、行政处罚智能裁量、执法法条智能引用、法律文书智能填充等技术应用，构建起办案各环节（案源录入、立案、调查取证、审核、决定、送达、执行等）全流程、无纸化、实时在线的网上办案新模式，大大促进了基层食品违法案件执法的提速增效，也使当事人实现了违法行为处理全程"零次跑"。

"简案快办"掌上执法模式以浙江省市场监管案件信息管理系统为支撑，在"浙政钉"平台设置程序入口，实现执法一键快速登录；同时，通过对接浙江省司法相关平台，采用区块链、时间戳技术对电子证据进行在线固定，提升了法律执行的效率。这是近年来对数字化、电子化证据追踪、固定及应用领域研究成果的良好实践。

具体而言，"简案快办"掌上执法操作模式如下。

食品违法案件"简案快办"执法模式操作流程

要件：执法终端下载并注册钉钉 App，拥有执法证的人员，知晓本人的案件管理系统账号。

第 1 步，进入端口：执法人员现场检查时发现可以现场处罚的违法行为，进入钉钉 App—掌上政务—案件管理系统（食品案件快速办理）—"一键办案"端口。

第 2 步，现场录入：①选择案件来源途径（监督检查、投诉举报、上级交办等）；②选择另一位办案人员（执法证信息已关联）、选择法律条款；③添加主体信息（登记在册用户直接搜索导入；无照的自然人需录入姓名、身份证、手机号、住址、邮编信息）；④采集证据（如涉及无健康证的违法行为，须填写无健康证人数），拍摄上传（现场经营情况、经营者身份信息等内容）；⑤根据证据采集需要，决定是否制作询问笔录，填入问答内容。执法人员点击下一步。

第 3 步，当事人签字：执法端自动生成《现场检查笔录》和《证据联》《询问笔录》《地址送达确认书》，当事人在执法终端阅读并签字确认。执法人员点击提交。

第 4 步，负责人审批：通过钉钉 App 消息通知，提醒审批（核审）人员进入消息内容，逐一进行核审、审批。审批同意后，电脑端案件管理系统同步生成《案件来源登记表》《立案审批表》《现场笔录》《询问笔录》《案件调查终结报告》《案件核审表》和《行政处罚案件有关事项审批表》。

第 5 步，告知书送达：审批同意后，执法终端自动生成《行政处罚告知书》，当事人在执法终端送达回证上签字确认（同时确认是否放弃陈述申辩的权利）。执法人员点击保存并发送，当事人手机接收短信，点击链接查看下载《行政处罚告知书》。电脑端案件管理系统自动生成《行政处罚告知书》及《送达回证》。

第 6 步，预行政处罚决定书送达：执法终端自动生成《预行政处罚决定书》，当事人在执法终端送达回证上签字确认（同时确认手机电子送达方式）。当事人签字后，执法人员点击保存并发送，当事人手机接收短信，点击链接查看下载《预行政处罚决定书》。电脑端案件管理系统同步生成《预行政处罚决定书》及《送达回证》。

第 7 步，决定自动审批：当事人自收到《预行政处罚决定书》3 个工作日后未提出异议的，后台自动生成《行政处罚决定审批表》并完成审核、审批。电脑端同步生成《行政处罚决定审批表》。

第 8 步，行政处罚决定书送达：系统自动推送《行政处罚决定书》（含付款二维码），当事人手机接收短信，点击链接查看下载《行政处罚决定书》（含付款二维码），系统自动记录当事人下载查看《行政处罚决定书》等相关事实，默认为送达。3 个工作日内当事人提出陈述申辩的，案件转线下办理。

第 9 步，扫码缴款：当事人通过支付宝，扫描二维码，进入公共支付，缴款时填入接收电子发票的手机号，缴款成功后，接收浙江政务服务网的短信，根据提示，查看下载财政电子票据。电脑端案件管理系统同步生成处罚执行记录，提取电子票据号。

第 10 步，功能提醒：自《行政处罚决定书》发出 3 个工作日后，若当事人未及时缴纳罚款，后台以短信的方式提醒当事人按时缴纳罚款，同时钉钉 App 信息提醒案件主办人员告知该案件当事人未及时缴纳罚款需进一步催缴。

第 11 步，完结：执法终端案件流程结束。案件公示、办结归档环节转电脑端案件管理系统自动办理。后台自动隐去当事人个人隐私信息，定时推送公示。

第 12 步，统计查询：为确保案件报表的完整性，将快速办理案件进行系统标记，可在"省市场监管案件管理信息系统"内快速查询，同时设置打印功能（若有需要，则形成纸质案卷归档备查）。

（四）"简案快办"掌上执法的法定适用范围

1. 以"三小一摊"经营主体为执法对象的核心

浙江省是食品生产流通大省，拥有食品生产、流通、餐饮企业及"三小一摊"（食品小作坊、小餐饮店、小食杂店和食品摊贩）等食品从业主体近 130 万家。自浙江省市场监管综合执法体制改革以来，系统执法职责、领域大幅扩展，但执法力量没有同比增加，基层食品安全执法工作面临"执法压力大、案件流程长、执法效率低"等严峻挑战，根源是传统的线下执法模式与新时代执法要求之间的不适应。在充分调研的基础上，浙江省市场监督管理局以基层和群众反映强烈的食品"三小一摊"常见违法行为为切入口，率先在湖州市安吉县开展试点，上线"简案快办"网上执法模式1.0版。❶

需要注意的是，"简案快办"目前仅适用于食品领域常见的四大类、57项违法行为，主要涉及《行政处罚法》《食品安全法》《食品安全法实施条例》《食品生产许可管理办法》《食品经营许可管理办法》《流通领域食品安全管理办法》《浙江省食品小作坊小餐饮店小食杂店和食品摊贩管理规定》等有关规定。其他事实清楚、情节轻微的食品违法行为案件并没有被纳入该模式办理。

具体而言，根据湖州市市场监督管理局发布的《湖州市食品违法案件"简案快办"执法模式若干情况的说明》，"简案快办"执法模式办理的案件适用类型包括四类：一是小餐饮违法案件；二是小食杂店违法案件；三是食品小作坊违法案件；四是一般食品生产经营者轻微违法案件。

小餐饮店的具体认定条件包括：①经营场所使用面积不超过50平方米；②从事餐饮服务。就餐人数在50人以下的单位食堂（学校、托幼机构、养老机构除外）的食品安全管理适用小餐饮店的规定。依据《浙江省食品小作坊小餐饮店小食杂店和食品摊贩管理规定》，具体列举的违法行为有10项，如表9-1所示。

表9-1 小餐饮店相关违法行为处理情形

序号	违反条款	涉及条款内容	违法事实证据固定	处罚依据	处罚内容
1	第9条第1款	小餐饮店在领取营业执照后生产加工、经营前，应当到所在地食品药品监督管理部门进行登记，并提供下列材料：①生产经营者身份证明；②拟生产加工或者经营的食品品种；③食品安全承诺书；④生产加工或者经营场所平面图	经营现场照片，询问笔录明确未取得登记证	第21条第2款	限期补办，罚款200元

❶ 苏州市市场监督管理局. 浙江全面推进食品违法行为"简案快办"［EB/OL］. （2021-05-20）［2023-06-20］. http://scjgj. suzhou. gov. cn/szqts/hyxw/202105/3a0ed9c3278d4826b7aa09866075c8a4. shtml.

序号	违反条款	涉及条款内容	违法事实证据固定	处罚依据	处罚内容
2	第9条第3款	登记证应当载明小餐饮店的名称、地址、生产经营者姓名、生产经营食品的种类以及是否从事网络食品经营等信息	登记证照片；当事人从事网络经营的证据（网址，网页截图等）	第21条第3款	责令改正，罚款200元
3	第12条第1款第（1）项	小餐饮店从事餐饮服务活动应当遵守下列规定：保持经营场所环境卫生整洁	操作间卫生不洁、地面积水严重、油烟罩积垢严重、操作间墙面不洁、破损等	第21条第1款第（1）项	责令改正，罚款500元
4	第12条第1款第（2）项	小餐饮店从事餐饮服务活动应当遵守下列规定：食品处理区不得设置卫生间，制作冷荤凉菜应当设置专用操作区	食品处理区与卫生间相连的场景照片；询问笔录证实无冷荤凉菜的专用操作区照片	第21条第1款第（1）项	责令改正，罚款500元
5	第12条第1款第（3）项	小餐饮店从事餐饮服务活动应当遵守下列规定：食品处理区各功能区布局合理，粗加工、烹饪、餐用具清洗消毒、食品原辅材料贮存等场所分区明确，防止食品在存放、操作中产生交叉污染	各功能区分区不明确整体照片；食品存放在操作中存在交叉污染的现象	第21条第1款第（1）项	责令改正，罚款500元
6	第12条第1款第（4）项	小餐饮店从事餐饮服务活动应当遵守下列规定：具有与加工经营食品相适应的冷冻冷藏、防尘、防蝇、防鼠、防虫的设施	不具备与加工经营食品相适应的冷冻冷藏、防尘、防蝇、防鼠、防虫等设施或者设施损坏照片，询问笔录	第21条第1款第（1）项	责令改正，罚款500元
7	第12条第1款第（5）项	小餐饮店从事餐饮服务活动应当遵守下列规定：加工操作场所设置专用清洗设施，其数量或者容量应当与加工食品的品种、数量相适应	经营场所内设置与加工食品品种、数量相适应的专用清洗设施，且不得混用	第21条第1款第（1）项	责令改正，罚款500元

续表

序号	违反条款	涉及条款内容	违法事实证据固定	处罚依据	处罚内容
8	第12条第1款第（6）项	小餐饮店从事餐饮服务活动应当遵守下列规定：无专用餐饮具清洗消毒设施的，应当使用符合规定的一次性消毒餐饮具或者采用集中消毒餐饮具	现场没有专用餐饮具清洗消毒设施场景照片，没有使用符合规定的一次性消毒餐饮具或者采用集中消毒餐饮具照片	第21条第1款第（1）项	责令改正，罚款500元
9	第16条第1款	小餐饮店从事接触直接入口食品工作的食品生产经营人员应当按照规定进行健康检查，持有有效健康证明	无健康证明经营人员从事食品工作的照片（现场查看健康证是否有或者过期，人证是否相符），询问笔录	第21条第4款	无证1人：罚款300元；无证2—4人（含）：罚款400元；无证4人以上：罚款500元（责令停止从事相关食品生产经营的活动）
10	第16条第2款	小餐饮店应当在生产经营场所明显位置张挂登记证、登记卡和从业人员有效的健康证明，接受社会监督	未张挂登记证、登记卡和从业人员有效的健康证明的现场照片	第20条第1款第（2）项	责令改正，罚款50元

小食杂店的具体认定条件为：①经营场所使用面积不超过50平方米；②主要销售预包装食品、散装食品。依据《浙江省食品小作坊小餐饮店小食杂店和食品摊贩管理规定》，具体列举的违法行为有7项，如表9-2所示。

表9-2　小食杂店相关违法行为处理情形

序号	违反条款	涉及条款内容	违法事实证据固定	处罚依据	处罚内容
1	第9条第1款	小食杂店在领取营业执照后生产加工、经营前，应当到所在地食品药品监督管理部门进行登记，并提供下列材料：①生产经营者身份证明；②拟生产加工或者经营的食品品种；③食品安全承诺书；④生产加工或者经营场所平面图	经营现场照片，询问笔录证明确未取得登记证	第21条第2款	限期补办，罚款200元

续表

序号	违反条款	涉及条款内容	违法事实证据固定	处罚依据	处罚内容
2	第9条第3款	登记证应当载明小食杂店的名称、地址、生产经营者姓名、生产经营食品的种类以及是否从事网络食品经营等信息	登记证照片；当事人从事网络经营的证据（网址、网页截图等）	第21条第3款	责令改正，罚款200元
3	第13条第1款第（1）项	小食杂店从事食品经营活动应当遵守下列规定：具有与经营食品品种、数量相适应的经营、贮存等固定场所、设施和设备，经营场所环境卫生整洁	经营食品品种、数量相适应的经营、贮存等固定场所、设施和设备不匹配或者损坏的照片；经营场所脏乱差照片	第21条第1款第（4）项	责令改正，罚款500元
4	第13条第1款第（2）项	小食杂店从事食品经营活动应当遵守下列规定：用于食品经营的工具、容器、设备等保持清洁卫生，符合食品安全要求	用于食品经营的工具、容器、设备等不整洁照片或不符合食品安全要求照片	第21条第1款第（4）项	责令改正，罚款500元
5	第13条第1款第（3）项	小食杂店从事食品经营活动应当遵守下列规定：销售散装食品的，应当采取防尘、防蝇、防鼠、防虫的措施，并在容器、外包装上标明食品名称、生产日期、保质期以及食品生产者的名称、地址、联系方式等	直接入口的散装食品未采取防尘、防蝇、防鼠、防虫措施；散装食品容器、外包装上6个要素不完整或者没有的照片	第21条第1款第（4）项	责令改正，罚款500元
6	第16条第1款	小食杂店从事接触直接入口食品工作的食品生产经营人员应当按照规定进行健康检查，持有有效健康证明	无健康证明经营人员从事食品工作的照片（现场查看健康证是否过期，人、证是否相符），询问笔录	第21条第4款	无证1人：罚款300元；无证2—4人：罚款400元；无证4人以上：罚款500元（责令停止从事相关食品生产经营的活动）
7	第16条第2款	小食杂店应当在生产经营场所明显位置张挂登记证、登记卡和从业人员有效的健康证明，接受社会监督	未张挂登记证、登记卡和从业人员有效的健康证明的现场照片	第20条第1款第（2）项	责令改正，罚款50元

小作坊的具体认定条件：①固定从业人员不超过7人；②除办公、仓储、晒场等非生产加工场所外，生产加工场所使用面积不超过100平方米；③从事传统、低风险食品生产加工活动。依据《浙江省食品小作坊小餐饮店小食杂店和食品摊贩管理规定》，具体列举的违法行为有11项，如表9-3所示。

表9-3 小作坊相关违法行为处理情形

序号	违反条款	涉及条款内容	违法事实证据固定	处罚依据	处罚内容
1	第9条第1款	小作坊在领取营业执照后生产加工、经营前，应当到所在地食品药品监督管理部门进行登记，并提供下列材料：①生产经营者身份证明；②拟生产加工或者经营的食品品种；③食品安全承诺书；④生产加工或者经营场所平面图	经营现场照片，询问笔录明确未取得登记证	第21条第2款	限期补办，罚款200元
2	第9条第3款	登记证应当载明小作坊的名称、地址、生产经营者姓名、生产经营食品的种类以及是否从事网络食品经营等信息	登记证照片；当事人从事网络经营的证据（网址，网页截图等）	第21条第3款	责令改正，罚款200元
3	第10条第1款第（1）项	食品小作坊从事食品生产加工活动应当遵守下列规定：生产加工设施、设备和生产流程符合食品安全要求和条件	生产加工区域生产加工设施、设备和生产流程不符合食品安全要求和条件现场的照片，询问笔录	第21条第1款第（1）项	责令改正，罚款500元
4	第10条第1款第（2）项	食品小作坊从事食品生产加工活动应当遵守下列规定：生产加工区和生活区按照保障食品安全的要求相隔离	生产加工区与生活区未按照食品安全要求相隔离的场景照片	第21条第1款第（1）项	责令改正，罚款500元
5	第10条第1款第（3）项	食品小作坊从事食品生产加工活动应当遵守下列规定：待加工食品与直接入口食品、原料、成品分开存放，避免食品接触有毒物、不洁物	待加工食品与直接入口食品、原料、成品未分开存放的照片，待加工食品与有毒物、不洁物易接触的现场照片	第21条第1款第（1）项	责令改正，罚款500元
6	第10条第1款第（4）项	食品小作坊从事食品生产加工活动应当遵守下列规定：生产加工场所不得存放有毒、有害物品和个人生活物品	生产加工场所存在有毒、有害物品和个人生活物品现场照片	第21条第1款第（1）项	责令改正，罚款500元

序号	违反条款	涉及条款内容	违法事实证据固定	处罚依据	处罚内容
7	第10条第1款第（5）项	食品小作坊从事食品生产加工活动应当遵守下列规定：具有与生产加工食品相适应的冷冻冷藏、防尘、防蝇、防鼠、防虫的设施	不具备与生产加工食品相适应的冷冻冷藏、防尘、防蝇、防鼠、防虫等设施或者设施损坏的照片，询问笔录	第21条第1款第（1）项	责令改正，罚款500元
8	第10条第1款第（7）项	食品小作坊从事食品生产加工活动应当遵守下列规定：贮存、运输和装卸食品的容器、工具和设备应当安全、无害，保持清洁，防止污染，并符合保证食品安全所需的温度、湿度等特殊要求，不得将食品与有毒、有害物品一同贮存、运输	贮存、运输、装卸食品的容器、工具和设备有安全隐患，未保持清洁，有被污染可能；未能保证食品安全所需的温度、湿度等特殊要求；现场有食品与有毒、有害物品一同贮存、运输现象现场照片	第21条第1款第（1）项	责令改正，罚款500元
9	第11条第1款	食品小作坊生产加工的预包装食品应当有标签。标签应当标明食品名称、配料表、净含量和规格，食品小作坊名称、地址和联系方式，登记证编号，生产日期、保质期、贮存条件等信息	生产加工的预包装食品没有标签，或标签信息不全的照片	第21条第1款第（2）项	责令改正，罚款500元
10	第11条第2款	食品小作坊生产加工的散装食品应当在容器、外包装上标明食品的名称、生产日期、保质期、食品小作坊名称、地址和联系方式等信息	食品小作坊生产加工的散装食品在容器、外包装上没有标明规定的信息或者信息不全的照片	第21条第1款第（2）项	责令改正，罚款500元
11	第16条第1款	小作坊从事接触直接入口食品工作的食品生产经营人员应当按照规定进行健康检查，持有有效健康证明	无健康证明经营人员从事食品工作的照片（现场查看健康证是否有或者过期，人证是否相符），询问笔录	第21条第4款	无证1人：罚款300元；无证2—4人（含）：罚款400元；无证4人以上：罚款500元（责令停止从事相关食品生产经营的活动）

而对于一般食品生产经营者的违法行为，则适用《食品安全法》《食品生产许可管理办法》《食品经营许可管理办法》《食品生产经营日常监督检查管理办法》《食品标识管理规定》进行违法认定和处罚。

其中，适用《食品安全法》进行认定和处罚的行为列举了 24 项，如表 9－4 所示。

表 9－4 一般食品生产经营者违法行为处理情形（一）

序号	违反条款	涉及条款内容	违法事实证据固定	处罚依据	处罚内容
1	第 33 条第 1 款第（5）项	食品生产经营应当符合食品安全标准，并符合下列要求：餐具、饮具和盛放直接入口食品的容器，使用前应当洗净、消毒，炊具、用具用后应当洗净，保持清洁	餐具、饮具和盛放直接入口食品的容器使用前未洗净、消毒，炊具、用具用后未及时清洗、不洁的照片	第 126 条第 1 款第（5）项	责令改正，给予警告
2	第 33 条第 1 款第（6）项	食品生产经营应当符合食品安全标准，并符合下列要求：贮存、运输和装卸食品的容器、工具和设备应当安全、无害，保持清洁，防止食品污染，并符合保证食品安全所需的温度、湿度等特殊要求，不得将食品与有毒、有害物品一同贮存、运输	贮存、运输、装卸食品的容器、工具和设备有安全隐患，未保持清洁，有被污染可能；未能保证食品安全所需的温度、湿度等特殊要求；现场有食品与有毒、有害物品一同贮存、运输现象的现场照片	第 132 条	责令改正，给予警告
3	第 33 条第 2 款	非食品生产经营者从事食品贮存、运输和装卸的，应当符合"贮存、运输和装卸食品的容器、工具和设备应当安全、无害，保持清洁，防止食品污染，并符合保证食品安全所需的温度、湿度等特殊要求，不得将食品与有毒、有害物品一同贮存、运输"的规定	贮存、运输、装卸食品的容器、工具和设备有安全隐患，未保持清洁，有被污染可能；未能保证食品安全所需的温度、湿度等特殊要求；现场有食品与有毒、有害物品一同贮存、运输现象的现场照片	第 132 条	责令改正，给予警告

续表

序号	违反条款	涉及条款内容	违法事实证据固定	处罚依据	处罚内容
4	第44条第1款	食品生产经营企业应当建立健全食品安全管理制度，对职工进行食品安全知识培训，加强食品检验工作，依法从事生产经营活动	未提供食品安全管理制度；未提供食品安全知识培训、考核、上岗记录照片；企业负责人、食品安全管理员的询问笔录	第126条第1款第（2）项	责令改正，给予警告
5	第45条	食品生产经营者应当建立并执行从业人员健康管理制度。患有国务院卫生行政部门规定的有碍食品安全疾病的人员，不得从事接触直接入口食品的工作。从事接触直接入口食品工作的食品生产经营人员应当每年进行健康检查，取得健康证明后方可上岗工作	现场查看健康证是否有或过期，人、证是否相符，现场照片，现场检查询问笔录	第126条第1款第（7）项	责令改正，给予警告
6	第47条	食品生产经营者应当建立食品安全自查制度，定期对食品安全状况进行检查评价。生产经营条件发生变化，不再符合食品安全要求的，食品生产经营者应当立即采取整改措施	现场检查照片、擅自改变生产经营条件照片，未提供定期自查记录，负责人询问笔录	第126条第1款第（11）项	责令改正，给予警告
7	第50条第2款	食品生产企业应当建立食品原料、食品添加剂、食品相关产品进货查验记录制度，如实记录食品原料、食品添加剂、食品相关产品的名称、规格、数量、生产日期或者生产批号、保质期、进货日期以及供货者名称、地址、联系方式等内容，并保存相关凭证。记录和凭证保存期限不得少于产品保质期满后6个月；没有明确保质期的，保存期限不得少于2年	未提供进货查验记录制度或记录不完整、记录和凭证保存不符合规定的照片，询问笔录	第126条第1款第（1）项	责令改正，给予警告

续表

序号	违反条款	涉及条款内容	违法事实证据固定	处罚依据	处罚内容
8	第51条	食品生产企业应当建立食品出厂检验记录制度，查验出厂食品的检验合格证和安全状况，如实记录食品的名称、规格、数量、生产日期或者生产批号、保质期、检验合格证号、销售日期以及购货者名称、地址、联系方式等内容，并保存相关凭证。记录和凭证保存期限不得少于产品保质期满后6个月；没有明确保质期的，保存期限不得少于2年	未建立食品出厂检验记录制度，查验出厂食品的检验合格证和安全状况，未如实记录食品的名称、规格、数量、生产日期或者生产批号、保质期、检验合格证号、销售日期以及购货者名称、地址、联系方式等内容照片，询问笔录	第126条第1款第（3）项	责令改正，给予警告
9	第52条	食品、食品添加剂、食品相关产品的生产者，应当按照食品安全标准对所生产的食品、食品添加剂、食品相关产品进行检验，检验合格后方可出厂或者销售	检查投料、生产、出厂等记录是否与检验记录相符的照片，询问笔录	第126条第1款第（1）项	责令改正，给予警告
10	第53条第1款、第2款	食品经营者采购食品，应当查验供货者的许可证和食品出厂检验合格证或者其他合格证明。食品经营企业应当建立食品进货查验记录制度，如实记录食品的名称、规格、数量、生产日期或者生产批号、保质期、进货日期以及供货者名称、地址、联系方式等内容，并保存相关凭证。记录和凭证保存期限应当符合记录和凭证保存期限不得少于产品保质期满后6个月；没有明确保质期的，保存期限不得少于2年的规定	食品经营者未提供食品供货者的许可证和合格证明文件；未建立进货查验记录制度或制度不全，或查验记录项目不全或与实际不符；记录凭证保存不符合规定；有关照片和询问笔录	第126条第1款第（3）项	责令改正，给予警告

序号	违反条款	涉及条款内容	违法事实证据固定	处罚依据	处罚内容
11	第54条	食品经营者应当按照保证食品安全的要求贮存食品，定期检查库存食品，及时清理变质或者超过保质期的食品。食品经营者贮存散装食品，应当在贮存位置标明食品的名称、生产日期或者生产批号、保质期、生产者名称及联系方式等内容	未按要求贮存食品，未提供定期检查库存食品记录，库存有变质或者超过保质期的食品未清理，贮存位置标识不完整等照片，询问笔录	第132条	责令改正，给予警告
12	第56条第1款	餐饮服务提供者应当定期维护食品加工、贮存、陈列等设施、设备；定期清洗、校验保温设施及冷藏、冷冻设施	未提供定期维护食品加工、贮存、陈列等设施、设备记录、餐具明显不清洁照片，询问笔录	第126条第1款第（5）项	责令改正，给予警告
13	第59条	食品添加剂生产者应当建立食品添加剂出厂检验记录制度，查验出厂产品的检验合格证和安全状况，如实记录食品添加剂的名称、规格、数量、生产日期或者生产批号、保质期、检验合格证号、销售日期以及购货者名称、地址、联系方式等相关内容，并保存相关凭证。记录和凭证保存期限不得少于产品保质期满后6个月；没有明确保质期的，保存期限不得少于2年	未建立食品出厂检验记录制度，查验出厂食品添加剂的检验合格证和安全状况，未如实记录食品的名称、规格、数量、生产日期或者生产批号、保质期、检验合格证号、销售日期以及购货者名称、地址、联系方式等内容照片，凭证保存不符合规定，询问笔录	第126条第1款第（3）项	责令改正，给予警告
14	第60条	食品添加剂经营者采购食品添加剂，应当依法查验供货者的许可证和产品合格证明文件，如实记录食品添加剂的名称、规格、数量、生产日期或者生产批号、保质期、进货日期以及供货者名称、地址、联系方式等内容，并保存相关凭证。记录和凭证保存期限不得少于产品保质期满后6个月；没有明确保质期的，保存期限不得少于2年	未提供供货者的许可证和产品合格证明文件资料，未如实记录相关信息，未按规定保存记录凭证	第126条第1款第（3）项	责令改正，给予警告

续表

序号	违反条款	涉及条款内容	违法事实证据固定	处罚依据	处罚内容
15	第65条	食用农产品销售者未按规定建立进货查验记录制度	未提供进货查验记录制度及查验记录，询问笔录	第126条第4款	责令改正，给予警告
16	第68条	食品经营者销售散装食品，应当在散装食品的容器、外包装上标明食品的名称、生产日期或者生产批号、保质期以及生产经营者名称、地址、联系方式等内容	容器、外包装上没有标明食品的名称、生产日期或者生产批号、保质期以及生产经营者名称、地址、联系方式等内容或无标识的照片	第126条第1款第（7）项	责令改正，给予警告
17	第72条	食品经营者应当按照食品标签标示的警示标志、警示说明或者注意事项的要求销售食品	食品标签标示警示标志、警示说明或者注意事项与现场销售食品不相符的照片	第126条第1款第（7）项	责令改正，给予警告
18	第76条第1款	使用保健食品原料目录以外原料的保健食品和首次进口的保健食品应当经国务院食品安全监督管理部门注册。但是，首次进口的保健食品中属于补充维生素、矿物质等营养物质的，应当报国务院食品安全监督管理部门备案。其他保健食品应当报省、自治区、直辖市人民政府食品安全监督管理部门备案	提供备案材料与实际不符的照片，询问笔录	第126条第1款第（8）项	责令改正，给予警告
19	第77条第2款	依法应当备案的保健食品，备案时应当提交产品配方、生产工艺、标签、说明书以及表明产品安全性和保健功能的材料	提供的产品配方、生产工艺、标签、说明书以及表明产品安全性和保健功能的备案材料与现场实际不符的照片，询问笔录	第126条第1款第（8）项	责令改正，给予警告

续表

序号	违反条款	涉及条款内容	违法事实证据固定	处罚依据	处罚内容
20	第81条第1款	婴幼儿配方食品生产企业应当实施从原料进厂到成品出厂的全过程质量控制，对出厂的婴幼儿配方食品实施逐批检验，保证食品安全	提供的投料生产与逐批次检验记录要求不相符的照片，询问笔录	第126条第1款第（1）项	责令改正，给予警告
21	第81条第3款	婴幼儿配方食品生产企业应当将食品原料、食品添加剂、产品配方及标签等事项向省、自治区、直辖市人民政府食品安全监督管理部门备案	未提供备案信息或提供的备案信息与实际不符的对比照片，询问笔录	第126条第1款第（9）项	责令改正，给予警告
22	第82条第3款	保健食品、特殊医学用途配方食品、婴幼儿配方乳粉生产企业应当按照注册或者备案的产品配方、生产工艺等技术要求组织生产	未按照注册或者备案的产品配方、生产工艺等技术要求组织生产照片或者对比照片，询问笔录	第126条第1款第（8）项	责令改正，给予警告
23	第83条	生产保健食品，特殊医学用途配方食品、婴幼儿配方食品和其他专供特定人群的主辅食品的企业，应当按照良好生产规范的要求建立与所生产食品相适应的生产质量管理体系，定期对该体系的运行情况进行自查，保证其有效运行，并向所在地县级人民政府食品安全监督管理部门提交自查报告	未提供相适应的生产质量管理体系，未提供自查记录和自查报告，询问笔录	第126条第1款第（10）项	责令改正，给予警告
24	第102条第4款	食品生产经营企业应当制定食品安全事故处置方案，定期检查本企业各项食品安全防范措施的落实情况，及时消除事故隐患	未提供食品安全事故处置方案，未提供食品安全防范措施的落实情况记录，或未消除事故隐患的有关照片，询问笔录	第126条第1款第（4）项	责令改正，给予警告

适用《食品生产许可管理办法》《食品经营许可管理办法》《食品生产经营

日常监督检查管理办法》《食品标识管理规定》进行违法认定和处罚的行为列举了5项，如表9-5所示。

表9-5 一般食品生产经营者违法行为处理情形（二）

序号	违反条款	涉及条款内容	违法事实证据固定	处罚依据	处罚内容
1	《食品生产许可管理办法》第32条第1款	食品生产许可证有效期内，食品生产者名称、现有设备布局和工艺流程、主要生产设备设施、食品类别等事项发生变化，需要变更食品生产许可证载明的许可事项的，食品生产者应当在变化后10个工作日内向原发证的市场监督管理部门提出变更申请	营业执照、食品生产许可证照片，现场生产工艺、设备布局、类别名称等发生变化的照片，询问笔录	《食品生产许可管理办法》第53条第1款	责令改正，给予警告
2	《食品经营许可管理办法》第27条第1款	食品经营许可证载明的许可事项发生变化的，食品经营者应当在变化后10个工作日内向原发证的食品药品监督管理部门申请变更经营许可	营业执照照片、食品经营许可证照片、载明的许可事项与实际不符的照片，询问笔录	《食品经营许可管理办法》第49条第1款	责令改正，给予警告
3	《食品生产经营日常监督检查管理办法》第29条	食品生产经营者撕毁、涂改日常监督检查结果记录表	营业执照照片，（撕毁、涂改照片）现场环境、记录表照片	《食品生产经营日常监督检查管理办法》第29条	责令改正，给予警告，并处2000元罚款
4	《食品生产经营日常监督检查管理办法》第29条	食品生产经营者未保持日常监督检查结果记录表至下次日常监督检查	营业执照照片，现场环境、记录表照片	《食品生产经营日常监督检查管理办法》第29条	责令改正，给予警告，并处2000元罚款
5	《食品标识管理规定》第20条	食品标识不得与食品或者其包装分离	营业执照照片，现场环境、产品包装的照片	《食品标识管理规定》第34条	责令限期改正，处以500元罚款

综上，纳入"简案快办"掌上执法的"三小一摊"违法行为共计列举57项。❶

2. 适用条件

"简案快办"执法模式办理的案件必须符合以下条件：第一，违法事实清楚明了、证据确凿；第二，违法情节轻微、未造成明显危害后果；第三，经当事人确认使用"简案快办"办理。

同时，该模式设计了线上转线下处理的条件。湖州市发布的《食品违法案件"简案快办"执法模式若干情况的说明》第16条规定：违法主体符合下列情形之一的，需转线下办理：①现场取证不能一次完成或现场证据无法直接证实违法事实的；②一年内因同一性质违法行为受过行政处罚的；③需要进行强制措施的；④当事人对处罚决定有异议的；⑤其他认定需要转线下办理的。

3. 程序性要求

《工作方案》明确要求，适用"简案快办"执法模式办理的案件应遵循案件办理的一般程序。即尽管转入了掌上数据执法模式，但是原来程序所要求的步骤一步都不能少。案件调查过程中，需适用"简案快办"执法模式固定以下证据：①现场笔录、询问笔录（确定当事人涉嫌违法行为的基本情况）；②当事人主体信息影像资料（包含但不限于营业执照、许可证、当事人及相关人员身份证信息内容）；③现场环境及违法行为发生事实等影像资料；④案件相关的其他资料。

在这一过程中，当事人的各项权利也得到了充分的尊重，比如，向当事人告知作出行政处罚决定的事实、理由和依据的权利，当事人陈述和申辩的权利，自愿放弃陈述、申辩的权利，确认签字权等权利，《工作方案》均作出了详细的规定。

此外，《工作方案》规定，当场制作的预行政处罚决定书应当载明当事人的基本情况、违法行为、证据情况、行政处罚依据、处罚种类、部门落款并加盖公章。让当事人对受处罚信息有据可查。

湖州市市场监督管理局相关处室及市市场监管行政执法队适用"简案快办"办理的案件，立案由市市场监管行政执法队负责人审批，市市场监督管理局法规

---

❶ 适用事项在浙江省湖州市安吉县试点的开始阶段是49项，2021年3月，在安吉县经验做法的基础上，食品违法案件"简案快办"执法模式在湖州市全域推广实施，适用事项从试点阶段的49项扩展至57项。

处相关人员负责市市场监督管理局案件的法制审核，分管市场监管行政执法队的
负责人进行市市场监督管理局案件的处罚决定、案件结案、案件公示的审批。各
区县市场监督管理局（分局）适用"简案快办"办理的行政处罚案件的审核、
审批流程，由各区县市场监管行政执法队会同各区县市场监督管理局（分局）
商定并报市市场监督管理局法规处备案。由此可见，"简案快办"的部门审批程
序并不简单，只不过由线下转为了线上。

4. 可适用的行政处罚方式

在食品安全领域，行政处罚的种类包括警告、罚款、没收违法所得、没收非
法财物、责令停产停业、暂扣或吊销许可证、暂扣或吊销执照、行政拘留以及其
他法律法规规定的行政处罚方式。市场监督管理部门作出的行政处罚决定应当向
社会公示，可以通过国家市场监督管理总局的行政处罚文书网进行查询。

但是，适用"简案快办"掌上执法的案件，主要只涉及两种处罚措施：警
告和罚款。从这一点来看，这种执法模式针对的仅是情节较轻的违法行为。

三、湖州模式的运行成效和综合绩效

近年来，食品安全领域的基层执法面临"对象广、职能多、案量大、流程
长、成本高、成效低"，而案件当事人因接受询问、配合取证等需要反复多次跑
动，耗费大量时间成本等双重问题。为此，湖州市市场监督管理局按照"简繁分
流、快慢分道"理念，以面广量大的"简案"为切口，探索"简案快办"新模
式。"简案快办"掌上执法模式自 2020 年在湖州市安吉县率先启动试点以来，通
过打造一个平台、规范一套程序，实现"简案"全程"掌上办""零次跑"，逐
步形成湖州经验并获全省推广。

（一）运行成效

湖州市市场监督管理局通过创新现场掌上办理和预处罚决定环节等流程，实
现违法行为现场处置一次性完成。在行政审批流程上，反复论证整合立案审批、
行政处罚结果告知审批、法制审核、行政处罚决定审批和结案报告审批等 5 项固
定程序性审批程序，确定适用"简案快办"模式的食品违法事项 57 项，在取得

相应岗位人员的授权后，由专人在线完成集中审核、审批，打破原有的工作时间限制、空间限制，适用简易程序的食品违法案件办理时间由原来的 25 天压缩到 0.5 天，案卷数由 40—50 页变为无纸化。❶

自 2020 年试点以来，截至 2021 年 5 月底，通过该模式累计办结案件 1786 件，人均办案量比 2020 年同期增长 35%，未发生一起行政复议、行政诉讼案件。其中，湖州市南浔区市场监督管理局在 2021 年 3—4 月共办理各类案件 163 件，其中近一半运用了"简案快办"掌上执法模式，与 2020 年同期相比人均办案量增长 35%。安吉县市场监督管理局昌硕所自试点"简案快办"掌上执法模式的半年时间里，辖区内食品从业人员未按规定办理健康证的比例从 22.37% 下降至 4.32%，创近年新低。❷

仍以湖州市南浔区市场监督管理局为例，在实行"简案快办"模式之前，2021 年 1—2 月，该局共收到各类投诉 152 件，其中涉及食品餐饮类投诉 41 件，占比 26.9%；实行"简案快办"模式之后，2021 年 3—4 月，该局共收到各类投诉 156 件，其中涉及食品餐饮类投诉 21 件，占比 13.4%。在投诉总量基本一致的情况下，涉及食品餐饮类的投诉下降近一半。

据湖州市市场监督管理局统计数据，2022 年，全市市场监管部门共办理"简案快办"案件 4722 件，占部门总案件数的 55.42%，减少纸质卷宗约 10 万页，让群众和基层执法干部少跑路超万次。❸ 由于"简案快办"执法模式在食品安全领域的成功实践，从食品监管领域扩大到行政执法的其他领域，截至 2023 年 3 月，湖州市市场监督管理局"简案快办 2.0"执法系统已完成全省迭代升级试点工作，拓展至食品、计量、价格、网络四大执法领域，共涉及 11 部法律法规的 77 项违法行为。

（二）综合绩效

湖州市食品违法案件"简案快办"执法模式的成功实施，为其他地区的食

---

❶ 浙江政务服务网. 湖州市探索"简案快办"掌上执法模式破解基层食品监管执法难［EB/OL］.（2021 - 07 - 12）［2022 - 06 - 30］. https：//zld. zjzwfw. gov. cn/art/2021/7/12/art_1659645_58918039. html.

❷ 江苏省苏州市市场监督管理局. 浙江全面推进食品违法行为"简案快办"［EB/OL］.（2021 - 05 - 20）［2023 - 06 - 20］. http：//scjgj. suzhou. gov. cn/szqts/hyxw/202105/3a0ed9c3278d4826b7aa09866075c8a4. shtml.

❸ 浙江省湖州市市场监督管理局. 湖州"简案快办"工作在全国系统会议作典型经验交流［EB/OL］.（2023 - 02 - 25）［2023 - 06 - 20］. http：//scjgj. huzhou. gov. cn/art/2023/2/25/art_1229209808_58933846. html.

品执法数字化改革提供了宝贵的经验和借鉴。其综合绩效主要体现在以下四个方面。

1. 提高质效

"简案快办"模式通过全程电子化，将案件办理从线下转移到线上，当事人实现了"零次跑"。"简案快办"掌上执法系统操作便捷，执法人员可以通过手机等移动终端设备随时随地进行案件处理，并通过集中审核和程序入口的一键快速登录，有效提高了工作便捷性和执法效率。

2. 降低成本

全程电子化的实施，减少了大量的纸质文件，降低了纸质文件的存储和管理成本。通过优化审核流程，也减少了一定的人力成本，降低了整个执法过程的成本。

3. 提升公信力

通过实施"简案快办"掌上执法模式，可以实时公开案件处理进度，提高了执法工作的规范度和透明度，有利于增强执法公信力。

4. 提升数据化管理能力

实施"简案快办"掌上执法模式，基本实现了对执法数据的集中管理。随着对执法各环节数据的分析和利用水平不断提高，有助于为监管决策和执法办案工作提供更加精细化、精准化的决策参考。

四、未来：机遇与挑战并存

（一）未来的机遇和前景

湖州市的"简案快办"掌上执法经验无疑是行政执法数字化转型过程中的一个重要部分、一项创新实践。行政领域数字化执法经历了不同阶段的发展，包括立法和执法的完善，以及推动综合行政执法改革和数字化转型的措施。包括湖州市"简案快办"掌上执法模式探索在内的诸多举措，均旨在提升政务服务能力、推动法治政府建设，并解决行政执法中存在的重难点问题，以适应数字时代的发展趋势。

1. 技术发展的机遇

"简案快办"掌上执法（也称"移动执法"）是移动执法技术应用与发展的结果。随着智能手机或平板电脑等移动终端性能的提升、5G 技术应用空间的拓展、大数据平台云化技术行业应用的深化，掌上执法的发展呈现出六个明显的技术特点。

一是多领域应用程序。食品、交通、生态环境等行政主管部门积极开发自己的执法应用程序，执法人员可以通过这些应用程序进行数据采集、案件管理、违法行为记录等工作。

二是实时数据同步。执法人员在现场采集的数据可以实时同步到后台数据库，方便其他执法人员和管理层、领导层进行查看和分析。

三是实时定位。通过实时定位功能，可以准确记录执法人员的位置信息，确保执法活动的公正公开。

四是电子证据。执法人员可以通过移动设备拍摄照片或视频作为电子证据，提高了执法的效率和准确性。

五是人工智能辅助。一些先进的执法应用程序已经开始使用人工智能技术，如图像识别、语音识别等，帮助执法人员更好地完成执法任务。

六是公众参与。通过移动设备，公众可以更方便地参与到监督执法活动中，如举报违法行为、查询执法信息等。

上述技术特点也正是行政掌上执法的优势所在，并已成为现代行政执法的重要组成部分。

2. 政策创新的红利

2021 年 8 月，中共中央、国务院印发《法治政府建设实施纲要（2021—2025 年)》，确立了"十四五"时期法治政府建设的总体目标。该纲要提出，全面建设职能科学、权责法定、执法严明、公开公正、智能高效、廉洁诚信、人民满意的法治政府。与《法治政府建设实施纲要（2015—2020 年)》提出的奋斗目标相比，进一步突出了对建设数字法治政府和提高人民群众满意度的要求。

该纲要第九个专题专门提出"健全法治政府建设科技保障体系，全面建设数字法治政府"，这既是该纲要的突出亮点，也是非常具有创新性的提法。近年来，以大数据、云计算、物联网、人工智能等为代表的新兴信息技术发展迅猛，不仅对人们的生产、生活、思维方式、行为模式产生了重大影响，而且对政府的管理模式、运行机制和治理方式提出了新要求。

此外，该纲要从三个方面明确了建设数字化法治政府的着力点：一是信息化平台建设。要求2023年年底前各省（自治区、直辖市）实现本地区现行有效地方性法规、规章、行政规范性文件统一公开查询。二是政务数据有序共享。要求加快推进身份认证、电子印章、电子证照等统一认定使用，优化政务服务流程。加强对大数据的分析、挖掘、处理和应用，善于运用大数据辅助行政决策、行政立法、行政执法工作。三是"互联网＋监管执法"。该纲要在深入推进"互联网＋监管执法"方面首先明确了建设的时间节点，即加强国家"互联网＋监管"系统建设，2022年年底前实现各方面监管平台数据的联通汇聚。在此基础上进一步明确了建设重点和最终目标，即积极推进智慧执法，加强信息化技术、装备的配置和应用。推行行政执法App掌上执法。探索推行以远程监管、移动监管、预警防控为特征的非现场监管，解决人少事多的难题。加快建设全国行政执法综合管理监督信息系统，将执法基础数据、执法程序流转、执法信息公开等汇聚一体，建立全国行政执法数据库。

综上所述，湖州市"简案快办"掌上执法模式的探索和推广与该纲要的内在要求高度契合。未来，在技术和政策的双重驱动下，这一应用实践有望迎来更高层次的深化发展和迭代升级。

（二）困难和挑战

湖州市"简案快办"掌上执法模式在成功实践的同时，也面临一些困难、问题和挑战。有学者指出，"数字法治政府建设中庞大的技术架构体系，对于相关党员干部的科技素养和能力提出了很高要求，善于获取数据、分析数据和运用数据应成为党员干部的基本功。"❶ 具体而言，掌上执法的发展面临以下四个方面的突出问题。

一是适用范围较窄。"简案快办"模式仅适用食品安全领域常见的四大类、57项违法行为。在办理未领取"三小"登记证、食品从业人员健康证过期、经

---

❶ 张树军. 数字法治政府迈向未来［EB/OL］.（2021－08－17）［2023－06－20］. http://www.qstheory.cn/qshyjx/2021－08/17/c_1127768389.htm.

营场所卫生不洁等轻微违法行为案件中，"简案快办"模式发挥了积极作用，但很多事实清楚、情节轻微的违法行为案件尚未纳入该模式办理。

二是操作流程烦琐。在基层实践中，执法程序的操作设计存在以下弊端：①执法人员在录入案件事实后，需经过办案机构负责人、分管局领导进行审核后方可进行下一步流程，有时等待审批时间较长，影响现场办案的效率；②当事人对案件信息确认、送达方式及地址确认、告知内容确认须经过两次签名，对执法人员和当事人来说都不方便；③系统设置当事人不在现场的，还需提交授权委托书和当事人身份证件，才能由经营场所里的其他人员进行配合调查，在实际操作中往往难以实现；④送达告知书后，需5个工作日后才会制发电子行政处罚决定书，执法人员还需继续跟进案件，在一定程度上影响了办案效率。

三是系统功能不够完善。执法人员通过电脑端案件查询模块能够搜索案件办理情况，而在移动端却只能查询案件办理的汇总数据，不能查询具体案件信息，对录入有误的案件更不能修改，只能在电脑端进行案件终止操作后再重新立案。这既不利于执法人员回顾纠错，也降低了办案效率，同时在后台积累了大量无效案件。❶

四是数据安全和隐私保护问题。《数据安全法》自2021年6月10日通过，于2021年9月1日正式生效。该法对所有执法软件和数据平台的规范运行和管理提出了更高的要求。在政府信息公开、政府数据开放的过程中，数据安全问题和个人隐私泄露风险也日益凸显。同时，互联网平台和执法软件过度收集个人敏感数据很可能造成数据垄断，也会对个人信息安全和隐私保护造成威胁和隐患。如何改革监管模式，优化执法技术，实现有效规制，同时保护好数据安全和公民隐私，应对技术变革，是任何领域推行智慧执法新模式过程中不可回避的重大挑战。

（三）破局之途

湖州市"简案快办"掌上执法模式所面临的挑战是数字化执法发展过程中必然会遇到的问题。其解决之途，一方面是数字技术的革新升级；另一方面是法

---

❶ 以上三方面的问题来自湖州市各县（市、区）基层执法人员的反馈；浙江省杭州市富阳区市场监督管理局. 基层反映："简案快办"系统亟需完善［EB/OL］.（2021－09－30）［2022－06－20］. http://www.fuyang.gov.cn/art/2021/9/30/art_1228923659_59150017.html.

治建设的深化发展，包括依法治理能力的提升，组织体系和执法办案程序的进一步法治化、正当化、合理化发展。

1. 扩大掌上执法的案件适用范围

随着试点的成功，湖州市"简案快办"掌上执法模式已从食品违法案件执法扩展到计量、价格、网络等执法领域方面。可见，其所适用的案件类型的扩展是未来的题中之义。就现实而言，适度增加可适用的违法事项，比如将未办理变更登记、未明码标价等案件事实清楚、情节简单的违法行为纳入"简案快办"的适用范围是具有操作性的。

"简案快办"掌上执法针对的行政处罚的类别还比较单一，主要是罚款和警告。而在食品安全领域，由于行政处罚的种类很多，没收违法所得、没收非法财物、责令停产停业、暂扣或吊销许可证、暂扣或吊销执照、拘留，以及其他法律法规规定的行政处罚方式均未被"简案快办"模式所容纳。由于市场监督管理部门作出的行政处罚决定均依法向社会公示，公众可通过国家市场监督管理总局的行政处罚文书网进行查询，因此在增大执法透明度和公开化流程的基础上，可以将掌上执法模块所针对的行政处罚类别适度扩大化。此外，还增设非行政处罚事项办理模块，将"简案快办"执法系统突破行政处罚案件的限制，可以单独制发《责令改正通知书》《行政指导意见书》等，同时设置导出纸质文书功能以备必要时使用。

2. 简化办案流程

"简案快办"案件涉及多重审核流程和不同的审核人员，导致实际办案时间可能被拖长。《行政处罚法》第51条规定了违法事实确凿并有法定依据，对公民处以200元以下、对法人或者其他组织处以3000元以下罚款或者警告的行政处罚的，可以当场作出行政处罚决定。适用"简案快办"的案件也可参照此规定执行，在保证程序规范、公正的前提下，可以简化审核流程，缩减审核人员，切实提高办案效率。

3. 完善执法系统

应注重打通执法系统在电脑端和手机端的使用壁垒，使不同端口的页面显示和操作系统统一化（网银的设计理念是较好的借鉴）。在功能实现方面，可设置系统自动保存当事人第一次签名，后续需再确认的，自动跳出签名，当事人点击确认按钮即可。增设移动端的案件查询、信息修改等功能模块，使执法办案更加快捷。

4. 加强数据安全和隐私保护的设计和理念培育

如何在数据开放与隐私需求之间找到合理的平衡点是"互联网＋执法"未来发展面临的巨大挑战。《个人信息保护法》专门针对国家机关处理个人信息作出了要求，该法第 34 条规定国家机关对个人信息的收集和处理应需满足最小化要求，即履职所必须。根据《网络安全法》《个人信息保护法》，以及《信息安全技术　个人信息安全规范》（GB/T　35273—2020）等相关法律、标准的规定，未来的执法软件需满足如下要求：①新增个人信息主体在首次打开产品/服务等情形时的个人信息保护政策展示要求；②增设多项业务功能的个人信息收集使用告知要求；③新增个人生物识别信息收集使用的授权同意要求；④新增个人信息汇聚融合的告知要求（在国内外互联网产品和服务实践中，认为将同一主体的不同产品或不同业务功能间收集的个人信息进行汇聚融合，将会造成个人信息的滥用）。

我国隐私保护和个人信息安全保护的法律法规以及网络安全立法的进一步完善，对数字化改革重组行政执法流程提出了更高也更为具体的要求，同时也为未来的数字化行政发展方向提供了具体的指引。提升数字化合规和技术研发的水平和能力，将决定湖州市"简案快办"掌上执法模式未来迭代升级、推广应用的发展空间和适用红利。

【访谈实录】

访谈主题：从切入问题中寻求突破

访谈时间：2021 年 6 月 28 日

访谈人：张　晓　北京东方君和管理顾问有限公司董事长

　　　　周　俊　湖州市安吉县市场监督管理局党委委员、副局长

张晓：食品安全案件行政执法办案过程中普遍存在"时间多、材料多、流程多、罚款少"的问题，湖州市市场监督管理局自 2020 年 5 月在安吉县试点"简案快办"掌上执法模式后，即在食品安全"小、轻、微"领域推行违法行为一般程序案件快速办理机制。试点一年来，您觉得有哪些明显的变化？

周俊： "简案快办"掌上执法模式全程依靠数字化，我们感觉数字赋能真正做到了为基层执法人员减负增效，也提升了行政执法的便民利民水平。以前的食品违法行为执法办案，当事人多次线下到场办理，现在是"零次跑"；以前一个案件有厚厚一沓案卷，现在是"无纸化"办案；以前的分批次审核优化成集中审核，案件办理时间由平均25天压减至0.5天。目前，对受理投诉举报、"跑街"、迎检等过程中发现的违法行为，基层执法人员能够"快速"处理，在"减时间、减材料、减成本、强效能"方面取得了明显成效。

张晓： 在"简案快办"掌上执法实施之前，食品安全违法案件查处都是按照一般程序执行吧？

周俊： 是的，市场监管部门查办的案件，基本上是一般程序案件，立案以后走一般程序，经过立案、调查、复核、处罚、执行、监督各个阶段，和公安局办案的程序一样。这个过程中，我们常常遇到一些尴尬的问题，比如案件查处耗时长、执法力量不足、处罚执行不到位等。安吉县的市场主体有9万户左右，市场监管人员与市场主体的比例大概是1:700，一般程序案件的查办需要花费几十天的时间，执法人员要跑四五趟。当事人也感到很麻烦，对行政执法部门的满意度比较低，我们在调研交流的时候发现，当事人对监管部门的处罚决定一般没有意见，他们的不满意在哪里呢？主要不满意是程序烦琐、效率低下。处理一件"三小一摊"的违法案件，处罚金额基本是两三百元，执法人员和当事人需要跑三四趟。做调查笔录，要么执法人员上门，要么请当事人来，这个环节需要跑一次；发告知书，要么执法人员上门，要么请当事人来，又跑一次；最后拿处罚决定书也是一样，要么执法人员去，要么当事人来。

张晓： 很多"三小一摊"都是夫妻档，让他跑来跑去，他就得关半天门，影响生意，所以他对执法机关不满意。

周俊： 是这个道理。更尴尬的是，几百元的罚款，有时当事人还忘记缴了，处罚执行难以到位。当时我们想，为什么不能像交警查违章那样，违章了交警直接处罚就好了。

张晓： 学习交通违章处罚的方法。

周俊： 对！我们学习借鉴了交警执法的规则。交警执法过程中确认违法情节很简单，超速就是超速，如果驾驶员既超速又没系安全带，就判定两项违章，处罚标准确定一个基数，比如一项违章罚款100元，每增加一项违章行为，处罚就相应增加，违法行为轻微的可以免于处罚，警告为主。安吉县"简案快办"掌上执法试点的规则设计也类似这样的思路，我们设定了十大类违法情节，通过一部移动终端、一款 App，直接勾选就行。处罚执行环节实现了"一案一码""一秒缴款开票"，案件管理实现了"同步案件录入，系统自动公示"，方便快捷，现在法院、检察院也很支持我们这个做法。

张晓：我感觉，"简案快办"掌上执法的实施也体现了柔性执法的思想。根据《安吉县食品生产经营违法行为便捷快速办案模式指导意见（试行）》，适用便捷快速办案模式办理的行政处罚案件，主要适用两种行政处罚：警告和罚款。以食品从业人员健康证过期为例，如果健康证过期了两天，当事人表示这两天很忙没来得及去办理，贵局执法人员给予警告并责令立即整改。

周俊：是的，我们可以"首查不罚"，只要立行立改，就以警告为主。如果不及时整改，就须予以 200 元罚款。这样的柔性执法也释放了"刚性力量"，实行"简案快办"掌上执法模式后，各类食品违法案件均得到相应的处罚，对当事人的震慑和教育效果明显增强。基层在执法过程中，原来由于案多人少，对于轻微的违法案件均通过劝导自行纠正的方式处理，处罚实际效果有限。有了"简案快办"掌上执法系统，我们把处罚情况纳入主体信用档案，将来与征信系统结合起来，我们的执法效能与市场经营主体的信用管理就能形成闭环了。

张晓：目前"简案快办"掌上执法适用四大类、57 种违法情形，主要依据是《行政处罚法》《食品安全法》和《浙江省食品小作坊小餐饮店小食杂店和食品摊贩管理规定》。安吉试点的设计思路是怎么形成的？

周俊：市场监管综合执法体制改革以来，我们的执法职责、执法领域大幅扩展，但对应的执法力量没有得到同比提升，尤其是食品安全执法工作面临执法压力大、案件流程长、处罚效率低的严峻挑战。随着营商环境的改善，"三小一摊"经营主体逐年增多，对应的食品安全违法行为也同步增加，食品安全要求高、经营主体违法行为多与执法及监管人员力量不足的矛盾日益突出，在此现状下，市场监管执法部门急需走出一条一般食品违法案件快速办理的新道路。2016年 12 月，《浙江省食品小作坊小餐饮店小食杂店和食品摊贩管理规定》出台，自2017 年 5 月 1 日起正式施行，这一地方规范性文件为我们探索食品违法案件"简案快办"奠定了基础。2019 年年底，我们正式提出探索食品安全类案件快速办理程序的构想，当时县司法局局长是我的一位老同事，我和他探讨过这个事。

市场监管领域有行政处罚简易程序的规定，但是没有规定食品违法案件适用简易程序的情形，需要自己探索。后来我们和省市场监督管理局执法指导处沟通，围绕《浙江省食品小作坊小餐饮店小食杂店和食品摊贩管理规定》，运用数字化技术建立一般食品违法案件的快速办理机制。我们反复论证整合立案审批、行政处罚结果告知审批、法制审核、行政处罚决定审批和结案报告审批等5项固定程序性审批，最终确定了适用"简案快办"模式的食品安全违法事项57项，在取得相应岗位人员的授权后，由专人在线完成集中审核、审批，打破原有的工作时间、空间限制，案件办理时间由原来的25天压缩到0.5天。

张晓：在审核审批环节，从分批到集中，"简案快办"解决了执法办案"用时多"问题。在执法流程上，"简案快办"如何解决"流程多"问题？

周俊：我们采用了《预行政处罚决定书》，在执法人员第一次现场采集证据时，将该决定书当场向当事人宣读、解释违法行为和相关行政处罚决定具体内容。确认当事人同意《行政处罚决定书》电子送达的方式，陈述、申辩等待期满后当事人无异议的，后台自动完成《行政处罚决定书》并电子送达，整个流程从原来的至少跑3次变成1次性完成。根据《浙江省食品小作坊小餐饮店小食杂店和食品摊贩管理规定》，适用"简案快办"的罚款金额在200—500元，超过500元的处罚，要转线下的一般程序扁平化。

张晓：线上的程序扁平化了。另一个问题是，《行政处罚法》规定，对行政相对人处罚的时候，当事人有申诉的权利。在"简案快案"程序的设计上，与《行政处罚法》是如何进行合法性衔接的？

周俊：这个问题非常重要！在重塑执法流程的过程中，要把"简案快办"掌上执法的单位时间压缩到"当场"，这是我们最核心的一个环节。在整个执法办案的数字化改革中，立案、审批、取证等前面的流程相对比较简单，处罚环节的流程是需要重点突破的。在《行政处罚法（修订草案）》征求意见阶段，对于陈诉申辩告知的权利增加了条款：在陈述申辩期间内，当事人有权自主决定是否放弃陈述申辩权；陈述申辩权是一种有相对人（即行政处罚机关）的单方法律行为，只要当事人明确作出了放弃该项权利的书面意思表示，即表明当事人自愿放弃了陈述申辩期间的期待利益，行政机关就可以启动下一程序，在陈述申辩期间内进行法制审核、集体讨论或作出行政处罚决定。我认为这是法律的一大进步。在食品安全违法案件的执法实践中，诸如卫生环境脏乱差、员工没有健康证等，均属事实清楚、情节简单的情形，不存在争议，不需要复杂的调查，不存在陈述申辩的必要，一家小餐饮店里三名员工没有健康证，事实很清楚，"简案快办"的"简"就在于此。

张晓： 从安吉试点看，"简案快办"掌上执法模式的成功之处，在于坚持办案程序不变为前提，以节约行政资源和违法主体成本为出发点，缩短一般行政处罚案件办案时间，提高执法效率，也降低了违法主体成本。

周俊： 我认为是这样的。2020年5月，安吉县选取了食品经营户体量较大的两个乡镇先行试点，同年6月开始全县铺开，目前采用"简案快办"掌上执法模式办理了1002个案件，案件数量同比增长了8倍，累计罚款12.6万元，当事人少跑2800多次。安吉县是一个旅游县，2019年、2020年的游客人次分别是2800万人次、2500万人次，2021年游客人次2671万人次。2020年全县旅游收入350亿元，2021年全县旅游收入365.7亿元，游客都要吃饭，安吉县大约有6000家餐饮主体，以往投诉率是比较高的。实施"简案快办"掌上执法模式以来，涉食品投诉降低30%。

张晓： 您对"简案快办"掌上执法模式的进一步深化发展怎么看？

周俊： 2021年5月12日，省市场监督管理局召开了"简案快办"掌上执法模式数字化改革现场会，决定全省推广这项工作。我的理解是，"简案快办"掌上执法模式接下来会从纵向、横向分别进行升级。在纵向上，市场监管系统的其他执法领域可以推行"简案快办"，提质扩面；在横向上，县域的行政执法改革也可以尝试突破，比如省卫生健康委员会的控烟监督与执法工作，只要公共场所垃圾桶里有烟蒂，就可以对相关主体进行处罚，但是它也属于一般程序，执法办案周期也很漫长。在交流过程中，省卫生健康委员会的同志也很苦恼，和我们以前遇到的困难是一样的。其实我认为理念是相通的，大家都可以根据实际加以运用。

张晓： 安吉县"简案快办"掌上执法模式的探索，是数字化转型过程中一个很有代表性的实证。从问题中寻求解题之道，在突破中实现发展演进，是食品安全治理现代化的题中之义。